Uni-Taschenbücher 462

UTB

Eine Arbeitsgemeinschaft der Verlage

Birkhäuser Verlag Basel und Stuttgart
Wilhelm Fink Verlag München
Gustav Fischer Verlag Stuttgart
Francke Verlag München
Paul Haupt Verlag Bern und Stuttgart
Dr. Alfred Hüthig Verlag Heidelberg
J. C. B. Mohr (Paul Siebeck) Tübingen
Quelle & Meyer Heidelberg
Ernst Reinhardt Verlag München und Basel
F. K. Schattauer Verlag Stuttgart – New York
Ferdinand Schöningh Verlag Paderborn
Dr. Dietrich Steinkopff Verlag Darmstadt
Eugen Ulmer Verlag Stuttgart
Vandenhoeck & Ruprecht in Göttingen und Zürich
Verlag Dokumentation Pullach bei München

ALOIS NOWAK

Fachliteratur des Chemikers

Einführung in ihre Systematik
und Benutzung
mit einer Übersicht über wichtige Werke

3., überarbeitete Auflage

Mit 4 Tabellen

Springer-Verlag Berlin Heidelberg GmbH

Dr. *Alois Nowak,* geb. 1928 in Königsberg (jetzt Kalinin-grad). Abitur 1947 in Berlin, danach Studium der Naturwis-senschaften an der Humboldt-Universität Berlin. Diplomar-beit über Triphenylmethanfarbstoffe, Doktorarbeit über Cya-ninfarbstoffe.
1959 Promotion zum Dr. rer. nat. Von 1957 bis 1961 Assistent am II. Chemischen Institut der Humboldt-Universität, von 1961 bis 1965 Leiter einer wissenschaftlichen Arbeitsgruppe an der Arbeitsstelle für Fotochemie der damaligen Deutschen Akademie der Wissenschaften zu Berlin. Von 1965 bis 1972 wissenschaftlicher Mitarbeiter an verschiedenen Institutionen der VVB Chemiefaser und Fotochemie; seit 1972 Leiter des Büros für Schutzrechte des VEB Fotochemische Werke, Berlin.

Weitere Veröffentlichungen: *Engels, S.; Nowak, A.:* Auf der Spur der Elemente. Leipzig 1971, 305 S.

CIP-Kurztitelaufnahme der Deutschen Bibliothek

Nowak, Alois
Fachliteratur des Chemikers: Einf. in ihre Systematik u. Benutzung; mit e. Übers. über wichtige Werke.
(Uni-Taschenbücher; 462)
ISBN 978-3-7985-0422-6   ISBN 978-3-642-85292-3 (eBook)
DOI 10.1007/978-3-642-85292-3

© Springer-Verlag Berlin Heidelberg 1976
Ursprünglich erschienen bei VEB Deutscher Verlag der Wissenschaften, Berlin 1976
Lizenzausgabe für den Dr. Dietrich Steinkopff Verlag
Darmstadt 1976

Vorwort zur 3. Auflage

Infolge der schnellen Entwicklung auf dem Gebiet der Fachliteratur und Fachdokumentation mußte auch die 3. Auflage
völlig überarbeitet werden. Auf einigen Gebieten (besonders
bei den Schnellinformations- und Dokumentationsdiensten)
war die Entwicklung bei Abschluß der Arbeiten am Manuskript sogar noch so stark im Fluß, daß nur die Zukunft erweisen kann, ob der Trend der Entwicklung in allen Einzelheiten
bereits richtig eingeschätzt worden ist. Auf alle Fälle wurde
versucht, das Buch nicht nur weitgehend zu aktualisieren, sondern auch seinem Verwendungszweck als Arbeitsanleitung
für Informationsnutzer, insbesondere für Studienanfänger
– und damit in gewissem Grade auch als Einführung in das
Studium der Chemie –, noch besser anzupassen. So sind Abschnitte über die Systematik der Chemie und der chemischen
Fachliteratur sowie über Literatur zu den Organisationswis-
senschaften und der Operationsforschung neu aufgenommen
und große Teile des Abschnitts 3.4. sowie fast das ganze
(jetzige) Kapitel 5. völlig neu gefaßt. Auch die meisten Abschnitte, die nicht vollkommen umgeschrieben wurden, wurden
mehr oder weniger stark überarbeitet. Selbstverständlich sind
alle bibliographischen Angaben auf den derzeitigen Stand
gebracht und zahlreiche ältere Titel durch neue ersetzt worden. Entsprechend dem sich immer mehr durchsetzenden Gebrauch werden kyrillische Buchstaben nach der sog. bibliothekarischen Transkription wiedergegeben.

Der Abschnitt über den Aufbau einer Informationsstelle
wurde in dieser Auflage wieder fortgelassen, da in der gegenwärtigen Situation Improvisationen, wie sie dort dargestellt
waren, wohl kaum noch Bedeutung haben dürften.

Die weitgehende Überarbeitung des Manuskriptes bot fer-
ner die Möglichkeit, noch einmal Veränderungen an der Systematik des Buches vorzunehmen. Insbesondere wurde die
„Kurze Auswahlbibliographie" (in die jetzt auch die bisher
im Abschnitt B. 6. behandelte biographische und historische
Literatur aufgenommen wurde) vor der Behandlung der Bibliotheksprobleme eingeordnet, so daß dieser Teil an den
Schluß des Buches rückte und unter der erweiterten Thematik
„Einführung in das Bibliothekswesen und einige Aspekte der
Informatik" zu einem selbständigen Kapitel wurde. Dabei ist
jedoch nach wie vor auf eine eingehendere Darstellung fach-
spezifischer Probleme der Informatik bewußt verzichtet worden, weil dies für den Kreis der Informationsnutzer, an den
das Buch sich ausschließlich wendet, zu weit führen würde.
Interessenten seien auf die einschlägige Fachliteratur, insbesondere auf das häufig zitierte, sehr empfehlenswerte Buch
von MICHAJLOV, ČERNYJ und GILJAREVSKIJ verwiesen.

Trotz (oder gerade wegen) der genannten Änderungen bin
ich mir bewußt, daß auch die vorliegende Fassung des Buches
nicht frei von Mängeln sein kann, da es für einen einzelnen
fast unmöglich ist, die gesamte Entwicklung der Fachliteratur
und -information auf dem Gebiet der Chemie vollständig und
aktuell darzustellen. Ich bin daher auch weiterhin dankbar
für Korrekturen und Hinweise aller Art.

Abschließend möchte ich auch diesmal allen, die mich bei
der Abfassung dieser Auflage durch Hinweise oder sonstige
Hilfe unterstützt haben, meinen besten Dank aussprechen.
Dieser gilt insbesondere Herrn Dr. ROBERT T. BOTTLE
(Universität Strathclyde/Schottland) und Herrn Dipl.-Ing.
GERHARD REISNER (ZIID, Berlin) sowie mehreren seiner
Kollegen. Die Bibliothek der Chemischen Gesellschaft der DDR
unterstützte mich auch diesmal bereitwillig mit Literatur und
Prospekten, wofür ich besonders der Bibliothekarin, Frau
SCHMIDT, herzlich danke. Meiner Frau, Dipl.-Päd. ALMUT
NOWAK, danke ich für ihre Hilfe beim Bibliographieren und
bei der Korrektur. Großen Dank schulde ich schließlich dem
VEB Deutscher Verlag der Wissenschaften für seine verständ-
nisvolle Unterstützung. Dieser Dank gilt besonders Herrn

Dr. h. c. LUDWIG BOLL für die Förderung der früheren Auflagen und dem verantwortlichen Lektor dieses Buches, Herrn Dipl.-Chem. BERND FICHTE, der weit mehr Arbeit in diese Auflage investiert hat, als es seinen Verpflichtungen entsprochen hätte.

Berlin, im Juni 1974   Dr. rer. nat. ALOIS NOWAK

Inhaltsverzeichnis

1. Einführung

> „Es wird oft vergessen, daß die Wiederentdeckung in der Bücherei ein schwierigerer und unsichererer Vorgang sein kann als die erste Entdeckung im Laboratorium."
>
> Lord Rayleigh (1884)

Das menschliche Wissen baut – bewußt oder unbewußt – auf den Erfahrungen einer Vielzahl von Vorgängern auf. Zum Teil sind uns diese Erfahrungen so selbstverständlich geworden, daß wir gar nicht über sie und ihren Ursprung nachdenken, zum Teil sind sie uns aber auch nicht immer oder nicht vollständig gegenwärtig, da das menschliche Gedächtnis nur ein begrenztes Fassungsvermögen besitzt. Daraus ergibt sich die Notwendigkeit, dieses menschliche Wissen so aufzuzeichnen und zu ordnen, daß es möglichst rasch und übersichtlich zur Verfügung steht. Besonders dringend sind diese Erfordernisse auf dem Gebiet der Naturwissenschaften, wo die Information über Arbeiten älterer Forscher für jeden Wissenschaftler zur Vermeidung von Doppelarbeit, zur Planung und Vorbereitung eigener Versuche sowie schließlich zur schnellsten und rationellsten Reproduktion von Geräten, Stoffen oder Arbeitsprozessen, die bereits früher erarbeitet wurden, eine unbedingte Notwendigkeit darstellt.

1.1. Die Literaturarbeit in der Chemie

Im Gegensatz zu den Forschern in vielen anderen Wissenschaften kann der Chemiker beim Studium der Literatur seiner Disziplin auf ein über 100 Jahre altes System von Hilfsmitteln zurückgreifen, die es ihm bis vor wenigen Jahren gestatteten, die gesamte chemische Literatur der Welt in relativ kurzer Zeit zu überblicken. Mit dem lawinenartigen Anschwellen der Anzahl chemischer Publikationen in neuerer Zeit wuchsen jedoch auch die Probleme ihrer Sichtung und Auswertung. So umfaßte das Chemische Zentralblatt in seinem Gründungsjahr 1830 nur etwa 400 Referate, im Jahre 1950 dagegen trotz der Nachkriegsschwierigkeiten rund 26 500 und in seinem letzten Erscheinungsjahr (1969) rund 200 000 Referate [1], die ihrerseits nur einen Ausschnitt der gesamten chemischen Literatur darstellten. Die daraus ableitbare Tendenz eines exponentiellen Anwachsens der chemischen Fachliteratur setzt sich (vorerst) weiter fort, so daß sich die gesamte chemische Literatur in einem Zeitraum verdoppelt, der auf 8 bis 20 Jahre geschätzt wird.[1])

Es ist daher nicht verwunderlich, daß sich die *Dokumentation* (russ. dokumentacija, engl. processing), d. h. die inhaltliche Analyse und Klassifizierung von wissenschaftlichen Veröffentlichungen, zusammen mit der *Information* (russ. informacija, engl. retrieval), dem Befragen des klassifizierten Materials und der Weitergabe der so erhaltenen Kenntnisse, stürmisch entwickelt hat und zu einer selbständigen Wissenschaft geworden ist,[2]) die in vielen Staaten der Erde als Hoch-

---

[1])   Zu dieser Erscheinung, für die sich die Bezeichnung „Literaturflut" eingebürgert hat, vgl. u. a. NESMEJANOV, A. N., in: MICHAJLOV, A. I.; ČERNYJ, A. I.; GILJAREVSKIJ, R. S.: Informatik – Grundlagen. Berlin 1970. S. XVIII und S. 13 bis 18; eine Literaturzusammenstellung über ältere, aber z. T. noch interessante Arbeiten bringt HAUFFE, G.: Patentdokumentation mit Begriffsketten und Steilkartei. Berlin 1962. S. 14–15.

[2])   Zur Definition der Begriffe Information und Dokumentation sowie zur Entwicklung des Begriffs Informatik vgl. MICHAJLOV, A. I.; ČERNYJ, A. I.; GILJAREVSKIJ, R. S.: Informatik – Grundlagen. Berlin 1970. S. 32–43; ISAKOVIC, D., Rev. internat. Doc. (1965) 4, S. 152–163. – Im angelsächsischen Sprachraum und – von dort übernommen – in der BRD wird die Bezeichnung Informatik für Computerwissenschaft gebraucht.

schulfach oder in Sonderkursen gelehrt wird [2]. Diese Wissenschaft, für die sich in zahlreichen Staaten die Bezeichnung *Informatik* (russ. informatika, engl. informatics) eingebürgert hat, wird in der DDR für den Bereich Wissenschaft und Technik durch das Zentralinstitut für Information und Dokumentation der DDR (ZIID) vertreten, das für die speziellen Aufgaben in der Chemie mit der Zentralstelle für Information und Dokumentation der Chemischen Industrie (ZIC) zusammenarbeitet. In der Bundesrepublik Deutschland werden überregionale Aufgaben zum Teil durch das Institut für Dokumentationswesen der Max-Planck-Gesellschaft, zum Teil durch die Deutsche Gesellschaft für Dokumentation (DGD) wahrgenommen, beide besitzen jedoch kein Weisungsrecht. International werden alle Arbeiten auf dem Gebiet der Dokumentation durch die 1937 gegründete Fédération Internationale de Documentation (FID) mit Sitz in Den Haag koordiniert. Für die sozialistischen Staaten besteht außerdem seit 1969 ein Internationales Zentrum für wissenschaftliche und technische Information (IZWITI), das sowohl beratende als auch operative Aufgaben innerhalb des RGW wahrnimmt [3].

Trotz der Anstrengungen dieser teils rein wissenschaftlich, teils auch beratend und anleitend tätigen Institutionen und der Einrichtung von Spezialabteilungen in zahlreichen Großbetrieben und Forschungseinrichtungen muß der Chemiker heute und wahrscheinlich auch noch längere Zeit einen großen Teil der von ihm benötigten Informationen mit den „klassischen" Mitteln des Registers und der Kartei selbst durchführen, obwohl er dafür nach Erhebungen aus dem Jahre 1970 6 Wochenstunden, d. h. rund 15 % der gesamten Arbeitszeit [4], nach amerikanischen Untersuchungen sogar 44 % der Arbeitszeit aufwenden muß [5]. Diese Befragung von Dokumentationsmaterial (Referate, Handbücher, Monographien, Originalarbeiten) ohne Heranziehung technischer Hilfsmittel, die wir nachstehend als *Literaturarbeit* bezeichnen wollen, ist zwar vom Standpunkt der Betriebsorganisation unrationell, erleichtert aber andererseits z. B. das Hineinfinden in ein neues Stoffgebiet und kann auch zu günstigen Rückwirkungen auf die schöpferische Tätigkeit des Forschers führen [6].

Die Arbeit mit der Fachliteratur ist trotz des damit verbundenen großen Aufwandes heute mehr denn je nicht nur
eine wissenschaftliche, sondern auch eine wirtschaftliche Notwendigkeit. Zum Beispiel werden nach Erfahrungswerten in
den USA z. Z. nicht weniger als 10% aller für Forschungs-
und Entwicklungsarbeiten aufgewendeten Mittel für Untersuchungen ausgegeben, die anderswo oder in anderem Zusammenhang bereits durchgeführt worden sind, und das, obwohl dort jährlich über eine Milliarde Dollar für die Dokumentenrecherche aufgewendet wird [7].

Es ist nun die *Art der Fragen* zu präzisieren, die mit Hilfe
der Fachliteratur beantwortet werden können. Zum Beispiel
halten es DODD und ROBINSON [8] für wichtig, vor Beginn
einer Arbeit, gleichgültig ob es sich dabei um ein schwieriges
Forschungsproblem oder nur um die Anfertigung eines einfachen Präparates handelt, folgende Fragen zu klären:

a) Wurde das betreffende Problem bereits früher in Angriff
   genommen, entweder aus genau der gleichen Richtung
   oder unter einem anderen Gesichtspunkt?

b) Wenn frühere Untersuchungen den gleichen Weg einschlu-
   gen: Ist ihre Wiederholung ratsam oder notwendig?

c) Wenn sie eine andere Richtung wählten: Ist der in Aussicht genommene Weg gerechtfertigt?

d) Wenn die Arbeit für lohnend gehalten werden kann: Wie
   müssen die benötigten Materialien oder Reagenzien dargestellt werden, bzw. müssen sie – wenn sie käuflich
   sind – gereinigt werden, und wie muß das geschehen?

e) Welche experimentellen Vorkehrungen sind von anderen
   bei Untersuchungen auf dem gleichen oder einem ähnlichen Gebiet für zweckmäßig gehalten worden, und kann
   ein früheres Arbeitsschema oder eine Einzelheit für den
   beabsichtigten Zweck verbessert werden?

Eine *sachliche Gruppierung chemischer Fragen* findet sich
bei MELLON [9]. Sie beruht auf Statistiken der größten
amerikanischen Fachbibliotheken und umfaßt folgende Gruppen (in Klammern jeweils einige Beispiele):

a) komplette Bibliographie eines Stoffes oder Stoffgebietes
   (sämtliche Literatur über Germanium; alles über die Kor-

rosion von Leichtmetallen in Gegenwart wäßriger Alkalihalogenidlösungen)

b) Geschichte und Biographie (die Entwicklung der Kunstfasern; das Leben LIEBIGS)

c) Vorkommen, Herkunft und Quelle chemischer Stoffe (Vorkommen von Uran in Kanada; Rohstoffe für Lackgrundlagen; Gewinnung von Benzol aus Braunkohlenteer)

d) Zusammensetzung von Naturstoffen und technischen Produkten (Zusammensetzung von Karlsbader Mineralwasser; Rezepte für Bohnerwachs)

e) Darstellungs- und Handhabungsmethoden (Herstellen von nichtrostendem Stahl; Sulfonierung aromatischer Verbindungen)

f) physikalische, chemische und physiologische Eigenschaften chemischer Stoffe (Brechungsindex einer 5%igen Mannoselösung; Reaktionen von aromatischen Aminen mit Aldehyden; Wirkung aromatischer Thioharnstoffe auf Nagetiere)

g) Verwendung chemischer Stoffe (Anwendungsmöglichkeiten von Wasserglas; Verwertung von Erdgas)

h) Patente und Warenzeichen (Vorhandensein rechtsgültiger Patente zur Herstellung synthetischer Fettsäuren; in den westeuropäischen Ländern bestehende Warenzeichen für Acetylsalicylsäure)

i) Identifizierung, Tests und Analyse chemischer Stoffe (Identifizierung von Morphinalkaloiden; Bestimmung des Kohlenoxidgehaltes in Verbrennungsgasen; Wirksamkeit von Polysulfiden als Vulkanisationsbeschleuniger)

k) statistische Daten (Weltproduktion von Helium; Entwicklung der Kunstfaserproduktion der DDR in den letzten 5 Jahren).

Diese Fragen geben einen guten Einblick in die Vielseitigkeit der Literaturarbeit in der Chemie, sind aber zu speziell und in ihrer Wichtigkeit zu unterschiedlich, um zur Gliederung der chemischen Literatur bzw. der Prozesse bei ihrer Nutzung dienen zu können. Es sind daher weitere Gesichtspunkte, insbesondere die Systematik der Chemie und die bibliothekarische Typologie[1]) in die allgemeine Betrachtung der Arbeit mit der chemischen Literatur einzubeziehen.

1.2. Zur Systematik der Chemie und der chemischen Literatur

Ihrem Wesen nach beschäftigt sich die Chemie mit Stoffen und Prozessen. Obgleich eigentlicher Arbeitsgegenstand der Chemie die Prozesse der Stoffumwandlung und die zu ihrer Durchführung nötigen Arbeitsmethoden sind, nicht aber die Stoffe selbst, wird das Wissensgebiet Chemie z. Z. überwiegend nach den *Stoffen* gegliedert, d. h. in anorganische und organische Chemie. Dabei versteht man unter organischer Chemie die Chemie der Kohlenstoffverbindungen mit Ausnahme des Kohlenmonoxids, der Carbide sowie der Kohlensäure und ihrer Salze, unter anorganischer Chemie die Chemie aller übrigen Verbindungen. Die weitere Unterteilung erfolgt in der anorganischen Chemie nach Elementen und Verbindungstypen, in der organischen Chemie nach der Struktur des Kohlenstoffgerüstes und den sogenannten funktionellen Gruppen (vgl. Abschnitt 3.5.1.). Vorwiegend für Unterrichtszwecke ist daneben noch eine *Gliederung nach den Arbeitsmethoden* gebräuchlich. Danach unterscheidet man die allgemeine bzw. theoretische Chemie[2]) und die praktische Chemie mit den Hauptgebieten analytische und synthetische oder präparative Chemie, wobei die letztgenannte ggf. noch in präparative Laboratoriumsmethoden und in die chemische Technologie (Chemie-Technik) unterteilt werden kann.

Eine *prozeßorientierte Gliederung* der Chemie ist (wohl erstmalig) von einer Arbeitsgruppe des Ministeriums für Hoch- und Fachschulwesen der DDR im Zusammenhang mit hochschulpolitischen Maßnahmen erarbeitet worden [10]. Da-

---

[1])   Typenlehre, Einteilung
[2])   teilweise identisch mit dem auch als physikalische Chemie bzw. (von A. EUCKEN u. a.) als chemische Physik bezeichneten Gebiet

nach gliedert sich das Gesamtgebiet der Chemie in die Haupt-
gebiete Verfahrenschemie, Synthesechemie und theoretische
Chemie. Die weitere Unterteilung kann dann durch Klassifizierung der Prozesse nach verschiedenen Gesichtspunkten,
ähnlich der bei der Facettenklassifikation verwendeten Methodik (vgl. 5.5.), z. B. nach Reaktionstypen, -mechanismen,
-phasen oder -geschwindigkeiten, erfolgen. Die prozeßorientierte Gliederung hat in die chemische Literatur bisher jedoch
nur in sehr kleinem Umfang Eingang gefunden. Die Gründe
dafür sind wahrscheinlich, daß die stoff- bzw. methodenorien-
tierte Systematik seit weit über 100 Jahren eingebürgert ist
und daß die bei der Aufteilung nach Reaktionsmechanismen
entstehenden großen Gruppen der ionogenen und nichtiono-
genen Reaktionen weitgehend den Gruppen anorganische und
organische Chemie in der stofforientierten Systematik entsprechen.

Eine Abbildung der Klassifikation der Chemie auf die chemische Fachliteratur ist jedoch kein geeignetes Prinzip für
ihre Einteilung. Auch MICHAJLOV und Mitarb. [11] stellen
fest, daß „... die bibliothekarisch-bibliographischen Klassifikationen mit den Klassifikationen der Wissenschaften nicht
identisch" sind. Wenn sie allerdings fortfahren: „Die bibliothekarisch-bibliographischen Klassifikationen unterscheiden
sich von den Klassifikationen der Wissenschaften durch ihren
ausgesprochen praktischen Charakter, aber auch durch die
Besonderheiten der zu klassifizierenden Gegenstände (Bücher,
Zeitschriftenartikel und andere Dokumente)", dann kann dem
nur insoweit zugestimmt werden, als eine zweckmäßige Einteilung der chemischen Fachliteratur die bibliothekarischen
Gesichtspunkte berücksichtigen muß und weitgehend nach
pragmatischen Gesichtspunkten ausgerichtet sein kann. Nachstehend sollen daher die wichtigsten bibliothekarischen Einteilungsprinzipien kurz erwähnt werden [12].

Die einfachste Art der Einteilung erfolgt nach der *Form
der Publikation* in Bücher, Zeitschriften, graphische Dokumente usw. Sie ist für den vorliegenden Zweck als alleiniges
Prinzip zu schematisch.

Weit verbreitet ist die Einteilung der Literatur nach ihrer *Beziehung zum* ursprünglichen *experimentellen Ergebnis*. Dabei unterscheidet man:

a) *Primärliteratur:* Originalarbeiten, in denen Ergebnisse eigener Versuche, Erfahrungen oder theoretische Überlegungen des Autors wiedergegeben sind, und zwar gewöhnlich erstmalig (Teilveröffentlichungen zur Sicherung der Priorität, Vorträge usw. werden hierbei nicht berücksichtigt, obgleich sie prinzipiell, z. B. vom Standpunkt des Patentrechtes, die Neuheit beeinträchtigen).

Sie finden sich auf dem Gebiet der Chemie fast ausschließlich in Fachzeitschriften und in der Patentliteratur, zum geringen Teil auch in buchförmigen Forschungsberichten staatlicher Institutionen oder wissenschaftlicher Einrichtungen. Nur in Ausnahmefällen sind auch in Lehrbüchern und Monographien (umfangreichere Arbeiten zur allseitigen Untersuchung eines Problems) Primärergebnisse erstmalig veröffentlicht, meist in Form sogenannter Privatmitteilungen.

b) *Sekundärliteratur:* Veröffentlichungen, die ganz oder zum überwiegenden Teil aus Zitaten bereits anderweitig veröffentlichter Arbeiten bestehen.

Die Wiedergabe dieser Arbeiten kann entweder registrierend oder kritisch erfolgen. Eine registrierende Wiedergabe von Originalarbeiten, bei der sich der Referent jeder persönlichen Stellungnahme enthält, erfolgt vor allem in den großen Referatezeitschriften. Auch die systematischen Handbücher der Chemie sind im wesentlichen registrierend. Eine kritische Wiedergabe kann entweder in der Auswahl der wiedergegebenen Arbeiten oder in einer persönlichen Stellungnahme der Referenten zum Ausdruck kommen. Sie erfolgt vor allem in Monographien, die meist in Buchform, seltener in besonderen Zeitschriften erscheinen. Im weiteren Sinne sind auch die lexikalischen und tabellarischen Nachschlagewerke sowie die großen Lehrbücher in diese Klasse einzuordnen.

c) *Tertiärliteratur:* Veröffentlichungen, die eine Zusammenstellung vorwiegend oder ausschließlich sekundärer Publikationen geben oder deren Auswertung erleichtern.

Hierher würden eigentlich auch viele Register gehören; allgemein rechnet man diese jedoch mit zur Sekundärliteratur und faßt unter dem Begriff Tertiärliteratur nur die Bibliographien, Buchkataloge und Literaturführer zusammen.

Da für den Chemiker in erster Linie praktische Gesichtspunkte bei der Nutzung der Literatur von Bedeutung sind, bringt auch die Übernahme bibliothekarischer Einteilungsprinzipien keine optimalen Ergebnisse. Diese sind vielmehr am ehesten von einer rein praktischen Gliederung zu erwarten. Es hat sich nun gezeigt, daß bei der Literaturarbeit in Hochschul- und Forschungslaboratorien fast ausschließlich die folgenden Fragestellungen auftreten:

a) Identifizierung einer Verbindung
b) Aufsuchen eines Herstellungsverfahrens für einen bekannten Stoff
c) Aufsuchen einer chemischen Reaktion oder einer Arbeitsvorschrift
d) Bibliographie eines Stoffes oder Gegenstandes.

Nach Auskünften mehrerer großer Betriebsbibliotheken der DDR stellen diese Fragen auch in chemischen Industriebetrieben die Schwerpunkte der Literaturarbeit dar, so daß es gerechtfertigt erscheint, sie zur Grundlage der nachfolgenden Ausführungen zu machen.[1]

1.3. Inhalt und Aufbau des vorliegenden Buches

Die bereits angedeutete Notwendigkeit zur Berücksichtigung bibliographischer Gesichtspunkte neben fach- und praxisbezogenen führt in diesem Buch zu einer Einteilung des Stoffes, die (in Anlehnung an W. OSTWALD u. a.) als „mehrdimensional" bezeichnet werden kann.

Für Studienanfänger besonders wichtige Werke sowie Nachschlage- und Tabellenwerke sind in einem Eingangskapitel

---

[1]   Zu den dokumentaristischen Typen der Fragestellung vgl. Abschnitt 5.5.

zusammengefaßt (Kapitel 2.), die übrige rein chemische Literatur ist (entsprechend den vorstehend genannten Schwer-
punkten) in 5 Abschnitte gegliedert worden (3.1. bis 3.5.),
wobei die chemisch-technischen Prozesse entsprechend ihrer
Bedeutung und Sonderstellung von den Arbeitsprozessen im
Labormaßstab abgetrennt wurden. Die Literatur der chemischen Grenzgebiete und anderer Fachgebiete ist in Form einer
Auswahlbibliographie angeführt (Kapitel 4.). In einem weiteren Kapitel (5.) sind Bibliotheksprobleme des Chemikers behandelt, die nicht direkt mit der Labor- oder Betriebsarbeit
zusammenhängen.

Veröffentlichungen eines bestimmten bibliographischen Typs
und Einzelwerke sind *nach Möglichkeit* dort aufgeführt, wo
sie *letztmalig* auftreten können. Dieses in den chemischen
Handbüchern übliche „Prinzip der letzten Stelle" hat sich
jedoch aus praktischen Gründen nicht streng durchführen lassen. Ebenso hat es sich nicht vermeiden lassen, daß Werke des
gleichen bibliographischen Typs (insbesondere Lehrbücher,
Handbücher, Monographien und Nachschlagewerke) in mehreren Abschnitten auftreten. Dies geschah in der Hoffnung, daß
der dadurch erzielte Zuwachs an Brauchbarkeit (vor allem
für Studenten) den Verlust an Systematik überwiegt.

Innerhalb der Abschnitte wird die Literatur der anorganischen und der organischen Chemie gemeinsam behandelt.
Die aufgenommenen Titel sind in erster Linie als Beispiele zu
betrachten; sie sollen die behandelten Grundzüge der Systematik veranschaulichen und sind zusätzlich nach ihrer Verbreitung eingeschätzt. Es war allerdings nicht möglich, diese
Einschätzung durch statistische Angaben zu stützen; daher
muß sie notgedrungen in einem gewissen Grade subjektiv
bleiben, obgleich Stichproben in einigen Fachbibliotheken der
DDR mit herangezogen wurden. In keinem Fall stellt die Aufnahme oder das Weglassen eines bestimmten Buches eine
Wertung seiner Qualität dar. Nur in den Abschnitten 2.1. und
2.2. ist versucht worden, die optimalen Nutzungsmöglichkei-
ten der aufgeführten Titel ungefähr einzuschätzen. Diese Einschätzung beruht zum großen Teil auf eigener Kenntnis der
betreffenden Werke; daneben wurden aber auch Rezensionen
der Zeitschriften *Angewandte Chemie* und *Zeitschrift für*

Chemie mit herangezogen. Alle einschlägigen Titel vollzählig aufzuführen ist bei dem großen Umfang, den die Fachliteratur heute angenommen hat, in keinem Falle möglich und daher auch nicht beabsichtigt.

Eine große Rolle spielen selbstverständlich sprachliche Gesichtspunkte. Abgesehen von wenigen Ausnahmen wurden nur Werke in den Sprachen deutsch, englisch, russisch und französisch berücksichtigt, wobei Veröffentlichungen in deutscher Sprache fremdsprachigen Publikationen vorgezogen sind. Existiert zu einem fremdsprachigen Werk eine deutsche Übersetzung, so ist nur diese ohne Hinweis auf das Original aufgeführt. Alle Buchtitel sind in der Originalsprache aufgenommen (die kyrillische Schrift in der bibliothekarischen Transkription; vgl. Abschnitt 3.5.5.); fremdsprachige Zitate sind dagegen ins Deutsche übersetzt.

Entsprechend der „Halbwertszeit" der chemischen Literatur[1]) wurden Bücher, die älter als 10 Jahre sind, nur dort, wo sich dies aus Sachgründen ergibt (Register, biographische und historische Literatur), und in Ausnahmefällen berücksichtigt.

So wichtig es auch sein mag, einen Überblick über die existierende Fachliteratur zu erhalten, so kommt es doch in erster Linie darauf an, die ihr gemeinsamen Ordnungsprinzipien zu erkennen und für die eigene praktische Arbeit zu nutzen. Darauf soll daher auch der Schwerpunkt der nachfolgenden Ausführungen liegen.

---

[1])   Dieser Ausdruck stammt von BURTON und KEBLER (Amer. Doc. **(1960)** 1, S. 20); zu den statistischen Grundlagen vgl. jedoch VICKERY, B. C., Libr. Assoc. Rec. (1961) 8, S. 263–269.

2. Literatur für Studienanfänger; allgemeine Nachschlage- und Tabellenwerke

Wie bereits begründet (s. Abschnitt 1.3.), sollen die für Studienanfänger wichtigen Werke und die besonders verbreiteten Nachschlage- und Tabellenwerke wegen ihrer allgemeinen Bedeutung vor der übrigen chemischen Fachliteratur behandelt werden.

2.1. Einführungen und Grundlehrbücher der Chemie

Obgleich die Chemie unser tägliches Leben in starkem Maße beeinflußt und verändert hat und ihre Bedeutung noch zunimmt, sind die Vorstellungen, die sich mit ihr verbinden, oft recht ungenau und lückenhaft. Dies hängt zum Teil damit zusammen, daß bei der direkten Naturbeobachtung chemische Fragen meist nicht unmittelbar hervortreten. So erweckt einer der auffallendsten und wichtigsten chemischen Vorgänge, der Verbrennungsprozeß, das Interesse des Beobachters vor allem durch die damit verbundenen physikalischen Erscheinungen von Licht und Wärme, während die diesen Erscheinungen zugrunde liegenden chemischen Vorgänge bis heute nicht allgemein bekannt und noch nicht in allen Einzelheiten erforscht sind. Dementsprechend sind auch die Vorstellungen über das Studium und die Arbeit des Chemikers unterschiedlich und nicht immer ganz zutreffend. Über den ungefähren Ablauf des Studiums kann man sich in den nachstehend genannten Schriften informieren. Soweit sie nicht im Buchhandel erhältlich sind, kann man sie (mindestens zur Einsichtnahme) durch

Bibliotheken oder noch besser durch die nächste Hochschule erhalten.

Chemie – Studium und Beruf. Hrsg.: Fonds der Chemischen Industrie. Frankfurt/Main 1972.

Deutscher Hochschulführer 1970. 45. Aufl. Bonn 1969. 424 S.

Rahmenstudienprogramm für das Grundstudium und Grundstudienplan Chemie. Hrsg.: Ministerium für Hoch- und Fachschulwesen der DDR. Berlin 1970. 131 S. [13].

REY, E.: Der Hochschulchemiker. Wegeleitung für das akademische Chemiestudium. 2. Aufl. Aarau 1965. 64 S. [14].

Studienführer Chemie 1969/70. Hrsg.: Gesellschaft Deutscher Chemiker. Weinheim/Bergstr. 1969 [15].

Studienführer Lebensmittelchemie – Gerichtliche Chemie 1969/70. Hrsg.: Gesellschaft Deutscher Chemiker. Weinheim/Bergstr. 1969.

Zu Fragen des Studienganges können – besonders in der DDR – auch die Hochschulführer bzw. Vorlesungsverzeichnisse der einzelnen Universitäten und Hochschulen herangezogen werden. Sie erscheinen meist alljährlich zum Beginn des Wintersemesters, seltener zu jedem Semester, und sind über die jeweiligen Hochschulen zu beziehen bzw. dort und auch in größeren Bibliotheken einzusehen.

In gewissem Maße gibt auch das vorliegende Buch durch die allgemeinen Vorbemerkungen zu jedem Abschnitt eine Einführung in das Studium der Chemie.

Über die internationale Situation der Chemikerausbildung informiert: *Survey of Chemistry Teaching at University Level.* Hrsg.: IUPAC/UNESCO. New York 1972. 36 S.

Das Chemiestudium unterscheidet sich von dem Studium anderer Fächer vor allem dadurch, daß sein Schwerpunkt eindeutig bei den praktischen Übungen und nicht wie bei den meisten anderen Studienfächern auf der Seite der Vorlesungen liegt. Diese praktischen Übungen sind bei Studenten mit Chemie als Hauptfach zum größten Teil nicht kursmäßig[1]), sondern jeder Praktikant arbeitet so rasch, wie es seine Kenntnisse und Fähigkeiten zulassen. Die verschiedentlich angeregte

---

[1]) Ausnahmen vgl. Nachr. chem. Technik **16** (1968) 15, S. 260.

kollektive Durchführung von Praktika bringt zwar Zeitvor-
teile und gewisse wertvolle Erfahrungen für die spätere Be-
rufspraxis, wirft aber zahlreiche pädagogische Probleme auf,
die noch nicht hinreichend gelöst sind, um die generelle Einführung dieser Unterrichtsform zu rechtfertigen.

In dieser Situation besitzt das *Lehrbuch* (russ. učebnik,
engl. textbook) für den Chemiestudenten eine besonders hohe
Bedeutung, zumal es häufig nicht nur der theoretischen, sondern auch der praktischen Unterweisung dienen muß. Außerdem stellen die tiefgreifenden Veränderungen, welche vor
allem die exakten Naturwissenschaften in den letzten Jahr-
zehnten durchgemacht haben, und die Notwendigkeit zur Einhaltung möglichst kurzer Studienzeiten weitere hohe Anforderungen an das Chemielehrbuch. Das hat in den letzten 20
Jahren zu zahlreichen methodischen Diskussionen und Experimenten um die geeignetste Form des Hochschullehrbuches
geführt [16], die auch jetzt noch nicht abgeschlossen sind.
In der Chemie waren Ergebnisse dieser Neuerungen vor allem
eine stärkere Anwendung von deduktiven Methoden oder,
wie C. MAHR[1]) es ausdrückt, der „Lehrmethode über das
Modell" und damit eine wachsende Betonung der allgemeinen
und theoretischen Chemie sowie die Entwicklung von *programmierten Lehrmaterialien.* Darunter versteht man Materialien, in denen der Stoff in eine Anzahl von logisch miteinander verbundenen kleinen Schritten zerlegt ist, die von einfachen zu immer komplizierteren Sachverhalten fortschreiten
und deren Verständnis jedesmal vom Lernenden selbst durch
Beantworten von Fragen überprüft werden kann. Die Anwendung derartiger Lehrmaterialien ist vor allem dann zweckmäßig, wenn die Antwort in Symbolen (Formeln, Zahlenangaben u. ä.) ausgedrückt werden kann [17]. Im Schul- und
berufsbildenden Unterricht spielen programmierte Materialien
bereits eine beachtliche Rolle, vor allem als Hilfsmittel neben
dem konventionellen Unterricht; auch im Fachschulstudium
haben sie bereits gewisse Bedeutung erlangt. In der DDR
hat ebenso wie in der BRD die Ausarbeitung von program-

---

[1])   In: Anorganisches Grundpraktikum. 2. Aufl. Weinheim/Bergs-
str. 1961. Vorwort.

mierten Lehrmaterialien auch für den Hochschulunterricht begonnen [18]. Von zahlreichen Fachleuten wird jedoch die Meinung vertreten, daß programmierte Materialien im Hochschulunterricht nur neben konventionellen Lehrbüchern oder für besonders geeignete spezielle Themen vorteilhaft eingesetzt werden können [17, 19, 20]. Einen Versuch in dieser Richtung stellen die von P. HALLPAP, E. HOYER und W. KNÖCHEL bei der Akademischen Verlagsgesellschaft Geest & Portig K.G., Leipzig, herausgegebenen *Lehrprogrammbücher Chemie* dar. Bisher sind folgende Hefte erschienen:

Säuren und Basen. Von F. DIETZE u. a. 1971. 107 S. (Heft 1).
Einführung in die Molekülsymmetrie. Von R. BORSDORF u. a. 1973. 108 S. (Heft 2).
HALLPAP, P.; SCHÜTZ, H.: Anwendung der ^{1}H-NMR-Spektroskopie. 1973. 100 S. (Heft 3).

Als weitere Beispiele für programmierte Lehrmaterialien der Chemie in deutscher Sprache seien hier genannt:

Bausteine der Chemie. Leipzig 1970 ff.; bisher erschienen: RICHTER, G.: Atombau. 84 S.; RICHTER, G.: Periodensystem der Elemente. 48 S.; DREWS, I.: Kolloiddisperse Systeme. 68 S. (Studienmaterial für Ingenieur- und Fachschulen).
HÖLLIG, V.: Lerntext Chemie. Darmstadt 1975.
NENTWIG, J.; KREUDER, M.; MORGENSTERN, K.: Lehrprogramm Chemie (Einführungsmaterial). Bd. 1, 3. Aufl. Bd. 2, 1. Aufl. Weinheim/Bergstr. 1971. 1 318 S. und 136 S. Lehrerheft. (Bd. 1: 7 Programme allgemeine, 20 Programme anorganische, 2 Programme organische Chemie; Bd. 2: 8 Programme allgemeine und anorganische, 15 Programme organische Chemie.)
PATTISON, J. B.: Programmierte Einführung in die Gas-Flüssig-Chromatographie. Braunschweig 1972. 304 S. (Übers. aus dem Engl.)

Im Ausland werden programmierte Lehrmaterialien besonders als Hilfsmittel für Studienanfänger bzw. zur Vorbereitung auf das Hochschulstudium empfohlen. Beispiele für derartige Werke sind:

DRAGO, R. S.: Prerequisites for College Chemistry. New York/Chikago/Burlingame 1966. 149 S.

HOARE, D. E.: Programmed Introduction to General and Physical Chemistry. London/New York/Sidney 1967. 141 S.

Weitere programmierte Materialien über spezielle Themen werden im Text an den entsprechenden Stellen angeführt.

Als nicht programmierte Einführung in die Chemie soll vor allem die *Einleitung in das Studium der Chemie* von I. REMSEN und H. REIHLEN, 21. Aufl., bearb. von G. RIENÄCKER und H. BREMER, Dresden 1963, 396 S., genannt werden, obgleich dieses Buch im Niveau über das einer Einführung weit hinausgeht und daher für Studenten mit Chemie als Nebenfach auch als Hochschullehrbuch dienen kann. Eine vollständige Neubearbeitung durch BARNHUSEN und SCHALL ist in Vorbereitung (Darmstadt 1975). Von fremdsprachlichen Werken sei hier erwähnt: KAPUCKIJ, F. N., *Posobie po chimii dlja postupajuščich v vuzy*, Minsk 1965, 324 S.

Auf die umfangreiche populärwissenschaftliche Literatur zu chemischen Fragen, die auch dem Hochschulanfänger oft wertvolle Dienste leistet, sei hier nur hingewiesen.

Von den Lehrbüchern der *allgemeinen Chemie*, die auch eine deduktive Einführung in die Chemie bezwecken, wird das von L. PAULING verfaßte Werk *Moderne Grundlagen der Chemie*, Weinheim/Bergstr. 1972, 912 S., von zahlreichen Fachleuten besonders empfohlen. Es stellt eine Übersetzung der 3. Auflage von *General Chemistry*, New York 1969, dar; die vorausgehende englische Auflage erlebte unter dem Titel L. PAULING, *Chemie – Eine Einführung*, 8 deutschsprachige Auflagen (8. Aufl. Weinheim/Bergstr. 1969, 626 S.), die auch heute noch ein äußerst wertvolles Lehrmaterial darstellen. Die für Studienanfänger relativ großen Anforderungen an die Mitarbeit der Leser sind in Europa inzwischen üblich geworden. Vorrangig für die Chemiefachlehrerausbildung bestimmt, im Niveau aber auch für die Diplomausbildung geeignet ist das Buch von H. PSCHEIDL, *Allgemeine Chemie – Grundkurs*, Berlin 1975, 468 S. (in 2 Teilen). An fremdsprachigen Werken sei hier das programmierte Lehrbuch von JU. D. TRETJAKOV und O. S. ZAJOEV, *Programmiro-*

vannoe posobie po obščej chimii, Moskau 1971, 380 S., genannt.

Lehrbücher, die einen Abriß der gesamten Chemie auf Fach- oder Hochschulniveau bieten, legen ihr Hauptgewicht ebenfalls auf die allgemeine Chemie. Sie sind jedoch heute selten geworden, weil das Stoffgebiet der Chemie für eine derartige Darstellungsweise zu umfangreich ist. Eine gewisse Bedeutung haben sie jedoch zur Einführung und Prüfungsvorbereitung, besonders für Studierende mit Chemie als Nebenfach. Als Beispiele seien genannt:

CHRISTEN, H. R.: Chemie. 9. Aufl. Frankfurt/Main 1974. 600 S.

Lehrbuch der Chemie. Von einem Autorenkollektiv. Leipzig 1971. 538 S.

Auch den Anforderungen von Studierenden mit Chemie als Hauptfach gerecht wird dagegen die in 2 unabhängige Bände (*Grundlagen der allgemeinen und anorganischen Chemie*, 4. Aufl. 1973, 567 S.; *Grundlagen der organischen Chemie*, 2. Aufl. 1972, 928 S.; beide Frankfurt/Main) gegliederte, ebenfalls von H. R. CHRISTEN verfaßte Gesamtdarstellung. Beide Bücher zeichnen sich durch ihre moderne theoretische Konzeption und weitgehende Orientierung auf die chemische Reaktion aus.

Bei den Lehrbüchern der *anorganischen Chemie* sind zunächst 2 Werke zu nennen, die einen großen Umfang von Lehrstoff nach neuesten methodischen und fachwissenschaftlichen Erkenntnissen darbieten, aber an die Mitarbeit des Lesers ziemlich hohe Anforderungen stellen. Es sind dies die *Anorganische Chemie* von F. A. COTTON und G. WILKINSON, 3. Aufl., Weinheim/Bergstr. 1974, 1 235 S., und das *Lehrbuch der anorganischen Chemie* von A. W. HOLLEMAN und E. WIBERG, 71.–80. Aufl., Berlin 1971, 1 209 S. Weniger umfangreich, aber für Studenten mit Chemie als Hauptfach durchaus geeignet ist die *Anorganische Chemie* von K. A. HOFMANN und W. RÜDORFF, 21. Aufl., Braunschweig 1973, 862 S. Besonders für Studienanfänger zum Gebrauch neben Vorlesungen bestimmt ist der *Grundriß der anorganischen Chemie* von H. REMY, 14. Aufl., Leipzig 1967, 407 S. Dagegen steht das ebenfalls von H. REMY verfaßte *Lehrbuch der anorganischen Chemie,* Bd. 1 und 2, 12. bzw. 13. Aufl., Leipzig 1970–71, 2 145 S., bereits auf der Grenze zu den Nachschlagewerken; wegen seiner didaktisch geschickten Darstellungsweise muß es aber trotz seines für den Unterricht zu umfangreichen Inhalts an Fakten zu den Lehrbüchern gerechnet werden. Vergleichsweise konservativ aufgebaut, aber klar in der Darstellung bei günstiger Stoffauswahl ist das *Lehrbuch der anorganischen Chemie* von W. TRZEBIATOWSKI, 6. Aufl., Berlin 1970, 788 S. Die *Anorganische Chemie* von K. WESTERMANN, K.-H. NÄSER und K.-H. GRUHL, 7. Aufl., Leipzig 1969, 708 S., wurde ursprünglich für Ingenieurschulen verfaßt, ist infolge ihrer modernen, umfassenden Wiedergabe des Stoffes aber auch für Hochschulen geeignet. Das einst klassische Lehrbuch *Anorganische Chemie* von EPHRAIM (4. Aufl. Dresden 1929, in Großbritannien unter dem Titel *Inorganic Chemistry* bis zur 6. Auflage 1956 fortgeführt) wird jetzt durch die von SCHNEIDER herausgegebene mehrbändige Studientextreihe *Spezielle Anorganische Chemie* in moderner Weise vollkommen neubearbeitet fortgesetzt (Darmstadt 1975 ff.). Kennzeichen dieser Lehrwerke war und ist die Berücksichtigung von aktuellen Teilkapiteln der anorganischen Chemie, die in den durchschnittlichen Lehrbüchern der anorganischen Chemie zu kurz kamen und kommen mußten.

Eine moderne Darstellung für den Studienanfänger stellt das Taschenbuch von E. FLUCK und R. C. BRASTED über *Allgemeine und anorganische Chemie* dar (Heidelberg 1973, 279 S.).

Für die *organische Chemie* sei zunächst das sehr verbreitete *Lehrbuch der organischen Chemie* von H. BEYER, 17. Aufl., bearb. von W. WALTER, Stuttgart 1973 (frühere Auflagen Leipzig), 870 S., genannt. Sehr umfangreich, aber didaktisch hervorragend sowie unkonventionell und anziehend geschrieben ist die *Organische Chemie* von L. F. und M. FIESER, 2. Aufl., Weinheim/Bergstr. 1968, 1 930 S. (Nachdruck 1972). Den Versuch einer Gesamtdarstellung aller praktisch wichtigen Aspekte der organischen Chemie stellt das *Lehrbuch der organischen Chemie* von F. KLAGES, Bd. 1–3, 2.

bzw. 3. Aufl., Berlin 1959–1967, dar. Im Band 1 dieses Werkes (2 Teile, 1 080 S.) werden die organischen Verbindungen
systematisch und unter weitgehendem Verzicht auf Theorie
etwa mit der Ausführlichkeit eines großen Lehrbuches behandelt; Band 2 (639 S.) stellt die theoretische und allgemeine
organische Chemie modern und anschaulich dar, und Band 3
(787 S.) beschreibt einige Sondergebiete der organischen
Chemie fast mit der Ausführlichkeit kleiner Monographien.
Zahlreiche Literaturzitate erhöhen noch den Wert. Das *Lehrbuch der organischen Chemie* von W. LANGENBECK und
W. PRITZKOW, 21. Aufl., Dresden 1969, 484 S., wirkt durch
seine deduktive Darstellungsweise vergleichsweise konservativ, erfreut sich aber, vielleicht wegen der Aufteilung des
Stoffes in Grund- und Spezialwissen und der ziemlich ausführlichen Darstellung der Chemie der Naturstoffe und der
Biochemie bei Studierenden mit Chemie als Nebenfach auch
heute noch großer Beliebtheit. Völlig modernisiert ist dagegen
die aus dem traditionsreichen Lehrbuch von O. DIELS her-
vorgegangene *Einführung in die organische Chemie* von W.
RUSKE, 2. Aufl., Weinheim/Bergstr. 1970, 725 S. Sie wird
Studierenden mit Chemie im Hauptfach als Einführung und
Repetitorium und Studierenden im Nebenfach als Lehrbuch
empfohlen.

Die Neuerungen im Hochschulunterricht haben zur Entwicklung eines neuartigen Lehrbuchtyps geführt, der gleichzeitig
zur Vermittlung des theoretischen Wissens wie als Prakti-
kumsanleitung dienen soll. Diese Bücher unterscheiden sich
von den bisher üblichen Praktikumsanleitungen dadurch, daß
sie nicht Erklärungen für beschriebene Vorgänge geben, sondern Vorgänge aus allgemeintheoretischen Überlegungen ableiten. Sie sollen daher hier und nicht in den Abschnitten über
experimentelle Literatur aufgeführt werden. Es handelt sich
dabei um das von L. KOLDITZ herausgegebene, von einem
Kollektiv erarbeitete *Anorganikum,* 6. Aufl., Berlin 1974, 1 155
S., und das von einem Kollektiv unter Leitung von K.
SCHWETLICK verfaßte *Organikum,* 14. Aufl., Berlin 1975,
790 S. Obgleich das theoretische Material sehr konzentriert
dargestellt ist, haben sich diese Werke in der Hauptfachaus-
bildung weitgehend durchgesetzt, da sie eine Kombination

von theoretischer und praktischer Anleitung bieten und die Studenten zum selbständigen Denken anregen.

Neben den traditionellen Lehrbüchern ist in der DDR ein spezielles Unterrichtsmaterial für Hochschulen unter dem Titel *Lehrwerk Chemie* entwickelt worden. Es umfaßt je 7 Lehr- und Arbeitsbücher zu folgenden Themen:

1. Struktur und Bindung – Atome und Moleküle
2. Struktur und Bindung – Aggregierte Systeme und Stoff- systematik
3. Strukturaufklärung – Spektroskopie und Röntgenbeugung
4. Chemische Thermodynamik
5. Elektrolytgleichgewichte und Elektrochemie
6. Chemische Kinetik
7. Reaktionsverhalten und Syntheseprinzipien.

Jedem Lehrbuch ist ein Arbeitsbuch gleichen Titels zuge- ordnet; beide sind funktionell aufeinander abgestimmt. Ob- gleich alle 14 Bände des Lehrwerkes inhaltlich miteinander verflochten sind, ist jeder einzelne Titel selbständig verwend- bar und in sich abgeschlossen. Im Jahre 1973 sind die Lehr- bücher 1, 2, 3, 4, 6 und 7 sowie das Arbeitsbuch 3 im VEB Deutscher Verlag für Grundstoffindustrie, Leipzig, erschienen; die übrigen Bände liegen in den Sektionen Chemie der Uni- versitäten und Hochschulen als Manuskriptdrucke vor.

Einige Hochschullehrer geben ihren Hörern die Möglich- keit, die Manuskripte ihrer Vorlesungen in vervielfältigter Form oder als Manuskriptdrucke zu erwerben. Auch für Übun- gen und Kurspraktika werden gelegentlich derartige Scripten herausgegeben. Besonders wenn zu der betreffenden Lehrver- anstaltung Prüfungen stattfinden, stellen sie eine große Er- leichterung für den Studierenden dar, der von einem solchen Angebot daher unbedingt Gebrauch machen sollte. Ob es jedoch rationell ist (außer für sehr spezielle Gebiete), solche Scripten herauszugeben, bleibe dahingestellt. Erwähnt werden sollen schließlich noch die Lehrbriefe für das Fernstudium, die von den betreffenden Hochschulen ebenfalls als Manu- skriptdrucke herausgegeben werden und über diese zu be- ziehen sind.

Neben den vorstehenden Lehrbüchern existieren noch zahlreiche andere, die hier nicht aufgenommen wurden, weil ihre letzten Auflagen mehr als 10 Jahre zurückliegen. Auch von den hier genannten Lehrbüchern wird aber nicht jeder Studierende immer die jeweils neueste Auflage erhalten können, und es ist daher zu fragen, welchen Einfluß das Erscheinungsdatum überhaupt auf den Wert eines Lehrbuches hat. Das hängt im allgemeinen von dem Grade ab, in dem sich die theoretischen Anschauungen auf dem entsprechenden Gebiet seit dem Erscheinen der betreffenden Auflage geändert haben; denn naturwissenschaftliches Tatsachenmaterial, das für wichtig genug gehalten wird, in ein Lehrbuch aufgenommen zu werden, erfährt gewöhnlich keine Änderung mehr. Es ist daher wichtiger, die neueste existierende Bearbeitung eines Lehrbuches (die gewöhnlich über mehrere Auflagen beibehalten wird) heranzuziehen, als stets die neueste Auflage zur Hand zu haben. Dies gilt besonders für Anfänger; fortgeschrittene Studierende, die bereits ein eigenes Urteilsvermögen und ein theoretisches Grundwissen erworben haben, können aus einem älteren Lehrbuch, wenn dieses viel Tatsachenmaterial enthält, fast den gleichen Nutzen ziehen wie aus einem neuen. Für Studierende mit Chemie im Nebenfach wird die Bedeutung des Auflagedatums eines Lehrbuches davon abhängen, wie weit die neuesten theoretischen Erkenntnisse in ihrem Unterricht bereits genutzt werden; sie lassen sich daher zweckmäßig von ihren Lehrkräften beraten.

Während in zahlreichen Staaten Lehrbücher für Anfänger und Fortgeschrittene häufig getrennt abgefaßt werden, überwiegen im deutschen Sprachbereich Werke, die entweder beides in einem Band vereinen oder sich in erster Linie an fortgeschrittene Studenten wenden. Vom Umfang des Stoffes her benötigen sie daher bis zum Examen nur auf wenigen (jeweils unterschiedlichen) Gebieten eine Ergänzung, wozu vor allem entsprechende Monographien dienen. Obgleich diese Publikationsart später (im Abschnitt 3.3.4.) noch behandelt wird, sollen hier einige dazu besonders geeignete allgemeinere Werke genannt werden.

Einen interessanten Querschnitt der anorganischen Chemie unter einem einheitlichen Gesichtspunkt bietet P. B. DORAIN,

Symmetrie in der anorganischen Chemie, Berlin 1971, 160 S. (Lizenzausgabe: Braunschweig 1972). Das seinerzeit sehr moderne Buch *Ergebnisse und Probleme der modernen anorganischen Chemie* von H.-J. EMELÉUS und J. S. ANDERSON, 2. Aufl., Berlin/Heidelberg 1954, 540 S., hat noch heute einen gewissen Wert. Fragen der Systematik sowie der theoretischen Grundlagen für das Verhalten organischer Verbindungen behandelt W. HÜCKEL, *Theoretische Grundlagen der organischen Chemie*, Bd. 1–2, 8. bzw. 9. Aufl., Leipzig 1957–1961, 1 809 S. Weit mehr als der Titel aussagt, nämlich fast das gesamte theoretische Rüstzeug des organischen Chemikers, enthält die *Einführung in die theoretische organische Chemie* von H. A. STAAB, 4. Aufl., Weinheim/Bergstr. 1964, 760 S. (2., unveränd. Nachdruck 1970).

Ergänzend sei noch auf Werke hingewiesen, die sich mit der Theorie chemischer Reaktionen beschäftigen. Einige Beispiele sind im Abschnitt 3.3.2. aufgeführt, weitere enthält jede Bibliothek.

Abschließend sollen noch einige Bücher genannt werden, die speziell zur Examensvorbereitung herangezogen werden können:

BRANDT, E.: Organische Chemie in Frage und Antwort. 11. Aufl. Leipzig 1970. 192 S.

KAUFMANN, H.: Grundlagen der organischen Chemie. 3. Aufl. Stuttgart 1973. 247 S.

RUNGE, K.; SIEWERT, E.; GOHLISCH, G.: Organische Synthesechemie. Problemstellungen – Lösungswege. Leipzig 1972. 328 S.

RUNQUIST, O.: Organische Chemie – eine programmierte Einführung. München/Wien 1970. 311 S.

THILO, E.; BLUMENTHAL, G.: Allgemeine und anorganische Chemie in Frage und Antwort. 15. Aufl. Leipzig 1974. 260 S.

2.2. Besonders verbreitete Nachschlage- und Tabellenwerke

Im Privatleben schlägt man Begriffe, die man nicht kennt, gewöhnlich im Lexikon nach. Die dafür vorgesehenen Konversationslexika sagen jedoch bereits dem Chemiestudenten im allgemeinen nicht viel Neues über chemische Fachbegriffe. Unter den zahlreichen *Nachschlagewerken* der chemischen Literatur gibt es jedoch einige, die ebenso wie die gewohnten Lexika aufgebaut und deshalb besonders leicht zu handhaben sind. Die Skala dieser Werke reicht von taschenbuchartigen Schriften, die im wesentlichen für den Gebrauch in Oberschulen und Berufsschulen gedacht sind, über tabellenartige Werke, die zu jedem Gegenstand nur die wichtigsten physikalischen Konstanten und den Hinweis auf eines der großen Handbücher mitteilen, bis zu mehrbändigen Lexika mit ausführlichen Beschreibungen und zahlreichen Literaturzitaten, die auch dem Fachmann wertvolle Informationen vermitteln, für den Laien aber meist ebenfalls verständlich sind. Einige Fremdsprachen suchen diesem Umstand durch Verwendung mehrerer Bezeichnungen Rechnung zu tragen (z. B. russ. spravočnik oder slovar', engl. dictionary oder encyclopedia), jedoch überschneiden sich diese meist in ihren Bedeutungen.

Nachfolgend sollen nur solche Werke aufgeführt werden, die das gesamte Gebiet der Chemie beinhalten und für den Fachmann etwa von der Ausbildungsstufe des Chemieingenieurs an noch von Wert sind. Dieser Wert für den Fachmann ist etwa gleichbedeutend mit ihrem Wert als versteckte Bibliographie (s. Abschn. 5.2.), d. h. mit der Anzahl und Qualität (Neuheit und Aussagekraft) der dargebotenen Literaturstellen. Dies erklärt sich daraus, daß das Gebiet der Chemie viel zu umfangreich ist, um selbst im Rahmen eines mehrbändigen Lexikons hinreichend exakt dargestellt zu werden. Ohne den kleineren Chemielexika ihre Existenzberechtigung bestreiten zu wollen, muß daher festgestellt werden, daß sie für den Chemiker ohne praktischen Wert sind.

Für den deutschen Sprachraum ist wohl das wichtigste Werk lexikalischer Art das *Chemie-Lexikon* von H. RÖMPP, Bd. 1–6, 7. Aufl. (Hrsg.: O. A. NEUMÜLLER), Stuttgart 1971 bis 1974. Es enthält neben erstaunlich reichhaltigen Angaben chemischer Art Hinweise auf Bezugsquellen, Produktionsziffern und physiologische Wirkung von chemischen Stoffen sowie besonders zahlreiche und wertvolle Literaturhinweise. Auch die vorhergehenden Auflagen, insbesondere die vier-

bändige 6. Auflage von 1966 (Hrsg.: E. ÜHLEIN), sind für
viele Zwecke noch recht nützlich. Mindestens ebenso wertvoll,
aber mehr auf eine Verwendung in Forschungseinrichtungen
als in der Industriepraxis ausgerichtet ist die vom Enzyklo-
pädie-Verlag Moskau herausgegebene 5bändige *Kratkaja
chimičeskaja enciklopedija*, Moskau 1961–1967. Auch sie bietet neben hervorragenden Beschreibungen chemischer Sachverhalte eine Fülle von Literaturzitaten; allerdings werden von
Werken, zu denen russische Übersetzungen vorliegen, ver-
ständlicherweise diese und nicht die Originaltitel angeführt.

Ein handliches, für viele praktische Zwecke ausreichendes
Nachschlagewerk ist das vom Verlag F. A. Brockhaus herausgegebene *ABC der Chemie*, Bd. 1–2, 4. Aufl., Leipzig 1971,
1 592 S. (Lizenzausgabe: Frankfurt/Main 1970, 2. Aufl., 1 590
S.). Es stellt zwar einen Nachdruck der 1. Auflage von 1965
dar, enthält aber gute, leicht verständliche und exakte Erklärungen chemischer Sachverhalte, die besonders für den Unterricht sehr wertvoll sind. Leider bringt es nur verhältnismäßig
wenige Literaturhinweise.

Keine einbändige Ausgabe des Chemie-Lexikons, sondern
ein Werk eigener Art ist *Römpps Chemisches Wörterbuch*
von E. ÜHLEIN, 3bändige Taschenbuchausgabe Stuttgart 1974,
957 S. Es enthält kurze Erläuterungen zu über 6 000 chemischen Fachausdrücken, wobei eine möglichst exakte Begriffs-
definition angestrebt wurde, sowie deren englische Äquiva-
lente und eine erstaunlich große Zahl von Literaturzitaten. Bei
der Stichwortauswahl wurden nichtmaterielle (d. h. nicht mit
einer individuellen Substanz verbundene) Begriffe und mate-
rielle Oberbegriffe (z. B. Substanzgruppen) bevorzugt. Dadurch wird es zu einem hervorragenden Nachschlagewerk für
alle Fragen der reinen Chemie; es eignet sich besonders für
die Schnellinformation am Arbeitsplatz.

Die englisch- und französischsprachigen Nachschlagewerke
stehen den vorstehend genannten im allgemeinen in Umfang
und Ausführlichkeit merklich nach; auch enthalten sie meist
keine Literaturzitate. Da sie aber gelegentlich zur Klärung
von fremdsprachigen Begriffen und ausländischen Waren-

namen benötigt werden können, seien hier einige als Beispiele
genannt:

DUVAL, C., u. a.: Dictionnaire de chimie et de ses applications. 2. Aufl. Paris 1959. 1 400 S.

Encyclopedia of Chemistry. Hrsg.: C. L. CLARK, G. G. HAW-
LEY. 2. Aufl. New York/London 1966. 1 053 S.

Van Nostrand's International Encyclopedia of Chemical Sciences. Princeton, N. J. 1964. 1 331 S.

ROSE, A. und E.: Condensed Chemical Dictionary. 7. Aufl.
New York 1966. 1 044 S.

Besonders das letztgenannte Werk zeichnet sich durch die
fast lückenlose Aufführung der amerikanischen Handelsbe-
zeichnungen von Chemikalien, Pharmazeutika und sonstigen
Produkten der chemischen Industrie, deren Zusammensetzung
und Hersteller aus. Es ähnelt dem *Index Merck*, 9. Aufl.,
Weinheim/Bergstr. 1968, 815 S. (2. Nachdr. 1972), der sich
aus einem Chemikalien- und Drogenkatalog der Firma Merck,
Darmstadt, zu einem wertvollen Lexikon pharmakologisch
und chemisch wichtiger Stoffe entwickelt hat. Er enthält außerdem noch ziemlich detaillierte Angaben über die physiologische Wirkung und den Verwendungszweck von Einzelstoffen
und gibt außer den physikalischen Konstanten auch die Mol-
massen und den prozentualen Gehalt an Elementen an.

Weitere Nachschlagewerke, die größtenteils nur Teilgebiete
der Chemie umfassen, werden in einem besonderen Abschnitt
(3.2.2.) behandelt.

Gleich nach den Lehrbüchern lernt der Student im Verlauf
seines Studiums die *Tabellenwerke* kennen. Er benötigt sie
meist zum Nachschlagen der physikalischen Konstanten der
Stoffe, mit denen er arbeitet, später auch zur Ermittlung von
Stoffen nach selbst gemessenen physikalischen Konstanten.
Als Ordnungsprinzip dienen dabei im allgemeinen die Summenformel oder die chemische Struktur bzw. der durch diese
bestimmte rationelle Name, in einigen Fällen jedoch auch die
Reihenfolge der Konstanten selbst.

Chemische Eigenschaften werden gewöhnlich nicht in kompletten Tabellenwerken zusammengefaßt, obgleich die stärkere
Anwendung von Tabellen zur Entlastung sowohl der Lehr-

bücher wie auch des Gedächtnisses der Studierenden wiederholt gefordert worden ist [21]. Den ersten, sehr dankenswer-
ten Versuch zur Lösung dieser schwierigen Aufgabe stellt das
von H. KEUNE u. a. verfaßte Werk *chimica – ein Wissens-
speicher*, Bd. 1–2, Leipzig 1972 (Lizenzausgabe: Braunschweig
1973), 840 S., dar. Es enthält in stark komprimierter, teilweise
auch tabellarischer Form zahlreiche Fakten aus der anorganischen, organischen, allgemeinen und technischen Chemie,
wie Vorkommen, Darstellung, Struktur und Reaktivität von
Elementen, anorganischen und organischen Verbindungen,
Thermodynamik und Kinetik chemischer Reaktionen sowie
Angaben zur Verfahrenstechnik, Apparatekunde und industriellen chemischen Produktion. Allerdings beschränkt sich
der Inhalt auf ausgesprochenes Grundwissen, und als Literaturhinweise werden überwiegend gängige Lehrbücher zitiert.
Dagegen enthalten Werke wie das *Tabellenbuch Chemie*, 6.
Aufl., Leipzig 1973 (Lizenzausgabe Braunschweig), 485 S.,
im eigentlichen Sinne „chemische" Angaben nur neben Tabellen, die überwiegend physikalische Stoffkonstanten aufführen, und sind gerade in ihrem chemischen Teil für den Hochschulunterricht nur von begrenztem Wert.

Bei der Vielzahl von chemischen Stoffen ist es nicht verwunderlich, daß einige der großen physikalisch-chemischen
Tabellenwerke einen Umfang von 5 und mehr Bänden erreichen. Neben diesen umfangreichen, meist nur in Bibliotheken
vorhandenen Werken, die in Abschnitt 3.1.3. eingehend besprochen werden, existieren aber zahlreiche ein- und zweibändige Nachschlagewerke, welche den größten Teil der Angaben enthalten, die in der täglichen Labor- und Betriebs-
praxis vorkommen. Diese Tabellenwerke sollte der Student
daher möglichst frühzeitig kennen und benutzen lernen. Einige
Titel entsprechender Werke sind nachstehend aufgeführt:

D'ANS, J.; LAX, E.: Taschenbuch für Chemiker und Physiker.
Bd. 1–3. 3. Aufl. Berlin/Göttingen 1964–1970. 3 366 S.
Chemie. Hrsg.: W. SCHRÖTER u. a. 9. Aufl. Leipzig 1974.
630 S. (Lizenzausgabe: Taschenbuch der Chemie. 4. Aufl.
Frankfurt/Main 1974. 533 S.)

Chemiker-Kalender. Hrsg.: H. U. v. VOGEL. Bericht. Neu-
druck. Berlin/Göttingen 1966. 560 S.
CONWAY, B. E.: Elektrochemische Tabellen. Frankfurt/Main
1957. 359 S.
Dangerous Properties of Industrial Materials. Hrsg.: I. SAX.
3. Aufl. New York 1968. 1 251 S.
Handbook of Chemistry and Physics. Hrsg.: R. C. WEAST,
S. M. SELBY. 5. Aufl. Cleveland 1973. 2 340 S. (früher
bearb. von C. D. HODGMAN).
Handbuch des Chemikers. Hrsg.: B. P. NIKOLSKI. Bd. 1–3.
Berlin 1956–1957. 2 586 S.
KOGAN, V. B.; FRIDMAN, V. M.; KAFAROV, V. V.: Spra-
vočnik po rastvorimosti. Bd. 1–2. Moskau 1961–1963.
4 025 S. (in 4 Teilen).
LANGE, N. A.: Handbook of Chemistry. 10. Aufl. Sandusky
1967. 2 001 S.
PEREL'MAN, V. I.: Taschenbuch der Chemie. 2. Aufl. Berlin
1960. 916 S.

Neben diesen Werken über physikalische Konstanten sind
noch 2 wichtige Tabellenbücher zu nennen, die für besondere
Zwecke der organischen Analyse geschaffen wurden. Sie sind
nicht nach den aufgeführten Stoffen, sondern nach deren physikalischen Eigenschaften geordnet:

KEMPF, R.; KUTTER, F.: Schmelzpunktstabellen zur organischen Molekularanalyse. Braunschweig 1928. 766 S.
UTERMARK, W.; SCHICKE, W.: Schmelzpunkttabellen organischer Verbindungen. 2. Aufl. Berlin 1963. 715 S.

Weiterhin existieren zahlreiche Tabellenwerke, die als Re-
chenhilfen gedacht sind und dem Benutzer die Ausführung
mathematischer Operationen ersparen sollen. Hierher gehören:

Chemische Tabellen und Rechentafeln für die analytische
Praxis. Von K. RAUSCHER, J. VOIGT, I. WILKE, K.-TH.
WILKE, 5. Aufl. Leipzig 1972. 337 S.
DAVIS, D. S.: Chemical Engineering Monographs. New York
1944. 311 S.

DAVIS, D. S.: Chemical Processing Monographs. New York 1960. 255 S.

GYSEL, W.: Prozenttabellen organischer Verbindungen. Basel 1969. 662 S.

KRZIKALLA, R.: Rechentafeln zur chemischen Elementar-Analyse. 2. Aufl. Weinheim/Bergstr. 1968. 294 S.

KÜSTER, F. W.; THIEL, A.; FISCHBECK, K.: Logarithmische Rechentafeln für Chemiker. 101. Aufl. Berlin 1972. 310 S.

MÜLLER, A.: Nomographie für die technische Praxis. Leipzig 1952. 803 S.

3. Die Praxis der Arbeit mit der chemischen Fachliteratur

3.1. Die Identifizierung eines Stoffes

Der richtige Gebrauch der Fachliteratur ist für die chemische Analyse eine Bedingung, ohne die ein zweckmäßiges Arbeiten überhaupt undenkbar ist. Für die Art dieses Gebrauches sind jedoch im allgemeinen andere Gesichtspunkte maßgebend als auf präparativem Gebiet. Der Hauptunterschied zwischen den Fragestellungen der analytischen Chemie und anderen chemischen Problemen besteht darin, daß chemische Elemente oder Verbindungen bei der Analyse gewöhnlich nicht als Ausgangspunkte, sondern als Endpunkte der Literaturarbeit auftreten. Formelregister und Nachschlagewerke, die nach den Namen chemischer Stoffe geordnet sind, sind daher für analytische Zwecke nur begrenzt verwendbar.

Im allgemeinen versucht man, den vorliegenden Stoff durch physikalische Konstanten oder chemische Eigenschaften zu identifizieren, so daß Werke für analytische Zwecke nach den Konstanten oder Eigenschaften der behandelten Stoffe aufgebaut sein müssen. Sie können jedoch meist auch umgekehrt zur Auffindung von Eigenschaften bekannter Stoffe benutzt werden, deshalb soll diese Aufgabe gemeinsam mit den analytischen Problemen behandelt werden. Entsprechend dem natürlichen Arbeitsablauf soll ferner die qualitative Analyse vor der quantitativen behandelt werden.

3.1.1. Lehrbücher der analytischen Chemie

Die *qualitative Analyse* verlangt vom Chemiker gleichzeitig ein hohes Maß von Ideenreichtum und Selbständigkeit und die strenge Beachtung einer Vielzahl verschiedener Gesichtspunkte, wie sie nur ein erprobtes Arbeitsschema wirklich gewährleisten kann. Diese Forderung läßt sich nur erfüllen, wenn der Analytiker für seine Arbeit über einen guten Plan und ein hohes Maß an chemischem Grundwissen verfügt, das ihm erlaubt, von Fall zu Fall zu entscheiden, ob es unter den vorliegenden Umständen günstig ist, den einmal gewählten Arbeitsplan abzuändern oder nicht. Die wichtigste Art analytischer Literatur ist daher das Lehrbuch, nach dem der Analysengang und die erforderlichen Einzeltatsachen erarbeitet und, wenn nötig, während der Arbeit kontrolliert werden.

Nachdem man in der Frühzeit der chemischen Analyse (etwa im 15. Jahrhundert) nur auf diejenigen Stoffe geprüft hatte, die jeweils von Interesse waren (gewöhnlich Edel- oder Gebrauchsmetalle), wurde es mit dem Aufkommen wissenschaftlicher Gesichtspunkte und der technischen Verwendung einer immer größeren Anzahl von Stoffen bald zur Selbstverständlichkeit, alle Bestandteile festzustellen. Da der Nachweis der meisten Stoffe mit den Mitteln der damaligen Zeit jedoch durch die Anwesenheit anderer Stoffe beeinflußt wurde, mußte die Gesamtsubstanz zunächst in Gruppen von Bestandteilen zerlegt werden, die sich in bestimmten chemischen Eigenschaften (den Gruppenreaktionen) ähnelten; diese Gruppen mußten entweder noch weiter aufgeteilt oder ihre Bestandteile anders unterschieden werden. Die dazu nötige Reihenfolge chemischer Operationen, die strikt eingehalten werden mußte, wenn sie einmal aufgestellt worden war, nannte man daher den *analytischen Trennungsgang*.

Entsprechend den Aufgaben, die damals an die chemische Analyse gestellt wurden, entwickelten sich die ersten Ansätze zu einem Trennungsgang aus der Analyse auf trockenem Wege, bei der der zu untersuchende Stoff nicht gelöst, sondern mit verschiedenen Zusätzen im Ofen oder vor dem Lötrohr geglüht wurde. Diese Arbeitsweise bot besondere Vorteile bei der Untersuchung von Mineralien, da die nötige Ausrüstung wegen ihres geringen Raumbedarfes und des Verzichts auf flüssige Reagenzien leicht zu transportieren war und für einige wichtige Metalle gleichzeitig mit der qualitativen eine quantitative Bestimmung durchgeführt werden konnte. Spätere Forschungen ergaben jedoch, daß ein wirklich vollständiger Trennungsgang erst unter Heranziehung flüssiger Reagenzien möglich war und daß die trockene Arbeitsweise im wesentlichen nur Schlüsse auf die in einem Stoff enthaltenen Elemente ohne Rücksicht auf die Verbindungen, in denen sie vorlagen, und insbesondere auf deren Oxydationsgrad zuließ. Bis auf einige orientierende Vorversuche ist die trockene Arbeitsweise von den heutigen Chemikern daher verlassen worden. Da sie jedoch für die Untersuchung von Mineralien auch heute noch einige Vorteile besitzt, wird sie in gewissem Umfange von Mineralogen angewandt, und auch Chemiker, die viel mit Mineraluntersuchungen zu tun haben, sollten wenigstens wissen, wo sie sich über diese Methode informieren können. Ihr Standardwerk ist nach wie vor C. F. PLATTNERS *Probierkunst mit dem Lötrohr*, ein Werk, das auf Arbeiten der schwedischen Forscher RINMAN, CRONSTEDT, BERGMAN und BERZELIUS aufbaut und dessen erste Auflage 1835 in Leipzig erschien, das jedoch erst unter Th. RICHTER, der die 4. und 5. Auflage bearbeitete, die Form eines vollständigen Trennungsganges annahm. Die augenblicklich neueste Auflage dieses Werkes datiert von 1927 (herausgegeben von F. KOLBECK). Weitere Werke über die Analyse auf trockenem Wege sind z. B.:

HENGLEIN, M.: Lötrohrprobierkunde. 4. Aufl. Berlin 1962. 108 S.

FRICK, C.; DAUSCH, H.: Taschenbuch für metallurgische Probierkunde, Bewertung und Verkäufe von Erzen. Stuttgart 1932. 250 S.

Eine moderne Darstellung der Analyse auf trockenem Wege, bei der sie nicht als selbständige Arbeitsweise, sondern als wertvolle und notwendige Ergänzung der Analyse auf nassem Wege aufgefaßt wird, findet sich bei BILTZ, W.: *Ausführung qualitativer Analysen anorganischer Stoffe im Halbmikromaßstab*. 15. Aufl. Leipzig 1966. 171 S. Auch sonst ist dieses Buch für das praktische Arbeiten besonders zu empfehlen, da es eins der ganz wenigen kurzgefaßten Bücher über qualitative Analyse ist, die nicht für den Anfängerunterricht, sondern zur Weiterbildung von Chemikern bestimmt sind.

Die oben bereits erwähnten Mängel der Analyse auf trockenem Wege führten in verhältnismäßig kurzer Zeit zur Ausbildung der Analyse auf nassem Wege, bei der die zu untersuchende Substanz, evtl. nach Vorbehandlung, mit Wasser

oder Säuren vollständig in Lösung gebracht wird. Auch sie
erlaubt nur in einzelnen Fällen Aussagen über die ursprüng-
liche Form der gefundenen Bestandteile, da man in Lösung
nur Ionen anorganischer Substanzen vorliegen hat. Die Ionen
wurden mit verschiedenen Gruppenreagenzien (NH₄OH,
Na₂S, H₂S, (NH₄)₂S, Na₂CO₃) ausgefällt und bestimmt. Daraus
entwickelten sich verschiedene Trennungsgänge, von denen
sich der Trennungsgang mit H₂S als wichtigstem Gruppen-
reagens heute praktisch allein durchgesetzt hat. Er liegt daher auch den nachfolgend aufgeführten Büchern zugrunde,
von denen die meisten gleichzeitig der praktischen Grund-
ausbildung von Chemiestudenten dienen. Dies gilt besonders
für die Praktikumsbücher von RIESENFELD/REMY und
JANDER/BLASIUS, auf die im Abschnitt 3.3.2. hingewiesen
wird. Außerdem seien genannt:

BLOK, N. I.: Qualitative Analyse. Berlin 1958. 574 S.
NIEUWENBURG, C. J. VAN; LIGTEN, J. W. L. VAN: Qua-
    litative Chemische Analyse. Wien 1958. 295 S.
ŠAPIRO, S. A.; GURVIČ, JU. A.: Analitičeskaja chimija
    Moskau 1968. 465 S.
SOUCI, S. W.: Praktikum der qualitativen Analyse. 9. Aufl.,
    München 1972. 264 S.

Mit der zunehmenden Verfeinerung der Analysenmethoden
konnten die für die Analyse benötigten Substanzmengen
immer mehr verringert werden, so daß es möglich wurde, ein
vollständiges System der qualitativen Halbmikroanalyse aus-
zuarbeiten. Dieses ermöglicht nicht nur eine Prüfung auf
sämtliche praktisch vorkommenden Ionen mit einem Sub-
stanzaufwand von 1 bis 1,5 g, sondern bietet darüber hinaus
noch arbeitsmäßige Vorteile. Die Arbeitsmethoden dieses
Systems sind z. T. bereits in den vorstehenden Werken enthalten. Daneben können herangezogen werden:

ACKERMANN, G.: Einführung in die qualitative anorga-
    nische Halbmikroanalyse. 5. Aufl. Leipzig 1968. 175 S.
ALIMARIN, I. P.; ARCHANGELSKAJA, V. N.: Qualitative
    Halbmikroanalyse. Berlin 1956. 277 S.

Wenn eine Unterschreitung dieser Größenordnung für Unterrichtszwecke auch nicht vorteilhaft ist, so ist doch damit die Leistungsfähigkeit der qualitativen Analyse noch längst nicht erreicht. Darüber orientiert: ALIMARIN, I. P.; PETRIKOVA, M. N.: *Anorganische Ultramikroanalyse.* Berlin 1962. 169 S. Über spezielle Fragen der Mikroanalyse geben Auskunft:

FEIGL, F.: Tüpfelanalyse. Bd. 1. 4. Auflage. Frankfurt/Main 1960. 595 S.

KEUNE, H.: Bilderatlas zur qualitativen anorganischen Mikroanalyse. Leipzig 1967. 169 S.

Die angedeutete Entwicklung war nur möglich, indem neben den klassischen Gruppenreagenzien in steigendem Maße organische Reagenzien und physikalische Methoden verwendet werden, die spezifische Schlüsse auf einzelne Ionen gestatten. Die theoretischen Grundlagen dieser Verfahren finden sich unter anderem bei SEEL, F.: *Grundlagen der analytischen Chemie.* 5. Aufl. Weinheim/Bergstr. 1970. 388 S. (unveränd. Nachdruck 1973). Die logische Folge dieser Neuerungen war eine weitgehende Auflockerung des Trennungsganges auch in der Makroanalyse und ein teilweiser Verzicht auf die exakte und vollständige Trennung der einzelnen Analysenbestandteile zugunsten der bis dahin verpönten „Proben aus der Substanz". Dieser neue Stil hat seinen Ausdruck vor allem in folgenden Büchern gefunden:

OKAČ, A.: Qualitative analytische Chemie. Leipzig 1960. 644 S.

Qualitative Schnellanalyse der Kationen und Anionen nach G. CHARLOT. Hrsg.: E. KÖSTER, A. PFLUGMACHER. 5. Aufl. Berlin 1969. 112 S.

Auf dem Gebiet der *quantitativen Analyse* existieren neben zahlreichen Lehrbüchern – die (oft neben der qualitativen Analyse) ihr ganzes Gebiet umfassen, dabei im allgemeinen aber die klassischen Methoden der Gravimetrie und Volumetrie bevorzugen – so viele Werke über Teilgebiete, daß nur wenige Beispiele angegeben werden können, von denen

wieder nur einige besonders verbreitete kurz charakterisiert
werden sollen.

Qualitative und quantitative Analyse

AUTENRIETH, W.; KELLER, O.: Quantitative chemische
Analyse. 10. Aufl. Dresden 1959. 305 S.

BABKO, A. K.; PJATNICKIJ, I. V.: Količestvennyj analiz. 2.
Aufl. Moskau 1962. 508 S.

BILTZ, W.; FISCHER, W.: Ausführung quantitativer Analysen. 15. Aufl. Leipzig 1966. 175 S. (weitgehend auf praktische Aufgaben ausgerichtet).

MÜLLER, G. O.: Lehrbuch der angewandten Chemie. Bd. 3:
Quantitativ-anorganisches Praktikum. Leipzig 1971. 604 S.
(Nachfolger von: MÜLLER, G. O.: Praktikum der quanti-
tativen chemischen Analyse. 10. Aufl. Leipzig 1968.)

WILLARD, H. H.; FURMAN, N. H.: Grundlagen der quantitativen Analyse. Wien 1950. 438 S.

Gesamte quantitative Analyse

BECKE-GOEHRING, M.; WEISS, J.: Praktikum der qualitativen Analyse. 2. Aufl. Dresden 1971. 122 S.

FLUCK, E.; BECKE-GOEHRING, M.: Einführung in die Theorie der quantitativen Analyse. 4. Aufl. Dresden 1972. 202 S.

MEDICUS, I.: Einleitung in die chemische Analyse. Bd. 1–4.
Dresden 1951–1962 (Bd. 1: Qualitative Analyse, 28. Aufl.;
Bd. 2: Maßanalyse, 17. Aufl.; Bd. 3: Gewichtsanalyse, 8.
Aufl.; Bd. 4: Technische Analyse, 6. Aufl.); etwa 1 000 S.,
verschiedene Bearbeiter.

Maß- und Gewichtsanalyse

JANDER, G.; JAHR, K. F.; KNOLL, H.: Maßanalyse. 13.
Aufl. Berlin 1972. 359 S.

KOLTHOFF, I. M.; STENGER, V. A.: Volumetric Analysis.
Bd. 1–3. New York/London (Bd. 1: Theoretische Grundlagen, 2. Aufl., 1942; Bd. 2: Säuren-Basen-, Fällungs- und
Komplextitrationen, 2. Aufl., 1947; Bd. 3: Oxydations-Re-
duktions-Titrationen, 1957) 848 S.

Neuere maßanalytische Methoden. Hrsg.: G. JANDER. 4. Aufl. Stuttgart 1956. 454 S.

POETHKE, W.: Praktikum der Gewichtsanalyse. Dresden 1967. 218 S.

POETHKE, W.: Praktikum der Maßanalyse. Dresden 1973. 431 S.

Elektrometrische Methoden

HEYROVSKÝ, J.; ZUMAN, P.: Einführung in die praktische Polarographie. Berlin 1960. 236 S.

NEEB, R.: Inverse Polarographie und Voltammetrie. Weinheim/Bergstr. 1969. 256 S.

Kolorimetrie – Spektralanalyse – Photometrie

KÖSSLER, I.: Methoden der Infrarotspektroskopie in der chemischen Analyse. 2. Aufl. Leipzig 1966. 248 S.

KORTÜM, G.: Kolorimetrie, Photometrie und Spektrometrie, 4. Aufl. Berlin 1962. 464 S.

LANGE, B.: Kolorimetrische Analyse. 6. Aufl. Weinheim/Bergstr. 1964. 484 S. (unveränd. Nachdruck 1970).

SCHELLER, H.: Einführung in die angewandte spektrochemische Analyse. 3. Aufl. Berlin 1960. 160 S.

In der qualitativen organischen Analyse ist es auf Grund der physikalischen Eigenschaften der organischen Stoffe, vor allem auf Grund ihrer niedrigen Siede- und Schmelzpunkte, möglich, die vorliegenden Verbindungen als Ganzes zu bestimmen. Die Unterschiede in den physikalischen Eigenschaften der organischen Stoffe gestatten es in vielen Fällen auch, Stoffgemische durch physikalische Operationen relativ einfach zu trennen. Schon aus diesem Grunde spielt ein streng einzuhaltender Trennungsgang in der organischen Analyse eine wesentlich geringere Rolle als in der anorganischen. Möglicherweise ist dies einer der Gründe dafür, daß der organischen qualitativen Analyse in der Unterrichtspraxis weniger Bedeutung beigemessen wird als der anorganischen – sehr zu Unrecht, denn bei der Aufarbeitung von Gemischen unbekannter Substanzen, wie sie bei Versuchen zur Synthese neuer Verbindungen notwendigerweise auftreten, steht der Orga-

niker vor Problemen der qualitativen Analyse, die meist viel
schwieriger sind, als sie es je im Unterricht sein können. Ist
er auf diese Probleme nicht systematisch vorbereitet, so muß
er ungleich mehr Zeit und Mühe darauf verwenden, sich mit
ihnen vertraut zu machen, als im Hochschulunterricht nötig
gewesen wäre.

Einen (von W. FROST ausgearbeiteten) vollständigen Trennungsgang für organische Substanzen enthält die *Anleitung
zur organischen qualitativen Analyse* von H. STAUDINGER,
7. Aufl., Berlin/Heidelberg/New York 1968, 238 S. Die Angaben dieses Werkes sind daher besonders wertvoll für die
Trennung von Substanzgemischen mit ähnlichen oder gleichen
physikalischen Eigenschaften. Im *Organikum,* das in seiner
neuesten (15.) Auflage (Berlin 1976) ein besonders für Anfänger wichtiges Ablaufschema zur Durchführung organischer
Analysen enthält, nimmt die Isolierung reiner Substanzpro-
ben aus Substanzgemischen gegenüber ihrer Identifizierung
dagegen nur geringen Raum ein. Auch die meisten anderen
Autoren sind der Auffassung, daß ein stenger Trennungsgang zwar manchmal nicht zu vermeiden, in der Mehrzahl der
Fälle aber zu langwierig und umständlich sei und sich daher
durch verstärkte Anwendung physikalischer Methoden sowie
spezifischer Reaktionen oft mit Vorteil umgehen lasse. Diese
Ansicht vertritt vor allem O. NEUNHOEFFER in seinem Buch
*Analytische Trennung und Identifizierung organischer Sub-
stanzen,* 2. Aufl., Berlin 1965, 154 S. Weitere Werke zur organischen Analyse sind:

SHRINER, R. L.; FUSON, R. C.; CURTIN, D. Y.: The Syste-
    matic Identification of Organic Compounds. 4. Aufl. New
    York/London 1956. 426 S.
VEIBEL, S.: Analytik organischer Verbindungen. Berlin 1960.
    320 S.

Sie enthalten zahlreiche wertvolle Tabellen, insbesondere
über charakteristische Derivate.

Hat man eine organische Substanz isoliert, so ist man über
ihr physikalisches und chemisches Verhalten im allgemeinen
bereits soweit unterrichtet, daß man ihre Verbindungsklasse
und ihre ungefähre Molekülgröße ohne weiteres angeben

kann. Hat man sie dagegen mit anderen Mitteln abgetrennt, so ist es unbedingt nötig, durch Bestimmung der Heteroelemente und der Löslichkeitseigenschaften sowie ungefähre Festlegung der funktionellen Gruppen die Verbindungsklasse zu bestimmen, ehe man versucht, den Stoff mit Hilfe der im Abschnitt 2.2. angeführten Tabellenwerke (KEMPF/KUTTER, UTERMARK) mit einer bestimmten Verbindung zu identifizieren. Nachlässigkeit in der Festlegung der Verbindungsklasse rächt sich oft durch tagelangen Zeitverlust. Hat man aus der Verbindungsklasse und dem Schmelz- oder Siedepunkt auf das Vorliegen eines bestimmten Stoffes geschlossen, dann muß dieser Schluß unbedingt durch weitere Konstanten (Dichte, Brechung, Drehung) oder die Schmelzpunkte von Derivaten bestätigt werden. Besonders der von vielen Studenten als völlig ausreichend angesehene Mischschmelzpunkt beweist nur die Verschiedenheit, nicht aber die Identität zweier Stoffe mit Sicherheit und kann daher niemals allein, sondern nur neben anderen Kriterien zum Beweis der Identität einer Verbindung herangezogen werden.[1]

Hinweise zur Identifizierung organischer Substanzen finden sich insbesondere bei BAUER, K. H.; MOLL, K.: *Die organische Analyse*, 5. Aufl., Leipzig 1967, 736 S., und im 2. Band des Handbuches von HOUBEN-WEYL (s. Abschnitt 3.2.1.). Über spezielle Fragen geben Auskunft:

FEIGL, F.: Tüpfelanalyse. Bd. 2. 4. Aufl. Frankfurt/Main 1960. 577 S.

KOFLER, L.; KOFLER, A.: Thermo-Mikro-Methoden zur Kennzeichnung organischer Stoffe und Stoffgemische. 3. Aufl. Weinheim/Bergstr. 1954. 608 S.

SMITH, W. T.; SHRINER, R. L.: The Examination of New Organic Compounds. New York/London 1956. 136 S.

Die ergiebigste und sicherste Quelle ist jedoch auch in der organischen Analyse der BEILSTEIN (s. Abschnitt 3.5.1.).

Die quantitative Bestimmung organischer Substanzen bedient sich entweder im wesentlichen der präparativen Arbeits-

---

[1] Ein besonders schlagendes Beispiel dafür ist FOSTER, R.; ING, H. R., J. chem. Soc. [London] (1957), S. 925.

methodik[1]), oder sie bezieht sich auf die Verbrennungs-Elementaranalyse. Für die letztere stellt die *Quantitative organische Mikroanalyse* von F. PREGL und H. ROTH, 7. Aufl., Wien/New York 1958, 361 S., nach wie vor das Standardwerk dar. Ergänzungen finden sich zum größten Teil in entsprechenden Fachzeitschriften. An Büchern können neben dem 2. Band des HOUBEN-WEYL jedoch noch herangezogen werden:

BOETIUS, M.: Über die Fehlerquellen bei der mikrochemischen Bestimmung des Kohlen- und Wasserstoffs. Berlin 1931. 113 S.

INGRAM, G.: Methods of Organic Elemental Microanalysis. New York 1962. 528 S.

RIEMER, J.: Quantitative organische Mikroanalyse. Berlin 1965. 136 S.

TÖLG, G.: Chemische Elementaranalyse mit kleinsten Proben. Weinheim/Bergstr. 1967. 228 S.

3.1.2. Handbücher und Spezialliteratur der analytischen Chemie

Den umfassendsten Überblick über alle Zweige der analytischen Chemie gibt das *Handbuch der analytischen Chemie* von W. FRESENIUS und G. JANDER, das ab 1940 im Springer-Verlag Berlin/Heidelberg/New York erscheint und in nächster Zeit abgeschlossen werden soll. Sein zweiter (qualitativer) Teil soll 9 Bände mit 13 Teilbänden, sein dritter (quantitativer) Teil 8 Bände mit 28 Teilbänden umfassen. Die Anordnung des Stoffes wird durch das Periodensystem bestimmt; die Bände entsprechen den Gruppen und sind zunächst in Haupt- und Nebengruppen, wenn nötig auch noch weiter unterteilt. Beispielsweise umfaßt Bandteil 3/Vaβ quantitative Bestimmungsmethoden für das zweite der Elemente

---

[1])   Als Beispiel für eine schwierige präparativ-quantitative Bestimmung vgl. VOROŽCOV, N. N.; KARANDAŠEVA, N. N., Ž. obšč. chimii **26** (1956), S. 1 997, 2 258.

der V. Hauptgruppe, nämlich den Phosphor, Bandteil 2/VIIIbα qualitative Bestimmungsmethoden für die Elemente der Eisengruppe (VIII. Nebengruppe, 1. Spalte). Der erste und der vierte Teil werden wahrscheinlich apparative Angaben enthalten. Bisher sind insgesamt etwa 40 Teilbände erschienen.

Vorwiegend mit den Arbeitsmethoden der chemischen Analyse beschäftigen sich die folgenden Werke:

BERL, E.; LUNGE, G.: Chemisch-technische Untersuchungsmethoden. Bd. 1–5 und 3 Ergänzungsbde. 8. Aufl. Berlin/ Göttingen 1931–1940 (chemische und physikalische Methoden; z. T. veraltet, aber an Ausführlichkeit von keinem neueren Werk erreicht).

Comprehensive Analytical Chemistry. Hrsg.: C. L. und D. W. WILSON. Bd. 1–5 in 9 Teilen. Amsterdam/London/New York 1959 ff. (Bd. 1: Klassische Methoden; Bd. 2: Elektrische Methoden, physikalische Trennung; Bd. 3: Optische Methoden; Bd. 4: Verschiedene Methoden, spezielle Anwendungsgebiete; Bd. 5: Generalregister).

Encyclopedia of Industrial Chemical Analysis. Hrsg.: F. D. SNELL, C. L. HILTON. London/New York 1965 ff. (umfassendes Handbuch; 15 Bände, davon 3 über Geräte und Verfahren).

Handbuch der mikrochemischen Methoden. Hrsg.: F. HECHT, M. K. ZACHERL. Bd. 1–8 in mehreren Teilen. Wien 1954 ff. Das Werk soll sämtliche präparativen und analytischen Mikromethoden der anorganischen und organischen Chemie umfassen. Bisher sind 6 Bände (über organisch-präparative, mikroskopische und gravimetrische Methoden, Mikroradiochemie, anorganische chromatographische Methoden und Elektronenstrahlanalyse) erschienen.

Physikalische Methoden der analytischen Chemie. Hrsg.: W. BÖTTGER. Bd. 1–3. 2. Aufl. Leipzig 1950–1953. (Bd. 1: Spektralanalyse, Röntgenanalyse; Bd. 2: Elektrochemische Methoden; Bd. 3: Chromatographie, Konduktometrie).

Standard Methods of Chemical Analysis. Hrsg.: F. J. WELCHER. Bd. 1–3. 6. Aufl. London 1962–1966. (Bd. 1: Die Elemente; Bd. 2: Natur- und Industrieprodukte, Luftverunreinigung, klinische Analyse; Bd. 3: Apparative Verfahren).

Treatise on Analytical Chemistry. Hrsg.: I. M. KOLTHOFF, P. J. ELVING. London/New York 1959 ff. (umfassendes Handbuch; Teil 1: Theorie und Praxis der analytischen Chemie; Teil 2: Analytische Chemie der Elemente; Teil 3: Analyse von Industrieprodukten; bisher 20 Bände).

In enger Nachbarschaft zu diesen Werken stehen die zahlreichen Monographien über analytische Themen, die sich gewöhnlich entweder mit speziellen Methoden oder speziellen praktischen Anwendungen der Analyse beschäftigen. Auch hierfür einige Beispiele:

Spezielle Methoden von besonderer Tragweite

BIRKENFELD, H.; HAASE, G.; ZAHN, H.: Massenspektrometrische Isotopenanalyse. 2. Aufl. Berlin 1969. 323 S.

CRAMER, F.: Papierchromatographie. 5. Aufl. Weinheim/Bergstr. 1962. 218 S.

Handbuch der Gaschromatographie. Hrsg.: G. LEIBNITZ, H. G. STRUPPE. 2. Aufl. Leipzig (Lizenzausgabe: Weinheim/Bergstr.) 1971. 896 S.

PŘIBIL, R.: Komplexone in der chemischen Analyse. Berlin 1961. 474 S.

PRODINGER, W.: Organische Fällungsmittel in der quantitativen Analyse. 4. Aufl. Stuttgart 1957. 246 S.

RANDERATH, K.: Dünnschicht-Chromatographie. 2. Aufl. Weinheim/Bergstr. 1965. 291 S. (Nachdruck 1973).

SCHUHKNECHT, W.: Die Flammenspektralanalyse. Stuttgart 1960. 258 S.

Sovremennye metody analiza. Hrsg.: Vernadskij-Institut f. Geochemie und analytische Chemie. Moskau 1965. 336 S.

Spezielle praktische Anwendungen

ALIMARIN, I. P.; FRID, B. I.: Quantitative mikrochemische Analyse der Mineralien und Erze. Dresden 1965. 372 S.

Analytical Chemistry of Polymers. Hrsg.: G. M. KLINE. Bd. 1–3. London/New York 1959–1962.

BAYER, F.; WAGNER, G.: Gasanalyse. 3. Aufl. Stuttgart 1960. 288 S.

FINKE, M.; LEIPNITZ, W.: Moderne Methoden der Erdöl-analyse. Berlin 1964. 412 S.

KOCH, W.: Metallkundliche Analyse. Weinheim/Bergstr. 1965. 497 S.

LEITHE, W.: Analytische Chemie in der industriellen Praxis. Frankfurt/Main 1964. 412 S.

MAIER, H. G.: Lebensmittelanalytik.
Bd. 1: Optische Methoden. 2. Aufl. Darmstadt 1974. 71 S.
Bd. 2: Chromatographische Methoden/Ionenaustausch. Darmstadt 1974. 120 S. (Bände 3 und 4 in Vorbereitung.)

MIKA, J.: Metallurgische Analysen. Leipzig 1964. 843 S.

SIGGIA, S.: Continuous Analysis of Chemical Process Systems. New York 1959. 381 S.

WINTERFELD, K.: Organisch-chemische Arzneimittelanalyse. Darmstadt 1971. 308 S.

Ferner soll auf Serien von Monographien hingewiesen werden, wie die von G. JANDER im Verlag F. Enke (Stuttgart) herausgegebene Reihe *Die chemische Analyse*, die bereits auf über 40 Bände angewachsen ist, die seit 1960 vom Institut für Geochemie und analytische Chemie der Akademie der Wissenschaften der UdSSR „V. I. Vernadskij" betreute Reihe *Analitičeskaja chimija elementov*, die über 20 Bände umfaßt, die bisher 17 Bände zählende Serie *Methoden der Analyse in der Chemie* der Akademischen Verlagsgesellschaft Frankfurt/Main und die seit 1960 jährlich im Verlag J. Wiley & Sons, London/New York, unter dem Titel *Advances in Analytical Chemistry* erscheinenden, von Ch. N. REILLY betreuten Fortschrittsberichte.

Daneben existieren natürlich noch zahlreiche Zeitschriften, die sich mit analytischen Problemen befassen und sowohl Originalarbeiten als auch Monographien bringen. Für sie gilt das im Abschnitt 3.5.3. über das Arbeiten mit Originalzeitschriften Gesagte, so daß an dieser Stelle auf sie nicht mehr besonders hingewiesen zu werden braucht.

Jedoch sollen hier noch einige Werke aufgeführt werden, die sich speziell mit Analysenfehlern und analytischen Rechenmethoden befassen (Tabellen für Analysenwerte sind im Ab-

schnitt 2.2., Bücher über statistische Methoden im Abschnitt
4.6. aufgeführt):
BORNEMAN-STARYNKEVIČ, I. D.: Rukovodstvo po rasčetu
formul mineralov. Moskau 1964. 224 S.
DOERFFEL, K.: Beurteilung von Analysenverfahren und -er-
gebnissen. 2. Aufl. Berlin/Heidelberg/New York 1965. 98 S.
ECKSCHLAGER, K.: Fehler bei chemischen Analysen. 2. Aufl.
Leipzig 1965. 164 S.

3.1.3. Tabellenwerke, Karteien und andere Sammlungen physikalischer Konstanten

Nachdem aus praktischen Gründen die kleineren Tabellenwerke bereits im Abschnitt 2.2. behandelt worden sind, sollen
hier die umfangreicheren Werke über physikalische Konstanten folgen. Dieses Vorgehen ist insofern gerechtfertigt, als
die Handhabung der nachstehend aufgeführten Werke eine
genauere Kenntnis ihres Aufbaues voraussetzt. Neben diesen
größeren Veröffentlichungen und ihren Ordnungsprinzipien
sollen am Schluß des Abschnittes jedoch auch kleinere spezielle Tabellen für die chemische Analyse (Spektraltabellen,
Tabellen über Löslichkeit usw.) aufgeführt werden.

Enthalten Tabellenwerke statt direkter Zahlenangaben Literaturzitate, so kann ein genaueres Studium der zitierten Originalarbeiten über den gesuchten Wert hinaus häufig wichtige
Aufschlüsse über die verwendete Meßtechnik und Einblicke
in theoretische Zusammenhänge des Wertes mit anderen Stoffkonstanten ermöglichen. Nur in seltenen Fällen enthalten diese
Arbeiten jedoch Aussagen über die verwendete Darstellungsweise. Als Kuriosum sei erwähnt, daß nicht selten Meßwerte
von Stoffen veröffentlicht werden, deren Darstellung in der
Literatur zu diesem Zeitpunkt noch nicht beschrieben ist. Der
Grund dafür kann entweder sein, daß der Stoff nach einem
Analogieverfahren hergestellt wurde, dessen Veröffentlichung
dem Autor zu trivial erschien, oder daß er in einem For-
schungslabor eines Industriebetriebes synthetisiert wurde, das
kein Interesse an der Veröffentlichung des Verfahrens hatte,
weil der Stoff zu dem betreffenden Zeitpunkt keine technische
Verwendungsmöglichkeit besaß. Umgekehrt kann es sich na-

natürlich auch um einen Stoff handeln, der wegen seiner grundlegend neuen Darstellung und seiner technischen Wichtigkeit für kürzere oder längere Zeit nach einem geheimgehaltenen Verfahren produziert wird. In allen Fällen, bei denen die Herkunft der gemessenen Substanzen aus der Originalarbeit nicht klar ersichtlich ist, empfiehlt es sich jedenfalls, mit dem Autor direkt in Verbindung zu treten.

Das umfangreichste und modernste Tabellenwerk unserer Zeit sind die *Zahlenwerte und Funktionen aus Physik, Chemie, Astronomie, Geophysik und Technik* (Springer-Verlag Berlin/ Heidelberg/New York), die in ihren ersten Auflagen von H. LANDOLT und R. BÖRNSTEIN herausgegeben wurden und auch heute noch deren Namen tragen. Zur Zeit erscheint der letzte der insgesamt 19 Teilbände der 1950 begonnenen 6. Auflage, die folgende Gliederung aufweist:

Bd. 1: Atom- und Molekularphysik
  Teil 1: Atome und Ionen
  Teil 2: Molekeln I (Kerngerüst)
  Teil 3: Molekeln II (Elektronenhülle)
  Teil 4: Kristalle
  Teil 5: Atomkerne und Elementarteilchen
Bd. 2: Eigenschaften der Materie in ihren Aggregatzuständen
  Teil 1: Mechanisch-thermische Zustandsgrößen
  Teil 2: Gleichgewichte außer Schmelzgleichgewichten
  Teil 3: Schmelzgleichgewichte und Grenzflächenerscheinungen
  Teil 4: Kalorische Zustandsgrößen
  Teil 5: Physikalische und chemische Kinetik und Akustik
  Teil 6: Elektrische Eigenschaften I
  Teil 7: Elektrische Eigenschaften II
  Teil 8: Optische Konstanten
  Teil 9: Magnetische Eigenschaften
Bd. 3: Astronomie und Geophysik
Bd. 4: Technik
  Teil 1: Stoffwerte und mechanisches Verhalten von Nichtmetallen
  Teil 2: Metallische Werkstoffe
  Teil 3: Elektrotechnik, Lichttechnik, Röntgentechnik
  Teil 4: Wärmetechnik.

Daneben ist ein Generalregister geplant, das wahrscheinlich als gesonderter Band erscheinen wird. Das Werk enthält
keine rein qualitativen Aussagen; von mehreren Meßwerten
für den gleichen Stoff oder das gleiche System wurde im allgemeinen nur der jeweils am meisten gesichert erscheinende
(„Bestwert") aufgenommen, in Zweifelsfällen jedoch auch
wenige andere. Auch chemisch nicht genau definierte Stoffe
sind nur in Auswahl berücksichtigt. Die Wiedergabe der Meßwerte erfolgt, wenn irgend möglich, in Form von Graphiken;
wo sich dies nicht durchführen ließ, sind sie in Tabellen zusammengefaßt, für die Interpolationsgleichungen angegeben
werden. Jeder Bandteil enthält ein ausführliches Inhaltsverzeichnis.

Die chemischen Elemente sind nach ihrer Stellung in einer
sogenannten Folgetabelle angeordnet, die mit den Edelgasen
beginnt und die Nichtmetalle nach ihrer Stellung im Periodensystem von links nach rechts, die Metalle von rechts nach
links aufführt. Elemente der gleichen Hauptgruppe folgen
also direkt aufeinander. Der Sauerstoff steht als Ausnahme
direkt nach dem Wasserstoff. Der Ort einer anorganischen
Verbindung wird sinngemäß durch das in ihr enthaltene
Element bestimmt, das den spätesten Platz in der Folgetabelle
einnimmt. Sollen Säuren vorweggenommen werden, so gilt
jedoch H als erstes metallisches Element. Ammonium folgt
auf die Alkalimetalle.

Die weitere Folge wird durch Wertigkeit und Index des
Hauptelementes bestimmt. Auf die Grundverbindungen folgen
jeweils die Hydrate, dann die Doppelsalze, die Additions-
und schließlich die Komplexverbindungen. Für Komplexverbindungen (einschließlich der Sauerstoffsäuren und ihrer
Salze) gelten sinngemäß die gleichen Regeln. So findet sich
$K_3[Fe(CN)_6]$ unter den Komplexsalzen des Eisens hinter den
sonstigen Eisensalzen.

Die organischen Verbindungen folgen nach steigender Anzahl der C-Atome und der vorhandenen Elementarten aufeinander; danach bestimmt die Atomanzahl der sonstigen Elemente den Ort der Verbindung. Wasserstoff wird bei dieser
Einteilung nicht berücksichtigt; sind weitere Unterteilungen
nötig, so werden die Verbindungen nach abnehmender Zahl

der H-Atome geordnet. Alle Halogene rechnen jedoch als ein Element, ihre Verbindungen folgen unmittelbar der jeweiligen Verbindungsgruppe, z. B. $CH_2ClCOOH$ auf CH_3COOH. Bei isomeren Verbindungen steht die einfacher gebaute oder symmetrische an erster Stelle, also CH_3COOH vor $HCOOCH_3$; substituierte cyclische Verbindungen werden in der Reihenfolge o, m, p bzw. α, β, γ angeführt. Alkoholate, Salze von Carbon- und Sulfonsäuren usw. folgen auf die Grundverbindungen, wobei das Metall die entsprechende Anzahl von H-Atomen vertritt. Kristallwasser, -alkohol, -äther usw. werden nicht berücksichtigt; die entsprechenden Verbindungen folgen der Stammverbindung. Sind darüber hinaus noch Unterteilungen nötig, so werden sie nach der Struktur und den funktionellen Gruppen der Verbindungen vorgenommen, wobei im wesentlichen die im BEILSTEIN angewandten Prinzipien eingehalten werden.

Noch vor Abschluß der 6. Auflage begann 1961 die von K.-H. HELLWEGE herausgegebene „Neue Serie" des LANDOLT-BÖRNSTEIN *Zahlenwerte und Funktionen aus Naturwissenschaft und Technik* zu erscheinen. Sie umfaßt 6 Gruppen mit bis zu 8 Bänden, von denen bisher etwa 10 Bände erschienen sind. Die Gruppen behandeln folgende Themen:

Gruppe 1: Kern- und Teilchenphysik
Gruppe 2: Atom- und Molekularphysik
Gruppe 3: Kristall- und Festkörperphysik
Gruppe 4: Makroskopische und technische Eigenschaften der Materie
Gruppe 5: Geophysik und Weltraumforschung
Gruppe 6: Astronomie, Astrophysik und Weltraumforschung (1 Band erschienen).

Die Begleittexte der Tabellen sowie die Register sind in englischer und deutscher Sprache abgefaßt.

An Umfang und Verbreitung am nächsten kommen dem LANDOLT-BÖRNSTEIN die von E. W. WASHBURN herausgegebenen *International Critical Tables*, New York 1926 bis 1930. Sie umfassen 7 Tabellenbände, deren Begleittext in englischer, französischer, deutscher und italienischer Sprache gehalten ist, ein kurzes Sachgruppenregister in den gleichen

Sprachen und einen Sachregisterband in englischer Sprache. Das Werk wertet die Literatur der Jahre 1910 bis 1923 praktisch vollständig aus und zieht je nach Bedarf auch ältere Literatur mit heran, führt jedoch nur diejenigen Stellen direkt als Zitate auf, denen die angegebenen Werte entstammen. Daten von geringer wissenschaftlicher Bedeutung sowie einander widersprechende Angaben sind nicht aufgenommen. Besonders große Sachgebiete sind nur durch Beispiele vertreten.

Die Tabellen sind in vier Gruppen aufgeteilt, die mit A, A-B, B und C bezeichnet werden. Tabellen der Gruppe A enthalten nur Angaben über chemische Elemente oder Systeme daraus, solche der Gruppe A-B über Elemente und Verbindungen. Die Gruppe B umfaßt anorganische, die Gruppe C organische Verbindungen. Der Standort einer anorganischen Verbindung (Gruppe B) wird – ähnlich wie bei dem System von GMELIN – durch die Schlüsselzahlen der beteiligten Elemente bestimmt, die sich aus dem Periodensystem ergeben.

Organische Verbindungen (Gruppe C) werden nach ihren Summenformeln geordnet, die nach dem Hill-Alphabet aufgestellt werden; Kristallwasser wird dabei mitgerechnet. Systeme mit mehreren Komponenten werden zunächst nach der A-, dann nach der B- und C-Komponente geordnet; bei Komponenten der gleichen Gruppe bestimmt die in der Reihenfolge jeweils erste den Standort.

Jeder Band enthält ein ausführliches Sachregister, das es gestattet, die gesuchten Eigenschaften mit Hilfe ihrer Oberbegriffe leicht zu lokalisieren. Für Mineralien sowie für zahlreiche organische Verbindungen existieren im Band 1 eigene Schlüsseltabellen (S. 174 bzw. 280), denen die Standortnummern direkt zu entnehmen sind.

Eigenschaften von Natur- oder Industrieprodukten, zahlenmäßige Angaben über Apparate, Verfahren usw. sind mit Hilfe des Sachgruppenregisters, evtl. über den nächsthöheren Begriff (z. B. Laboratoriumtechnik) festzustellen; dort sind außerdem auf S. 41 ff. die Eigenschaften zahlreicher wichtiger Stoffe tabellarisch zusammengefaßt. Eine vollständige Liste der benutzten Literatur befindet sich in Band 7.

Eine andere Zielsetzung verfolgen die von C. MARIE herausgegebenen *Tables annuelles de constants et données numériques*, Band 1–12, Paris 1912–1939. Sie stellen für den Zeitraum von 1910 bis 1936 eine Art von tabellarischem Referateorgan dar, d. h., jeder Band umfaßt die innerhalb eines oder mehrerer Jahre veröffentlichten Zahlenangaben aus Chemie, Physik, Biologie und Technologie. Im Gegensatz zu den beiden vorgenannten Werken umfassen sie daher das gesamte in dieser Zeit veröffentlichte Zahlenmaterial. Die einzelnen Bände gliedern sich wie folgt:

Bd. 1: 1910; Bd. 2: 1911; Bd. 3: 1912; Bd. 4: 1913 bis 1916; Bd. 5: 1917 bis 1922; Bd. 6: 1923 bis 1924; Bd. 7: 1925 bis 1926; Bd. 8: 1927 bis 1928; Bd. 9: 1929; Bd. 10: 1930; Bd. 11: 1931 bis 1934; Bd. 12: 1935 bis 1936. 2 Sammelregister umfassen die Jahre 1910 bis 1922 und 1923 bis 1930.

Seit 1947 wird diese Reihe von der IUPAC unter dem Titel *Tables de constantes et données numériques. Constantes séléctionnees* bzw. *Tables of Physico-Chemical Selected Constants* herausgegeben. Sie bringt jetzt in monographieartiger Form die Zahlenangaben eines bestimmten Gebietes. Bisher sind folgende Bände erschienen:

Bd. 1: Wellenlänge der Emission und Diskontinuitäten der Absorption von Röntgenstrahlen (1947)

Bd. 2: Kernphysik (1948)

Bd. 3: Magnetische (FARADAY) und magneto-optische (KERR) Drehung (1951)

Bd. 4: Spektroskopische Daten für zweiatomige Moleküle (1951)

Bd. 5: Atlas charakteristischer Wellenlängen für Emissions- und Absorptionsbanden zweiatomiger Moleküle (1952)

Bd. 6: Optische Drehung I (Steroide) (1956)

Bd. 7: Diamagnetismus und Paramagnetismus, paramagnetische Relaxation (1957)

Bd. 8: Oxydations-Reduktions-Potentiale (1958)

Bd. 9: Optische Drehung II (Triterpenoide) (1958)

Bd. 10: Optische Drehung III (Aminosäuren) (1959)

Bd. 11: Optische Drehung IV (Alkaloide) (1959)

Bd. 12: Ausgewählte Konstanten über Halbleiter (1961)

Bd. 13: Ausgewählte Konstanten über radiolytische Ausbeuten
    (1963)
Bd. 14: Optische Drehung V (Steroide II) (1965).

Neben den genannten 3 Werken über Daten aus der gesamten Chemie und Physik existieren eine Reihe von Tabellenwerken über Einzelgebiete dieser Wissenschaften, von
denen einige nachstehend aufgeführt werden:

ARDENNE, M. v.: Tabellen zur angewandten Physik. Bd.
    1–3. Berlin 1962 ff. (Bd. 1: Elektronenphysik, Übermikroskopie, Ionenphysik, 2. Aufl., 1973, 758 S.; Bd. 2: Physik
    und Technik des Vakuums, Plasmaphysik, 2. Aufl., 1973,
    815 S.; Bd. 3: Ausschnitte aus weiteren Bereichen der Physik und ihren Randgebieten, 1973, 1 072 S.).

BRÜGEL, W.: Kernresonanz-Spektrum und chemische Konstitution/NMR Spectra and Chemical Structure. Bd./Vol.
    1: Die spektralen Kernresonanzparameter von Verbindungen mit analysiertem Spektrum/The spectral NMR parameter of compounds with analyzed spectra. Darmstadt/
    New York 1967. 235 S. (Loseblattwerk).

HORSLEY, L. H.: Azeotropic Data. New York 1952. 328 S.

KUNZ, W.; SCHINTLMEISTER, S.: Tabellen der Atomkerne.
    Teil 1–2. Berlin 1958 ff. Teil 1 (2 Bde.): Eigenschaften
    der Atomkerne; Teil 2 (bisher 6 Bde.; Elemente 1 bis 20):
    Kernreaktionen).

PRANDTL, W.: Wellenlängen von Spektren in Ångströmund E-Einheiten. München 1951. 163 S.

SAIDEL, A. N.: Spektraltabellen. 2. Aufl. Berlin 1961. (Teil
    1: Über 40 000 Spektrallinien mit Wellenlängen zwischen
    8 000 und 200 Å, geordnet nach den Wellenlängen; Teil 2:
    Spektrallinien, geordnet nach Elementen; Begleittext in
    deutscher, englischer und französischer Sprache; Hilfstabellen.) 600 S.

Selected Values of Properties of Hydrocarbons and Related
    Compounds. Hrsg.: F. D. ROSSINI. Pittsburgh, Pa. 1955 ff.
    1 056 S.

STEPHEN, H. und T.: Solubilities of Inorganic and Organic
    Compounds. Bd. 1–2 (in 4 Teilen). London/New York
    1963–1965. ca 3 500 S.

Termičeskie konstanty veščestvo. Hrsg.: V. P. GLUŠKO. Moskau 1965 ff. (enthält Bildungswärmen, Wärmekapazitäten und Entropien; 10 Lieferungen, davon 3 erschienen).

Die große Bedeutung und schnelle Entwicklung der Spektroskopie brachte es mit sich, daß man besonders auf diesem Gebiet frühzeitig zu den modernen Techniken der *Loseblatt-sammlung* (bzw. des Ringbuches) und der *Kartei* griff, um einem vorzeitigem Veralten von spektroskopischen Sammlungen vorzubeugen. An Werken dieser Art ist u. a. die in Ringbuchform gehaltene Sammlung LANG, L.: *Absorption Spectra in the Ultraviolet and Visible Region,* Budapest 1959 ff., zu erwähnen. Sie enthält im wesentlichen Arbeiten ungarischer Autoren und umfaßt bisher einen Einführungsband mit theoretischen Erläuterungen und Hilfstabellen und 17 Spektrenbände, denen weitere nach Bedarf folgen sollen. Als Randlochkartei aufgebaut ist die vom Institut für Spektrochemie und angewandte Spektroskopie des Infrared Absorption Data Joint Committee London herausgegebene *DMS-Dokumentation der Molekül-Spektroskopie,* Dortmund/Weinheim (Bergstr.)/London 1956 ff. Sie umfaßt Literatur- und Spektrenkarten (s. Abschnitt 5.7.). Es ist zu erwarten, daß diese Arten der Publikation gerade auf dem Gebiet der Tabellenwerke weitere Verbreitung finden werden.

3.2. Das Aufsuchen eines Herstellungsverfahrens für einen bekannten Stoff

Bei der Darstellung unbekannter oder komplizierter Verbindungen im Labormaßstab geht der Chemiker häufig von Stoffen aus, die auch für die Herstellung anderer Produkte wichtig und daher eingehend bearbeitet, aber trotzdem nicht immer käuflich sind. Er hat also die Aufgabe, schnell, d. h. möglichst ohne die im Abschnitt 3.5.2. beschriebene gründliche, aber zeitraubende Arbeit mit den Referateorganen eine möglichst einfache, billige und ergiebige (dies ist in den meisten Fällen gleichbedeutend mit: eine möglichst neue) Darstellungsvorschrift zu finden. Anders liegen die Verhältnisse oft, wenn ein technisches Herstellungsverfahren gefunden werden soll, weil dann in der Regel die Ausgangsprodukte vorgegeben sind und patentrechtliche Erwägungen mit berücksichtigt werden müssen, die ja gewöhnlich die neuesten Verfahren betreffen. Bei der Auswahl einer technischen Vorschrift wird sich daher die Anfertigung einer Bibliographie des gewünschten Produktes in der Regel nur dann umgehen lassen, wenn es sich um ein sogenanntes Rezept, d. h. eine gängige Vorschrift für ein allgemein bekanntes Produkt, wie Reinigungsmittel oder kosmetische Präparate, handelt.

Das Aufsuchen eines Laborverfahrens erfolgt am zweckmäßigsten mit Hilfe präparativer Handbücher oder Vorschriftensammlungen. Erst wenn in diesen Werken keine oder keine geeignete Vorschrift enthalten ist, sollten Nachschlagewerke (Lexika) herangezogen werden. Schließlich besteht noch die Möglichkeit, die gesuchte Vorschrift mit Hilfe der in einer Monographie oder einem größeren Lehrbuch enthaltenen Literaturhinweise zu finden.

3.2.1. Präparative Handbücher und Vorschriftensammlungen

Eines der ersten präparativen Handbücher überhaupt ist das 1925 in Stuttgart erschienene *Handbuch der präparativen Chemie* von L. VANINO. Es enthält in seinem ersten (anorganischen) Band (528 S.) neben einem Anhang über Werkstoffe etwa 800 gut durchgearbeitete Arbeitsvorschriften sowie Angaben über wichtige Eigenschaften der betreffenden Stoffe und besitzt damit auch heute noch beträchtlichen praktischen Wert.

Ein anderes wertvolles Werk älteren Datums ist das *Handbuch der Arbeitsmethoden in der anorganischen Chemie* von A. STÄHLER, Bd. 1–4 in 7 Teilen, Leipzig 1913–1926. Es befaßt sich zwar zum größten Teil mit allgemeinen Arbeitsmethoden, enthält im 4. Band jedoch auch zahlreiche wertvolle Darstellungsvorschriften.

Das augenblicklich wichtigste Werk auf diesem Gebiet ist jedoch wahrscheinlich das *Handbuch der präparativen anor-*

ganischen Chemie, herausgegeben von G. BRAUER, 2 Bde.,
2. Aufl., Stuttgart 1960/1962 (Bd. 1: 884 S.; Bd. 2: 526 S.
Neubearbeitung 1975 in Vorbereitung). Neben allgemeinen
Arbeitsvorschriften und einem großen apparativen Abschnitt,
der neben der Beschreibung von Bau und Funktion aller wichtigen chemischen Geräte auch eine ausführliche Besprechung
der Eigenschaften und Verwendbarkeit der wichtigsten für
die Chemie in Frage kommenden Werkstoffe enthält, umfaßt
es nicht nur eine sehr große Zahl von Darstellungsvorschriften, sondern es gibt auch wichtige Eigenschaften der besprochenen Verbindungen an, führt zahlreiche Literaturstellen auf
und teilt Vorschriften für die Prüfung der hergestellten Präparate auf Reinheit mit. Oft werden für eine Verbindung
mehrere Darstellungsmethoden angegeben, die zum größten
Teil im Laboratorium der Autoren oder durch Erfahrungs-
austausch verschiedener Laboratorien nachgeprüft wurden, so
daß sie als zuverlässig reproduzierbar gelten dürfen. Neben
einer ausführlichen Inhaltsübersicht enthält das Werk ein
Formel- und Sachregister für beide Bände gemeinsam, das
ein rasches Auffinden der gesuchten Verbindungen ermöglicht.
Die erste Auflage (1954) unterscheidet sich von der zweiten
im wesentlichen nur durch ihren geringeren Umfang.

An Werken über präparative organische Chemie ist zunächst der zweite (organische) Band des bereits oben erwähnten Handbuches von L. VANINO (888 S.) zu nennen. Er enthält etwa 1 000 Arbeitsvorschriften; über seinen Aufbau und
Wert gilt etwa das gleiche wie für den anorganischen Teil.

In einer völlig neuen Bearbeitung durch G. HILGE-
TAG liegt jetzt in 4. Auflage (Leipzig 1970, 1 216 Seiten)
die *Organisch-chemische Experimentierkunst* von C. WEY-
GAND vor. Das Werk, das in seinen ersten Auflagen vor
allem durch eine besonders übersichtliche Systematik nach
Reaktionen von sich reden machte, ist in seiner jetzigen Form
mit etwa 1 200 Arbeitsvorschriften und rund 6 000 Literaturangaben zu einem äußerst wertvollen Hilfsmittel für den orga-
nisch-präparativ arbeitenden Chemiker geworden.

Über Neuerungen auf präparativem Gebiet berichtet die
Sammlung *Neuere Methoden der präparativen organischen
Chemie,* herausgegeben von W. FOERST, Bd. 1–6, Wein-

heim/Bergstr. 1943–1970. Dieses Werk ist eine Zusammenstellung von Monographien, die ab 1940 in den Zeitschriften
Die Chemie und *Zeitschrift für Angewandte Chemie* erschienen sind, und behandelt daher nur ausgewählte Kapitel dieses
Gebietes; im Gegensatz zu dem üblichen Aufbau von Monographien enthält es jedoch eine große Anzahl von Arbeitsvorschriften und besitzt daher direkte Bedeutung für die präparative Arbeit.

Das Standardwerk der präparativen organischen Chemie
stellen jedoch die *Methoden der organischen Chemie* von
HOUBEN und WEYL, 4. Aufl., Stuttgart 1952 ff. dar. Das
abgeschlossene Werk soll 16 Bände, einige davon in 2 bis 4
Teilen, umfassen; davon stehen heute nur noch der letzte
Band und der Registerband aus. Die ersten 4 Bände umfassen allgemeine Arbeitsvorschriften, wie Materialkunde,
Reinigungs-, Zerkleinerungs- und Verteilungsverfahren, physikalische Forschungsmethoden, Katalyse, Radiochemie, sowie
spezielle Methoden, wie elektrochemische, pyrochemische und
biochemische Reaktionen. Die übrigen Bände bringen Methoden zur Herstellung organischer Verbindungen, geordnet nach
den einzuführenden Substituenten bzw. funktionellen Gruppen. Innerhalb eines Bandes steht die direkte Einführung der
betreffenden Gruppe an erster Stelle, dann folgen die Um-
wandlung und der Ersatz anderer funktioneller Gruppen, die
zu dem gewünschten Produkt führen. Es liegt also gewissermaßen Ordnung nach dem Ausgangsmaterial vor. Bei jeder
Reaktion wird zunächst ein Überblick über ihre allgemeinen
Gesetzmäßigkeiten gegeben, danach werden zahlreiche spezielle Darstellungsvorschriften angeführt, die sich meist auf
viele andere (namentlich genannte) Verbindungen ausdehnen
lassen. Zahlreiche Privatmitteilungen sowie Tausende von
Zitaten entsprechender Originalarbeiten machen die Angaben
über die behandelten Gebiete fast lückenlos. Jeder Band besitzt ein ausführliches Inhaltsverzeichnis und ein Sachregister,
außerdem soll Band 16 ein Gesamtregister enthalten.

Neben den genannten Werken existieren einige Reihen von
Vorschriftensammlungen, die in regelmäßigen Abständen in
Buchform erscheinen. Die Bände sind voneinander unabhän-
gig, jedoch enthält jeder Band meist Hinweise auf vorher-

gehende Bände. Hierher gehören die *Inorganic Syntheses,* New York/London 1939 ff., von denen bisher 13 Bände erschienen sind. Jeder Band enthält etwa 100 Vorschriften, die sämtlich von anderen Wissenschaftlern überprüft und auf das genaueste durchgearbeitet sind, so daß sie auch von weniger geübten Praktikanten und Laboranten leicht nachgearbeitet werden können. Ein Anhang zu jedem Präparat enthält die wichtigsten Eigenschaften des betreffenden Stoffes sowie Zitate anderer Darstellungsverfahren mit Angabe der Originalliteratur. Die Bände enthalten Sach- und Formelregister, die ebenso wie die der nachfolgend behandelten *Organic Syntheses* angelegt sind.

Die *Organic Syntheses,* New York/London 1921 ff., sind analog der vohergehenden Reihe aufgebaut. Auch sie enthalten nur geprüfte Vorschriften, die überdies durch Fußnoten ergänzt werden. Diese weisen zahlreiche technische Feinheiten auf, die auch auf andere Präparate übertragen werden können. Der Anhang enthält Zitate praktisch aller bis zur Drucklegung bekannten Darstellungsmethoden für das betreffende Präparat. Bisher sind 52 Bände erschienen, die alle ein Stoffregister enthalten, das den Inhalt des vorliegenden Bandes und aller vorhergehenden Bände bis zum nächsten mit 0 endenden Band enthält; Registerbände sind also gewissermaßen alle mit 9 endenden Bände und der jeweils neueste Band. Im Register sind die Namen sämtlicher Endprodukte durch den Druck (Kapitälchen) hervorgehoben. Jeweils 10 Bände werden außerdem in einem Sammelband zusammengefaßt („Collective Volume"), in dem die Vorschriften nochmals überarbeitet und daher manchmal leicht verändert worden sind. Diese Sammelbände enthalten neben einem alphabetischen Generalregister ein nach Stoffklassen geordnetes Register der Endprodukte, ein Register der Reaktionen, ein Formelregister, ein Register über Darstellungs- und Reinigungsvorschriften und ein Verzeichnis der Abbildungen.

Nach der gleichen Art sind weiterhin folgende Reihen angelegt, die sich jedoch mit Spezialgebieten der organischen Chemie beschäftigen:

Biochemical Preparations. Hrsg.: H. A. LARDY. London/New
York 1949 ff. (11 Bde.)
Sintezy geterocikličeskich soedinenij. Hrsg.: A. L. MNDŽO-
JAN. Jerewan 1956 ff. (6 Bde.)
Substances naturelles de synthèse. Hrsg.: L. VELLUZ. Paris
1951 ff. (9. Bde.)

Einen völlig anderen Aufbau zeigen dagegen die von J.
MATHIEU und A. ALLAIS herausgegebenen *Cahiers de synthèse organique – Methodes et tableaux d'application,* Paris
1956–1964 (11 Bde.). Sie behandeln in erster Linie allgemeine
Prinzipien von Reaktionen, konkretisieren diese aber durch
Hinweise auf Verbindungen, die nach dem beschriebenen
Schema dargestellt werden können. Diese Verbindungen sind
am Ende jedes Bandes in einem Register, nach funktionellen
Gruppen und Struktur geordnet, zusammengefaßt. Sie ähneln
also in ihrer Darstellungsweise dem *Organikum,* das hier
natürlich ebenfalls zu nennen ist (vgl. Abschnitt 2.1.).

Abschließend ist noch ein Werk zu nennen, das bereits auf
der Grenze zu den im nächsten Abschnitt beschriebenen Nachschlagewerken steht. Die *Synthetic Organic Chemistry* von R.
B. WAGNER und H. D. ZOOK, London/New York 1953,
887 S., enthält kaum Darstellungsvorschriften, dafür aber eine
Fülle von Zitaten von Originalvorschriften aus allen Gebieten
der organischen Chemie. Das Buch ist daher für organisch-
präparativ arbeitende Chemiker trotz seines nicht ganz aktuellen Erscheinungsdatums von hohem Wert.

3.2.2. Nachschlagewerke

Nachdem die großen lexikalischen Nachschlagewerke bereits
im Abschnitt 2.2. besprochen worden sind, bleiben hier neben
einigen, z. T. älteren registerartigen Werken – die keine Sachverhalte als Stichworte aufführen und zu einer chemischen
Verbindung außer einem oder mehreren Literaturzitaten
höchstens noch die wichtigsten physikalischen Konstanten
angeben – vor allem Werke zu erwähnen, die bestimmte Teilgebiete der Chemie in lexikalischer Form behandeln.

Auf der Grenze zu den Tabellenwerken steht W. KOG-
LINS *Kurzes Handbuch der Chemie*, Bd. 1–5, Göttingen 1951
bis 1955. Es enthält in 3 alphabetisch geordneten „Textbänden"
alle für die praktische Arbeit wichtigen physikalischen Konstanten chemischer Elemente und Verbindungen und wird
daher seiner Aufgabe, die umfangreichen systematischen
Handbücher am Arbeitsplatz zu ersetzen, im wesentlichen
gerecht. Ein Registerband verzeichnet die erfaßten Verbindungen nach Raumgruppen, Bruttoformeln (getrennt nach anorganischen und organischen Verbindungen unter Benutzung des
Systems von HILL, jedoch beginnen die organischen Formeln
mit H!), Dichten, Schmelz- und Siedepunkten sowie Licht-
brechungsindizes. Die Bände werten die Literatur für die
erfaßten Verbindungen praktisch bis zum Erscheinungsjahr
aus; ein Ergänzungsband enthält zahlreiche Hilfstabellen aus
der Kristallographie, Atomphysik und Spektroskopie. Seiner
Anlage entsprechend enthält das Werk keine Literaturhinweise. Die überkonsequente Anwendung der systematischen
Nomenklatur als Ordnungsprinzip, die teilweise sogar noch
ausstehenden Entscheidungen der IUPAC oder ihrer Regional-
organe vorgreift, machen das sehr komprimierte Werk zusammen mit den relativ spärlichen Verweisen im Gebrauch
manchmal etwas schwerfällig.

Eine wertvolle Neuerscheinung ist das von J. C. BAILAR
u. a. herausgegebene fünfbändige Werk *Comprehensive Inorganic Chemistry*, Oxford/New York 1973. Es schließt die in
der anorganischen Chemie bisher vorhandene Lücke zwischen
den Lehrbüchern und den vielbändigen Handbüchern. Der
Stoff ist nach dem Periodensystem geordnet; Bandregister
und ein Gesamtregister erleichtern das Auffinden spezieller
Sachverhalte.

Alphabetisch geordnet ist das *Dictionary of Organic Compounds* von I. M. HEILBRON und H. M. BUNBURY (Hrsg.:
R. STEVENS), Bd. 1–5 und 6 Ergänzungsbde., New York
1965 ff. Es enthält zu etwa 60 000 nach ihrer Wichtigkeit ausgewählten organischen Verbindungen die physikalischen Konstanten, Hinweise auf die Originalliteratur, die meist direkt
zu den Herstellungsverfahren führen, sowie die wichtigsten
Derivate. Es verdient in der synthetischen organischen Chemie

daher eine viel größere Popularität. Die jährlich erscheinenden Ergänzungsbände halten das Werk stets aktuell.

Noch stärker auf die Bedürfnisse der Synthese eingestellt ist das *Lehrbuch der organisch-chemischen Methodik* von E. MEYER, Bd. 1–2 in vier Teilen, 6. Aufl., Wien 1938–1940. Es bringt für eine sehr große Anzahl organischer Stoffe eine Zusammenstellung von Literaturzitaten über sämtliche Synthesemöglichkeiten.

Ein außerordentlich wertvolles Nachschlagewerk, obgleich es äußerlich den Charakter eines Lehrbuches trägt, ist RODDs *Chemistry of Carbon Compounds,* herausgegeben von S. COFFEY, 2. Aufl., Amsterdam/London 1964 ff. In 3 Teilen mit voraussichtlich über 20 Bänden behandelt es alle Aspekte der theoretischen und präparativen organischen Chemie, wobei die überaus zahlreichen Literaturzitate es teilweise fast als Ersatz für die großen Handbücher geeignet erscheinen lassen. Die Darstellung des Stoffes in zusammenhängenden Texten erweist sich dabei als durchaus vorteilhaft. Die erste, von E. H. RODD und R. ROBINSON herausgegebene Auflage umfaßt 5 Teile mit insgesamt 10 Bänden; sie erschien in den Jahren 1951 bis 1960 und ist heute ebenfalls noch von großem Wert.

Ebenso wertvoll und eines der eigenartigsten speziellen Nachschlagewerke ist der *Ring-Index* von A. M. PATTERSON, L. T. CAPELL und D. F. WALKER, 2. Aufl., New York 1960 (Ergänzungsbände 1963, 1964, 1965). Ursprünglich als ein Hilfsmittel für die chemische Namensgebung geschaffen, registriert er sämtliche ringförmigen Verbindungen nach einem originellen System, das auf der Anzahl der Ringe und Ringglieder beruht. Die Verbindungen werden nach steigender Ringanzahl, steigender Ringgröße und – innerhalb der gleichen Gruppe – nach dem Hill-Alphabet geordnet, so daß z. B. das Oxathiaziridin, d. h. der Dreiring mit der Summenformel HNOS, nach dem kohlenstoffreichsten Dreiring, dem Cyclopropan, eingeordnet wird. Jeder Ring enthält eine Systemnummer, so daß er auch über das Sachregister aufgefunden werden kann; Zitate verweisen auf die Originalliteratur. Eine völlig neue Fassung unter dem Titel *Parent Compound Handbook* ist z. Z. in Vorbereitung [22].

Nach einem System geordnet sind auch die *Farbstoff-Tabellen* von G. SCHULTZ (Hrsg.), Bd. 1–2 und 3 Ergänzungsbände, 7. Aufl., Leipzig 1931–1937. Sie enthalten nur technisch wichtige Farbstoffe, geordnet in Gruppen nach den Strukturformeln. Zu jedem Farbstoff werden eine oder mehrere technische Darstellungsvorschriften, sämtliche Trivial- und Handelsnamen, die physikalischen Konstanten, die technischen Eigenschaften und zahlreiche Literaturzitate, vor allem für Patentliteratur, angegeben. Auf diesem Standardwerk baut u. a. der *Color-Index* der American Association of Textile Chemists and Colorists, Bd. 1–4, 2. Aufl., Lowell, Mass. 1957 (Ergänzungsband 1963), auf.

Am Rande sind noch 3 ältere Nachschlagewerke zu erwähnen, die ursprünglich als vorläufige Register für Handbücher oder Referateorgane gedacht waren. Zur schnellen Orientierung über länger bekannte Verbindungen können sie jedoch noch bedingt herangezogen werden.

HOFFMANN, M. K.: Lexikon der anorganischen Verbindungen. Bd. 1–3 in 4 Teilen. Leipzig 1912–1919.
RICHTER, M. M.: Lexikon der Kohlenstoff-Verbindungen. Bd. 1–4. 4. Aufl. Leipzig 1910–1912.
STELZNER, R.: Literatur-Register der organischen Chemie. Bd. 1–5. Berlin 1913–1926.

Abschließend seien einige wertvolle Nachschlagewerke für Spezialgebiete der reinen und angewandten Chemie genannt. Sie beziehen sich zwar nicht direkt auf präparative Probleme, sollen aber aus systematischen Gründen hier angeführt werden:

BAUER, R.: Chemiefaser-Lexikon. 7. Aufl. Frankfurt/Main 1970. 179 S.
The Encyclopedia of the Chemical Elements. Hrsg.: C. A. HAMPEL. New York/London 1968. 857 S.
Encyclopedia of Hydrocarbon Compounds. Hrsg.: J. E. FARADAY. Bd. 1–13. 2. Aufl. London/Manchester 1944–1956 (in Ringbuchform; mit Ergänzungen).
KRAMER, K. H.: Erdöl-Lexikon. 5. Aufl. Heidelberg/Mainz 1972. 356 S.

Kunststoff-Lexikon. Hrsg.: K. STOECKHERT. 5. Aufl. München 1972. 440 S.
SCHEFLAN, L.; JAKOBS, M. B.: The Handbook of Solvents. Princeton, N. J. 1953. 728 S.

3.2.3. Rezepturen und Anleitungen

Unter einer *Rezeptur* versteht man in der Chemie zum Unterschied von der Pharmazie nicht die Anfertigung eines Rezeptes, sondern dieses selbst, d. h. eine kurzgefaßte Anleitung zur Herstellung eines Produktes. Meist handelt es sich dabei um besonders einfache Vorgänge, die auch von angelernten Kräften durchgeführt werden können, wie die Herstellung bestimmter Produkte (Bohnerwachs, Zahnpasta, Tinte) durch einfaches Mischen. Dementsprechend sind sie in ihrer Darstellung gewöhnlich sehr einfach gehalten und gehen im allgemeinen nicht auf theoretische Grundlagen der durchgeführten Prozesse ein. Während jedoch Rezepturen früherer Jahrhunderte auf Grund jahrelanger Erfahrungen von Praktikern für Praktiker geschrieben wurden, liegen modernen Rezepturen oft komplizierte theoretische Überlegungen und langwierige Laborversuche zugrunde (man denke z. B. an Rezepturen für die Gummivulkanisation!). Diese finden jedoch fast nie Erwähnung in der Rezeptur selbst, die sich ihren auf unmittelbare praktische Verwendung gerichteten Charakter über die Jahrhunderte hinweg erhalten hat.

In vielen Kleinbetrieben existieren auch heute noch Rezepturen, die vom Betriebsleiter oder Meister auf Grund eigener Erfahrungen handschriftlich angelegt worden sind. Daneben gibt es aber bereits eine Reihe gedruckter Rezepturensammlungen für zahlreiche Gebiete der chemisch-technischen Praxis. Da sie oft keine Angaben über die technischen Eigenschaften des entstehenden Produktes enthalten, wird in vielen Fällen eine nochmalige Erprobung der Vorschrift notwendig sein. Ihr genereller Wert wird jedoch dadurch nicht beeinträchtigt. Nachstehend einige Beispiele:

BENNETT, H.: The Chemical Formulary. Bd. 1–10 und 1 Registerband. New York 1934.

Drogisten-Lexikon. Hrsg.: H. IRION. Bd. 3: Fachtechnik, Kosmetik und Vorschriften. Berlin/Heidelberg/New York 1958. 876 S.

FEY, H.: Chemisch-technische Vorschriftensammlung. Stuttgart 1952. 426 S.

HAGER, H.: Handbuch der pharmazeutischen Praxis. 2. Neudruck. Bearb. von G. FRERICHS u. a. Bd. 1–2 und 2 Ergänzungsbde. Berlin 1949–1958 (Neubearbeitung in Vorbereitung).

HISCOX, G. D.; SLOANE, T. O.: Henley's Twentieth Century Book of Formulas, Processes and Trade Secrets. New York 1945. 867 S.

HOPKINS, A. A.: Standard American Encyclopedia of Formulas. New York 1953. 1 077 S.

KLEEMANN, W.: Einführung in die Rezeptentwicklung der Gummiindustrie. 2. Aufl. Heidelberg 1966. 620 S.

MINRATH, W. R.: Van Nostrands Practical Formulary. Princeton, N. J. 1958. 328 S.

ROTHEMANN, K.: Das große Rezeptbuch der Haut- und Körperpflegemittel. 4. Aufl. Heidelberg 1969. 810 S.

STOCK, E.: Rezepttaschenbuch für Farben, Lacke und chemisch-technische Produkte. 4. Aufl. Stuttgart 1960. 488 S.

VIEHWEGER, F.: Rezeptbuch für Glasuren und Farben (deutsch-engl.). 2. Aufl. Coburg 1965, 318 S.

3.3. Das Aufsuchen einer Literaturstelle für eine chemische Reaktion oder eine allgemeine Arbeitsvorschrift

Die Erfassung der Literatur über eine chemische Reaktion besitzt besondere Bedeutung, weil sie es einerseits ermöglicht, die einzuschlagende Richtung für die Herstellung oder den Nachweis bisher nicht beschriebener Verbindungen in Analogie zu den Reaktionen von bekannten Verbindungen mit strukturellen Ähnlichkeiten festzulegen, und weil andererseits die Kenntnis des Reaktionsablaufes und der entstehenden Nebenprodukte in einer großen Anzahl ähnlich gelagerter

Fälle Schlüsse über die Art von Störungen erlaubt, die im Ablauf einer bestimmten Reaktion auftreten. Solche Analogie-
schlüsse setzen selbstverständlich ein eingehendes Verständnis
der theoretischen und praktischen Grundlagen des betreffenden Gebietes voraus. Deshalb sollen einige Bemerkungen zu
der Literatur über allgemeine Laboratoriumsprobleme sowie
über chemische Hochschullehrbücher im weitesten Sinne den
Anfang dieses Abschnitts bilden. Schwierige und ausgefallene
Forschungsprobleme verlangen jedoch eine systematische und
registermäßige Erfassung der chemischen Reaktionen und stellen damit die chemische Literatur vor besondere Probleme,
weil Reaktionen wegen ihrer Natur als Vorgänge nicht durch
die gebräuchlichen Systeme und Register (die im Abschnitt
3.5. eingehend besprochen werden) erfaßt werden können.
Viele Reaktionen haben zwar Namen erhalten[1]), die von
charakteristischen Strukturen (Enolisierung) oder Endproduk-
ten, die dabei auftreten (Benzidin-Umlagerung), bzw. von den
Namen ihrer Entdecker (Friedel-Crafts-Reaktion) abgeleitet
sind; eine Registrierung von Reaktionen nach solchen Namen
hat jedoch nur dann wirklichen Wert, wenn jeder Benutzer
des Registers in der Lage ist, Reaktion und Namen sofort
miteinander zu verbinden. Daß dies keineswegs immer der
Fall ist, beweist die Existenz besonderer Bücher über Reaktionsnamen, z. B.:

BALLENTYNE, D. W. G.; LOVETT, D. R.: A Dictionary of
    Named Effects and Laws in Chemistry, Physics and Mathe-
    matics. 3. Aufl. London 1970. 335 S.
KRAUCH, H.; KUNZ, W.: Reaktionen der organischen
    Chemie. 4. Aufl. Heidelberg 1969. 762 S.

Bei der systematischen Registrierung chemischer Reaktionen
sind bereits recht befriedigende Ergebnisse erzielt worden.
Äußerst schwierig ist jedoch nach wie vor die Registrierung
technologischer Prozesse, der die erhöhte Aufmerksamkeit
der chemischen Dokumentationsstellen zugewendet werden

---

[1]) Zur Nomenklatur chemischer Reaktionen vgl. BUNNETT.
    J. F., Chem. Engng. News 4. 10. 1954; s. a. PATTERSON, A.
    M.: Words about Words. Washington 1957. S. 54.

sollte. Wahrscheinlich wird sich diese Aufgabe jedoch nur mit Hilfe von Klassifikationssystemen wie der Dezimalklassifikation lösen lassen.

3.3.1. Allgemeine Laboratoriumsprobleme

Die Beschäftigung mit den theoretischen Grundlagen der allgemeinen Methoden der Chemie ist für jeden, der mit chemischen Arbeiten in Berührung kommt, eine dringende Notwendigkeit. Wer auf Grund umfassender allgemein-theoretischer Kenntnisse und guter Ideen neue Verbindungen herstellt oder interessante Reaktionen durchführt, dann aber 90 % der eingesetzten Substanz beim Umkristallisieren verliert bzw. sie unreiner wiedergewinnt, als sie eingesetzt wurde, oder wer eine Reaktion abbrechen muß, weil z. B. das Vakuum absinkt, wird wenig Nutzen von seiner Arbeit haben.

Alle Praktikumsbücher und analytischen Handbücher sowie die meisten analytischen oder präparativen Lehrbücher und die präparativen Handbücher enthalten allgemeine Vorbemerkungen, deren Inhalt dem Lernenden vor jeder praktischen Betätigung auf dem betreffenden Gebiet zur Selbstverständlichkeit geworden sein sollte. Leider zeigt die Erfahrung, daß diese Teile in den seltensten Fällen überhaupt gelesen werden. Wenn der Betreffende nicht gerade ein praktisches Naturtalent ist, rächt sich diese Unterlassungssünde, sobald die ausgetretenen Pfade der Lehrbuchvorschriften verlassen werden, spätestens aber bei der ersten selbständigen Arbeit. Der Fachmann wird viel eher ein Nachschlagen in entsprechenden Handbüchern dem mühseligen Ausprobieren der besten Bedingungen für das Umkristallisieren oder Rektifizieren eines Stoffes vorziehen, denn er spart dadurch meistens Zeit und immer Substanz.

Auf die entsprechenden Bücher soll hier nicht mehr eingegangen werden, da sie bereits besprochen wurden (s. Abschnitt 3.2.1.); gleichfalls nur hingewiesen werden soll darauf, daß fast alle allgemeinen Handbücher der Laboratoriumstechnik einen sehr breiten Raum widmen. Es existieren jedoch zahlreiche Monographien über allgemeine Laboratoriumstechnik, die oft noch nicht genügend bekannt sind. Beispiele derartiger Werke sollen daher hier behandelt werden.

Allgemeine Labortechnik, Apparate, Unterrichtsversuche

ARENDT, R.; DOERMER, L.: Technik der Experimentalchemie. 9. Aufl. Bearb. von O. DÜLL, D. BREBEL. Heidelberg 1972. 442 S.

BEHRE, A.: Chemisch-physikalische Laboratorien und ihre neuzeitlichen Einrichtungen. 4. Aufl. Leipzig 1950. 178 S.

DEMING, H. G.: Practical Laboratory Chemistry. New York/London 1955. 209 S.

HABITZ, P.; PÜFF, H.: Chemische Unterrichtsversuche. 6. Aufl. Darmstadt 1975. Ca. 400 S. (1. bis 5. Aufl. bearb. von H. REINBOLDT, O. SCHMITZ-DUMONT; 5. Aufl. Dresden 1962).

HESS, W.: Chemische Apparate und Experimente. Aarau 1951. 164 S.

HESS, W.: Quantitative Demonstrationsexperimente. Berlin 1969. 152 S.

STAPF, H.: Chemische Schulversuche. Eine Anleitung für den Lehrer. Teil 1–3. Berlin 1972–1974. 744 S. (Teil 1: Nichtmetalle, 5. Aufl., 1972; Teil 2: Metalle, 4. Aufl., 1972; Teil 3: Organische Chemie, 5. Aufl., 1974; alle Auflagen sind unveränderte Nachdrucke).

STICKLAND, A. C.: Handbook of Scientific Instruments and Apparatus. London 1956. 257 S.

TELLE, W.: Chemische Laboratoriumsgeräte. 2. Aufl. Leipzig 1969. 362 S.

VOSKRESENSKIJ, P. I.: Technika laboratornych rabot. 9. Aufl. Moskau 1969. 195 S.

WITTENBERGER, W.: Chemische Laboratoriumstechnik. 7. Aufl. Wien 1973. 328 S.

Spezielle Labortechniken

DODD, R. E.; ROBINSON, R. L.: Experimental Inorganic Chemistry. 3. Aufl. Houston, Tex. 1963. 424 S.

FIESER, L. F. und M.: Experimental Technique of Organic Chemistry. 3. Aufl. Boston, Mass. 1955. 399 S.

HECKER, E.: Verteilungsverfahren im Laboratorium. Weinheim/Bergstr. 1955. 229 S.

KEIL, B.; HEROUT, V.; PROTOVA, M.: Laboratoriumstechnik der organischen Chemie. Berlin 1961. 789 S.

KEIL, B.; SORMOVA, Z.: Laboratoriumstechnik für Biochemiker. Berlin 1965. 925 S.

Das führende Handbuch der Laboratoriumstechnik ist *Technique of Chemistry*, herausgegeben von A. WEISSBERGER, London/New York. Es stellt eigentlich eine Serie von Monographien zu speziellen Arbeitsmethoden dar, die unter einer Reihe von Oberthemen zu Bänden zusammengefaßt wurden. Die 1959 begonnene 3. Auflage umfaßt bisher 2 Bände: *Physical Methods of Organic Chemistry* (1959–1960, 4 Teile) und *Organic Solvents* (1970). Sie wird voraussichtlich etwa die gleichen Gebiete behandeln wie die unter dem Titel *Technique of Organic Chemistry* von 1949 bis 1965 erschienene 2. Auflage, deren Bandeinteilung daher hier aufgeführt wird:

Bd. 1: Physikalische Methoden der organischen Chemie (3 Teile)
Bd. 2: Katalytische, photochemische und elektrolytische Reaktionen
Bd. 3: Erhitzen, Kühlen, Extraktion, Kristallisation
Bd. 4: Destillation
Bd. 5: Adsorption und Chromatographie
Bd. 6: Mikro- und Halbmikromethoden
Bd. 7: Organische Lösungsmittel
Bd. 8: Reaktionsgeschwindigkeiten und -mechanismen
Bd. 9: Chemische Anwendungen der Spektroskopie
Bd. 10: Chromatographie
Bd. 11: Strukturaufklärung durch physikalische und chemische Methoden.

Bei jedem behandelten Gegenstand werden die theoretischen Grundlagen sowie seine Vorzüge und die Grenzen seiner Anwendbarkeit ausführlich diskutiert. Zu dieser Auflage existiert ein von H. B. JONASSEN und A. WEISSBERGER herausgegebenes Pendant, *Technique of Inorganic Chemistry*, London/New York 1963–1968, 7 Bde.

Von den Handbüchern der präparativen Chemie befassen sich besonders intensiv mit allgemeinen Laboratoriumsproblemen die bereits im Abschnitt 3.2.1. erwähnten Werke von A. STÄHLER (Bd. 1 und 2), G. BRAUER (Teile des Bandes 1) und HOUBEN-WEYL (Bd. 1–4). Erwähnt soll weiterhin noch werden, daß eine große Anzahl von Laboratoriumsanleitungen für die besonderen Erfordernisse fast aller Industriezweige existieren. Sie umfassen im allgemeinen nur die Technik der Betriebsanalyse und werden daher z. T. im Abschnitt 3.4.5. besprochen.

Monographien über chemische Arbeitstechniken im halbtechnischen und technischen Maßstab sind im Abschnitt 3.4.5., Probleme des Unfallschutzes im Abschnitt 3.4.8. behandelt. Auf die Monographien der DECHEMA, von denen sich einige auch mit speziellen Fragen der Labortechnik befassen, soll hier nur hingewiesen werden; der überwiegende Teil dieser Bände befaßt sich jedoch mit Betriebstechnik.

Im VEB Deutscher Verlag der Wissenschaften Berlin gibt E. KRELL seit 1958 die Monographienreihe *Physikalisch-chemische Trenn- und Meßmethoden* heraus. Sie umfaßt z. Z. 16 Bände und enthält neben Originalwerken auch Übersetzungen, vor allem aus dem Russischen und Tschechischen. Sie behandeln auch seltener bearbeitete Themen und stellen in gewissem Grade eine Ergänzung zu dem Handbuch von WEISSBERGER dar. Eine weitere Reihe von Monographien sind die *Anleitungen für die chemische Laboratoriumspraxis* (Hrsg.: H. MEYER-KAUPP) des Springer-Verlages Berlin/Heidelberg/New York. Sie umfassen bisher 11 Bände mit teilweise mehreren Auflagen und behandeln insbesondere physikalisch-analytische Methoden.

3.3.2. Praktikumsbücher

Von den zahlreichen Lehrbüchern, die sich die Einführung des Studenten in die praktischen Arbeiten des Chemikers zum Ziel gesetzt haben, betonen die der anorganischen Chemie gewidmeten Werke im allgemeinen mehr die analytischen Arbeitsgänge, während die organischen Praktikumsbücher den Schwerpunkt meist auf präparative Versuche legen. In den letzten 20 Jahren haben sich nicht nur diese Unterschiede etwas verwischt, sondern es ist auch der neue Typ des deduktiv aufgebauten, theoretisch fundierten Praktikumsbuches entstanden, der bereits im Abschnitt 2.1. beschrieben worden ist. Ebenfalls schon besprochen sind reine Lehrbücher der analytischen Chemie (im Abschnitt 3.1.1.) und Sammlungen von präparativen Vorschriften (im Abschnitt 3.2.1.). Nachstehend sollen daher präparative Werke, bei denen der Lehrbuchcharakter vorherrscht, und Praktikumsbücher mit präparativem und analytischem Inhalt besprochen werden.

Ein einführendes Praktikumsbuch mit besonders gutem methodischem Aufbau ist C. MAHRS *Anorganisches Grundpraktikum*, 4. Aufl., Weinheim/Bergstr. 1969, 424 S. (Nachdruck 1973). Es stellt das allgemein-chemische Verhalten der Elemente in den Vordergrund, ohne darüber die analytische Charakterisierung zu vernachlässigen. Nach den neuesten theoretischen Erkenntnissen überarbeitet sind die *Einführung in das anorganisch-chemische Praktikum*, Nachdruck der 9. Aufl., Stuttgart 1973 (Lizenzausgabe: Leipzig 1970, 9. Aufl.), 483 S., und das *Lehrbuch der analytischen und präparativen anorganischen Chemie*, 10. Aufl., Stuttgart 1973 (Lizenzausgabe: Leipzig 1973, 8.–10. Aufl.), 541 S., beide von G. JANDER und E. BLASIUS, in ihrer Methodik haben sie jedoch die aus früheren Jahren bewährte Konzeption beibehalten. Die Einführung umfaßt bei weniger eingehender Darstellung des qualitativen Teils die quantitative Analyse mit; beide Bücher berücksichtigen auch moderne Arbeitsmethoden. Einen ähnlichen Aufbau besitzt das *Anorganisch-chemische Praktikum* von E. H. RIESENFELD und H. REMY, 17. Aufl., Zürich 1956 (Neudruck 1966), 462 S. Eine Einführung in die Praxis der chemischen Arbeitsweise vermitteln schließlich 4 Bücher, die sich vorwiegend an Anfänger bzw. Studierende mit Chemie als Nebenfach wenden: die *Einführung in das Praktikum der anorganischen Chemie* von H. HOLZAPFEL und W. TISCHER, Leipzig 1963, 262 S., das auch einen organisch-chemischen Teil enthaltende Buch *Kleines chemisches Praktikum* von E. DANE

und F. WILLE, 7. Aufl., Weinheim/Bergstr. 1971, 190 S., das
von A. SCHNEIDER und J. KUTSCHER verfaßte Taschenbuch *Kurspraktikum der allgemeinen und anorganischen
Chemie*, Darmstadt 1974, 251 S., sowie das für die Ausbildung
von Fachlehrern bestimmte *Praktikum zur allgemeinen und
anorganische Chemie* (von E. UHLEMANN u. a.), 2. Aufl.,
Berlin 1975, 243 S.

Ausschließlich mit anorganisch-präparativen Reaktionen befassen sich die folgenden Werke:

Einführung in die präparative anorganische Chemie. Von
  J. KLIKORKA u. a. Leipzig 1963. 378 S.
HECHT, H.: Präparative anorganische Chemie. Berlin/Heidel-
  berg 1951. 216 S.
KLJUČNIKOV, N. G.: Rukovodstvo po neorganičeskom sin-
  tezu. 2. Aufl. Moskau 1965. 336 S.
LUX, J.: Anorganisch-chemische Experimentierkunst. 3. Aufl.
  Leipzig 1970. 704 S.

Die genannten Werke enthalten neben einer größeren oder
kleineren Anzahl von Literaturzitaten und einer Einführung
in die allgemeine Arbeitsmethodik auch eine Anzahl von Vorschriften.

In der organischen Chemie spielt das ehrwürdige Praktikumsbuch *Die Praxis des organischen Chemikers* von L.
GATTERMANN und H. WIELAND, 42. Aufl., Berlin 1972,
411 S., auch heute noch eine gewisse Rolle. Es umfaßt vorwiegend präparative Versuche, die theoretisch erläutert werden, enthält aber ebenfalls einen analytischen Teil. Eine völlig
neu bearbeitete zweibändige Auflage ist im Erscheinen begriffen. Die übrigen deutschsprachigen organisch-chemischen
Praktikumsbücher sind im allgemeinen nicht für die Hoch-
schulausbildung von Chemiestudenten bestimmt; erwähnt
seien:

Organisch-chemisches Praktikum. Von G. KEMPTER u. a.
  2. Aufl. Berlin 1974. (Lizenzausgabe: Braunschweig 1961,
  1. Aufl.). 203 S. (vorwiegend für die Fachlehrerausbildung).
STRECKE, W.: Einführung in die präparative organische
  Chemie. 2. Aufl. Leipzig 1967. 232 S.

Bedeutungsvoll sind in der organischen Chemie Praktikumsbücher, die nur bestimmte Teilgebiete umfassen. Da sie zur Ausbildung von Spezialisten geschrieben sind, vereinen sie oft die Vorzüge des einführenden Praktikumsbuches mit denen eines Spezialwerkes. Besonders verbreitet sind:

FIERZ-DAVID, H. E.; BLANGEY, L.: Grundlegende Operationen der Farbenchemie. 8. Aufl. Wien 1952. 416 S.

LIEB, H.; SCHÖNIGER, W.: Anleitung zur Darstellung organischer Präparate mit kleinsten Substanzmengen. 2. Aufl. Wien/New York 1961. 195 S.

LOSSEV, I. P.; FEDOTOVA, O. J.: Praktikum der Chemie hochmolekularer Verbindungen. Leipzig 1962. 190 S.

SANDER, S. R.; KARO, W.: Organic functional group preparations. New York/London 1968. 550 S.

SCHÖNBERG, A.: Präparative organische Photochemie. Berlin/Heidelberg/New York 1958. 217 S. (Die 2. Aufl. erschien 1968 in englischer Sprache: Preparative Organic Photochemistry. 632 S.)

WINTERFELD, K.: Praktikum der organisch-präparativen pharmazeutischen Chemie. 6. Aufl. Dresden 1965. 635 S.

ZIMMERMANN, W.: Pharmazeutische Übungspräparate. 4. Aufl. Stuttgart 1960. 335 S.

Die im Vorstehenden genannten Lehrbücher für mikrochemische Synthesemethoden sind vor allem zur Erleichterung der analytischen Arbeit geschaffen worden, denn sowohl in der anorganischen als auch in der organischen Analyse erfolgt die Identifizierung eines Stoffes meist durch Überführung in ein Umsetzungsprodukt und dessen Isolierung und Identifizierung. Die meisten analytischen Lehrbücher enthalten daher auch Vorschriften zur Darstellung analytisch wichtiger Verbindungen, z. B. Komplexsalze, Amide oder Ester. Diese Vorschriften lassen sich natürlich auch für das präparative Arbeiten verwenden; da sie allgemein gehalten sind, stellen sie nicht immer die günstigsten Verfahren für besondere Fälle dar, sind aber gerade dadurch besonders geeignet für die Umsetzung unbekannter oder noch wenig erforschter Ausgangsstoffe.

3.3.3. Handbücher über chemische Reaktionen

Die Dokumentation chemischer Reaktionen ist erst verhältnismäßig spät in Angriff genommen worden; ihre Bedeutung
wird aber auch heute noch von vielen Chemikern nicht genügend erkannt. Wahrscheinlich sind diese beiden Umstände
dafür verantwortlich, daß Handbücher über chemische Reaktionen im Vergleich zu den systematischen Handbüchern so
wenig bekannt sind. Bisher existiert je ein derartiges Werk
für die anorganische und organische Chemie.

Die von C. A. JACOBSON herausgegebene *Encyclopedia
of Chemical Reactions*, Bd. 1–8, New York 1949–1959, umfaßt
sämtliche Reaktionen von anorganischen Stoffen miteinander
sowie mit einer begrenzten Anzahl von organischen Verbindungen. Jede Reaktion wird in Stichworten beschrieben und
durch eine Gleichung wiedergegeben; dann folgen je ein Zitat
der Originalliteratur sowie eines leicht zugänglichen Referates
der Originalarbeit. Geordnet werden die Reaktionen zunächst
nach der alphabetischen Reihenfolge der englischen Bezeichnungen des reagierenden Stoffes (reactant) bzw. dessen
Hauptkomponente (z. B. Eisen = engl. Iron nach Iridium),
danach nach der alphabetischen Reihenfolge der Formeln dieser reagierenden Stoffe (z. B. $FeBr_3$ nach Fe) und schließlich
nach der alphabetischen Reihenfolge der Formeln des einwirkenden Stoffes (reagent). Mehrere gleichzeitig einwirkende
Stoffe werden alphabetisch untereinandergeschrieben; der
jeweils erste bestimmt dann den Ort der Reaktion. Jede Reaktion trägt außerdem eine laufende Nummer, so daß sie auch
mit Hilfe eines Formelregisters oder eines Registers der einwirkenden Stoffe festgestellt werden kann.

Das entsprechende Werk der organischen Chemie, *Synthetische Methoden der organischen Chemie* von W. THEIL
HEIMER, Basel/New York 1950 ff., wurde zunächst als ein
Fortschrittsbericht für die Jahre 1940 bis 1944 geschaffen. Mit
bisher 27 Bänden umfaßt es jedoch nicht nur die gesamte
Literatur seit 1940, sondern stellt auch ein Handbuch von
hohem systematischem Wert dar. Die Reaktionen werden
durch Gleichungen und Kurzreferate wiedergegeben; dann
folgt das Zitat der Originalliteratur. Innerhalb jedes Bandes

erhält jede Reaktion außerdem eine laufende Nummer, so daß sie auch mit Hilfe des Sachregisters festgestellt werden kann.

Die systematische Ordnung der Reaktionen erfolgt zunächst nach der Reihenfolge der Bindungen, die bei der Reaktion neu entstehen, dann nach dem Reaktionstyp und schließlich nach der Reihenfolge der bei der Reaktion gelösten Bindungen. Die Bindungsänderungen werden rein formal aus den Strukturformeln abgeleitet; der tatsächliche Reaktionsverlauf sowie Zwischenprodukte (Grignard-Verbindungen, Enolate usw.) werden nicht berücksichtigt. Doppel- und Dreifachbindungen werden als mehrere Einfachbindungen gewertet. Die Reihenfolge der Bindungen wird im wesentlichen durch das Richter-Alphabet bestimmt, jedoch steht Kohlenstoff an letzter Stelle. Sie lautet also: H, O, N, Cl, Br, J, F, S, übrige Elemente, C. Die Halogene sowie die „übrigen Elemente" werden dabei durch die Symbole Hal und Ü ausgedrückt.

Zur Kennzeichnung des Reaktionstyps werden alle Reaktionen der organischen Chemie in vier Grundtypen eingeteilt, die mit folgenden Symbolen bezeichnet werden:

⇧ Aufnahme eines Stoffes

↑↓ Doppelte Umsetzung

⋔ Umlagerung

⇩ Abgabe eines Stoffes

Vor diese Zeichen kommt nun der neue, dahinter der alte Bindungszustand. Auf diese Weise kann jeder chemischen Reaktion ein Symbol in der Art der folgenden Beispiele zugeordnet werden:

Hal C ⇧ C C Anlagerung von Halogen an eine Doppelbindung

Hal C ↑↓ H Substitution von Wasserstoff durch Halogen

O C ⋔ O N Beckmannsche Umlagerung

C C ⇩ O Dehydratisierung unter Bildung einer $C=C$-Doppelbindung usw.

Bei der Angabe des alten Bindungszustandes wird C in einigen Fällen weggelassen. Bei tautomeren Verbindungen u. ä. gilt das Prinzip der letzten Stelle.

Dieses nur scheinbar umständliche System gestattet dem, der es beherrscht, die eindeutige und schnelle Lokalisierung jeder beliebigen Reaktion. Anfangs kann es dabei nützlich sein, vor dem eigentlichen Suchen mit Hilfe der Register das Reaktionssymbol festzustellen; das Suchen der Reaktionen selbst sollte jedoch immer nach dem System erfolgen.

Die Sachregister des THEILHEIMER verzeichnen Reaktionsnamen und Endprodukte; die Register der ungeradzahligen Bände umfassen auch den Inhalt der vorhergehenden geradzahligen, die der Bände 5, 10 und 15 den der 4 vorhergehenden Bände mit. Die Bände 1 bis 5 existieren in englisch- und deutschsprachigen Ausgaben, alle späteren Bände nur in englischer Sprache. Bemerkenswert kurz ist ihr Bearbeitungszeitraum; der Literaturschlußtermin liegt oft nur ein Jahr vor dem Erscheinungsdatum. Da in der Literatur des erfaßten Zeitraumes auch praktisch alle bereits früher bekannten Reaktionen enthalten sind, ermöglicht der THEILHEIMER in seiner heutigen Form die Auffindung fast aller chemischen Reaktionen; natürlich führt er zu jeder Reaktion nur so viele Literaturstellen an, wie im Berichtszeitraum Veränderungen an ihren Bedingungen vorgenommen worden sind.

Kein Handbuch im strengen Sinne, aber ein äußerst wertvolles Hilfsmittel zum Auffinden von chemischen Reaktionen und Verfahren ist die von H. J. ZIEGLER herausgegebene Schlitzlochkartei *Reactiones Organicae*, Stuttgart 1966 ff. (s. dazu auch Abschnitt 5.6.). Die Karten enthalten in ihrem Oberteil ein Kurzreferat in englischer Sprache mit Formelbildern, einigen Angaben über Reaktionsbedingungen, Ausbeuten, Literaturzitaten und Verweisen auf andere Standardwerke. Außer einer Einführungsschrift in deutscher und englischer Sprache (ZIEGLER, H. J.: *Reactiones Organicae*. Stuttgart 1966. 144 S.) gehören zur Kartei 2 Registerbände in Ringbuchform mit Registern der Ausgangs- und Endprodukte, der Bruttoformeln und der Reaktionsbedingungen, ein Satz von 9 Codierungsschablonen (in englischer Sprache) und ein Programmierblock. Die Kartei selbst umfaßt bisher 6 000 Karten und wird zweimonatlich durch Lieferungen von ca. 80 bis 90 Karten ergänzt; sie kann außerdem mit Hilfe von Leerkarten und einer Schlitzlochzange individuell ergänzt werden. Elektrische bzw. handbetriebene Selektionsgeräte in verschiedenen Größen erleichtern die Auswertung.

Nicht nach Reaktionen, sondern nach Methoden bzw. Stoffen geordnet ist das von einem Wissenschaftlerteam unter Leitung von F. KORTE herausgegebene *Methodicum Chimicum*, das vom G. Thieme Verlag Stuttgart gemeinsam mit dem Verlag Academic Press, New York/London gleichzeitig in deutscher und englischer Sprache veröffentlicht wird. Trotzdem soll es hier (und nicht im Abschnitt 3.2.1.) behandelt werden, weil nicht die Wiedergabe konkreter Herstellungsvorschriften, sondern eine kritische Übersicht über bewährte Arbeitsmethoden für Chemiker, Biochemiker, Pharmazeuten, Biologen und Mediziner Hauptgegenstand des Werkes ist. Die einzelnen Bände befassen sich mit folgenden Themen:

Bd. 1: Analytik (in 2 Teilen; 1973)
Bd. 2: Syntheseplanung
Bd. 3: Reaktionstypen
Bd. 4: Synthese der Grundgerüste
Bd. 5: Kohlenstoff-Sauerstoff-Verbindungen (1974)
Bd. 6: Kohlenstoff-Stickstoff-Verbindungen (1974)
Bd. 7: Organo-Hauptgruppen-Verbindungen (1975)
Bd. 8: Organo-Nebengruppen-Verbindungen (1974)
Bd. 9: Nichtmetallische Faser- und Werkstoffe
Bd. 10: Synthetische Wirkstoffe
Bd. 11: Naturstoffe und biologische Wirkstoffe (1975).

Das Werk soll 1978 geschlossen vorliegen.

3.3.4. Monographien und Übersichtszeitschriften

Unter einer *Monographie* (russ. monografija, engl. monograph) versteht man eine wissenschaftliche Schrift, die nur einen ausgewählten Gegenstand des betreffenden Fachgebietes behandelt [23]. Infolge dieser Beschränkung bietet sie eingehendere und kritischere Informationen als die entsprechenden Handbücher. Ihr Wert hängt zum Teil von der Vollständigkeit der Literaturerfassung ab, obgleich sie wegen ihres kritischen Charakters nicht unbedingt eine vollständige Wiedergabe der Literatur zu ihrem Thema enthalten muß.

Weitere wichtige Anforderungen an eine gute Monographie sind Übersichtlichkeit und Neuheit, d. h. ein möglichst wenig zurückliegender Literaturschluß-Termin.

Monographien erfüllen über ihren rein informierenden Zweck hinaus eine wichtige wissenschaftliche Aufgabe, indem sie Gesetzmäßigkeiten innerhalb ihres Gebietes und Zusammenhänge in der Arbeit verschiedener Forschergruppen aufdecken und dabei auch benachbarte Themenkreise mit berücksichtigen. Chemische Reaktionen treten dabei allerdings nicht so häufig als Themen in Erscheinung wie Stoffe oder Stoffklassen. Da Monographien auf Grund dieser Themenstellung stets Zitate von Darstellungsverfahren enthalten, besitzen sie für das Aufsuchen von Herstellungsvorschriften noch größeren Wert als in anderen Fragen. Es darf zwar nicht vernachlässigt werden, daß der Autor einer Monographie keine Garantie für die Vollständigkeit der Literaturerfassung geben kann oder muß, jedoch dürfte die durch eine einschlägige Monographie erfaßte Literatur gerade für die Auswahl und Beurteilung von Darstellungsverfahren fast immer ausreichen.

Wegen der großen Anzahl der Monographien können nachstehend nur wenige Beispiele, vor allem für größere Reihen und für Zeitschriften, die ausschließlich Monographien aufnehmen, angegeben werden. Dabei sollen, getrennt nach organischer und anorganischer Chemie, zunächst Monographien über Stoffe und Stoffklassen, dann solche über Reaktionen, ein Beispiel für eine thematische Zusammenstellung und schließlich Reihen und Übersichtszeitschriften genannt werden.

Anorganische Stoffe und Stoffklassen

EMELÉUS, H. J.: The Chemistry of Fluorine and its Compounds. New York/London 1969. 144 S.

FULDA, W.; GINSBURG, H.: Tonerde und Aluminium. Teil 1–2. 2. Aufl. Berlin 1964. 490 S.

HINZ, W.: Silikate. Bd. 1–2. Berlin 1970–1971. 836 S.

PEREL'MAN, F. M.: Rubidij i cesij. 2. Aufl. Moskau 1960. 328 S.

SEABORG, G. T.: Transurane, Synthetische Elemente. Stuttgart 1966. 141 S.

WISE, E. M.: Palladium. Recovery, Properties and Applications. New York/London 1968. 187 S.

Organische Stoffe und Stoffklassen

ANDREAS, F.; GRÖBE, K.-H.: Propylenchemie. Berlin 1969. 481 S.

ELIEL, E. L.: Stereochemie der Kohlenstoffverbindungen. Weinheim/Bergstr. 1967. 599 S.

JAHN, L.: Epoxydharze. Leipzig 1969. 397 S.

KATRITZKY, A. R.; LAGOWSKI, J. M.: Chemie der Heterocyclen. Berlin/Heidelberg/New York 1968. 183 S.

MILLER, S. A.: Acetylene – Its Properties, Manufacture, and Uses. Bd. 1–2. New York/London 1965–1966. 1 206 S.

UŠAKOV, S. N.: Polivinilovyj spirt i ego proizvodnye. Bd. 1–2. Moskau/Leningrad 1960. 1 419 S.

Reaktionen

BECKER, H. G. O.: Einführung in die Elektronentheorie organisch-chemischer Reaktionen. 3. Aufl. Berlin 1974. 564 S.

FITZ, I.: Reaktionstypen in der anorganischen Chemie. Berlin 1974. 386 S.

GOULD, E. S.: Mechanismus und Struktur in der organischen Chemie. 2. Aufl. Weinheim/Bergstr. 1969. 982 S. (2. Nachdruck 1971).

HINE, J.: Reaktivität und Mechanismus in der organischen Chemie. 2. Aufl. Stuttgart 1966. 576 S.

Ionic Interactions. Hrsg.: S. PETRUCCI. Bd. 1–2. New York/London 1971. 686 S.

SCHÖLLNER, R.: Die Oxydation organischer Verbindungen mit Sauerstoff. Berlin 1964. 195 S.

Die Vielfalt der Betrachtungsmöglichkeiten bringt es mit sich, daß auf einem viel bearbeiteten Gebiet (besonders bei organisch-chemischen Verbindungsklassen) meist auch mehrere Monographien existieren, die sich aber auch dann in vielen Punkten unterscheiden, wenn sie sich im Titel ähneln. Bald werden analytische, bald synthetische, technische, physiologische, physikalische oder theoretische Probleme stärker betont. Verbindungen aus mehreren Bestandteilen sind gewöhnlich bei jedem ihrer Bestandteile aufgeführt. Als Beispiel nachstehend eine (keineswegs vollständige) Zusammenstellung von Monographien zum gleichen Thema:

BAILEYS Industrial Oil and Fat Products. Hrsg.: O. SWERN. 3. Aufl. New York 1965. 1 103 S.

GULINSKY, E.: Pflanzliche und tierische Fette und Öle. Hannover 1963. 100 S.

HILDITCH, Th. P.; WILLIAMS, P. N.: The Chemical Constitution of Natural Fats. 4. Aufl. New York 1964. 745 S.

KAUFMANN, H. P.: Analyse der Fette und Fettprodukte. Teil 1–3. Berlin/Heidelberg/New York 1958. 1 816 S.

KAUFMANN, H. P.; THIEME, J. G.: Neuzeitliche Technologie der Fette und Fettprodukte. 5 Lieferungen. Münster 1956–1968. 804 S.

LONCIN, M.: Moderne Verfahrenstechnik auf dem Fettgebiet. In: Fette – Seifen – Anstrichmittel **66** (1964), S. 707.

LÜDE, R.: Die Gewinnung von Fetten und fetten Ölen. Dresden 1954. 299 S.

LÜDE, R.: Die Raffination von Fetten und fetten Ölen. Dresden 1962. 312 S.

WACHS, W.: Öle und Fette. Bd. 1–2. Berlin/Hamburg 1961–1963. 406 S.

Natürlich existiert nicht für alle Verbindungsklassen ein solches Überangebot an Monographien; es ist gewöhnlich auch nicht von Interesse, sie alle aufzufinden und durchzuarbeiten. Im allgemeinen genügt es, ein oder zwei derartige Werke heranzuziehen. Je größer die gegenwärtige wissenschaftliche Entwicklung und industrielle Bedeutung eines Gebietes sind, um so höher ist die Wahrscheinlichkeit, daß Monographien mit relativ kurze Zeit zurückliegenden Literaturschluß-Terminen existieren.

Abschließend soll noch auf einige fortlaufende Reihen von Monographien sowie auf Übersichtszeitschriften hingewiesen werden. Beide können sich sowohl mit Stoffen (meist Verbindungsklassen) als auch mit Elementen beschäftigen; dazu gehören z. B.:

The Chemistry of Heterocyclic Compounds. Hrsg.: A. WEISS-
BERGER. Butterworths, London 1950 ff.; bisher 26 Bde.

Heterocyclic Compounds. Hrsg.: R. C. ELDERFIELD. John
Wiley & Sons, London/New York 1950 ff.; bisher 9 Bde.
(geschlossene Einheit, geordnet nach steigender Ringgröße,
Ringanzahl und Anzahl der Heteroatome).

Die metallischen Rohstoffe. Ferdinand Enke Verlag, Stuttgart 1937 ff.; bisher 15 Bde. (teilweise Neuauflagen, einschl.
Neuausgaben mit eigener Serien-Nr.).

Organische Chemie in Einzeldarstellungen. Hrsg.: H. BRE-
DERECK, E. MÜLLER. Springer-Verlag, Berlin/Heidel-
berg/New York 1941 ff.; bisher 13 Bde.

Redkie metally. Izdatel'stvo innostrannoj literatury, Moskau
1952 ff.; bisher 18 Bde. (jeder Band für ein Element, zusammengestellt aus anglo-amerikanischen Monographien).

Wegen ihrer Kürze im Vergleich zu Arbeiten über andere
Themen werden Monographien über chemische Reaktionen
gerne in Zeitschriften veröffentlicht oder in *Sammelbänden*
(russ. sbornik, engl. collective volume) zusammengefaßt. Fast
alle wichtigen Reaktionen der organischen Chemie sind z. B.
in der von R. ADAMS herausgegebenen Reihe *Organic Reactions*, New York 1942 ff., behandelt, von der bisher 19 Bände
erschienen sind. Ein wertvolles Gegenstück in russischer
Sprache ist die Reihe *Reakcii i metody issledovanie organičeskich soedinenii*, Moskau 1951 ff., in der bisher 21 Bände
erschienen sind. Sie enthält Monographien über synthetische
und analytische Reaktionen.

Es existieren zahlreiche Serien von Monographien, die bestimmte Gebiete der Chemie behandeln oder ohne besondere Leitidee von wissenschaftlichen Gremien herausgegeben
werden. SOULE [24] führt mehr als 30 derartige Serien von
internationaler Bedeutung auf. Wohl die umfangreichste ist
die *American Chemical Society Monograph Series*, in der bisher über 200 Bände mit den verschiedensten Titeln erschienen
sind (Reinhold Publishing Corp., New York).

Nahe verwandt mit den Monographien sind die *Fortschrittsberichte*, die einen bestimmten Zeitraum (häufig ein Jahr) in
der Entwicklung eines bestimmten Problems oder eines gan-

zen Fachgebietes, manchmal aber auch in der Tätigkeit einer wissenschaftlichen Institution wiedergeben. Sie weisen also entweder anstelle einer sachlichen Abgrenzung oder zusätzlich zu ihr eine zeitliche Abgrenzung auf. Für das schnelle Auffinden einzelner Sachverhalte, aber auch großer Entwicklungslinien sind sie wenig geeignet, können aber wegen ihrer meist sehr vollständigen und aktuellen Literaturzusammenstellungen bestimmte Stadien der Recherche sehr erleichtern. Beispiele sind:

Advances in Inorganic Chemistry and Radiochemistry. New York 1959 ff. (bisher 14 Bde.).

The Chemical Society Annual Reports on the Progress of Chemistry. London 1903 ff.

Fortschritte der Chemie organischer Naturstoffe. Hrsg.: L. ZECHMEISTER. Wien 1938 ff.; bisher 31 Bde. (deutsch, englisch, französisch).

Fortschritte der physikalischen Chemie/Current Topics in Physical Chemistry. Hrsg.: W. JOST. Darmstadt 1957 ff. (bisher 9 Bände z. T. in mehreren Auflagen; deutsch, englisch).

Itogi nauki. Ser. Chimija. Hrsg.: VINITI. Moskau 1969 ff. (russisch, englisch).

Naturforschung und Medizin in Deutschland 1939 bis 1946. Bd. 1–63. Wiesbaden/Weinheim (Bergstr.) 1948 ff. (deutsche Ausgabe der FIAT-Review of German Science).

Die deutschsprachige Literatur weist neben den in den obigen Beispielen enthaltenen Reihen zahlreiche Jahrbücher und Jahresberichte auf, die ihr Erscheinen inzwischen eingestellt haben. Eine Liste dieser Publikationen findet sich bei CRANE [25]. Ein *Index to Scientific Reviews* wird seit 1975 vom Institute of Scientific Information (Philadelphia) herausgegeben. Er erscheint halbjährlich mit ca. 10 000 Titeln.

Von großer Bedeutung sind weiterhin 3 Zeitschriften, die ausschließlich Monographien aufnehmen; es sind dies: *Chemical Reviews, Quarterly Reviews* und *Uspechi chimii*. Eine Sonderstellung zwischen Zeitschrift und Buchreihe nehmen die *Fortschritte der chemischen Forschung/Topics in Current Chemistry* ein (Berlin/Heidelberg/New York 1963 ff., bisher

39 Bände; deutsch, englisch), in denen monographische Beiträge und Übersichten zu übergeordneten Themen rasch publiziert werden. Sie sind zugleich eine Fundgrube für Literaturrecherchen. Von Zeitschriften, die häufig Monographien abdrucken, sind einige, wie die *Angewandte Chemie*, bereits erwähnt worden; daneben finden sich Monographien häufig in speziellen Fachzeitschriften, wie *Fette – Seifen – Anstrichmittel, Deutsche Farben-Zeitschrift* u. a.

Monographien, Originalmitteilungen und Kurzreferate speziell zu Fragen der präparativen organischen Chemie bringt die seit 1969 erscheinende Zeitschrift *Synthesis*.

3.4. Das Aufsuchen von Literatur über einen chemisch-technischen Prozeß

Unter *chemischer Verfahrenstechnik* versteht man die Gesamtheit der Erkenntnisse und Erfahrungen, die nötig sind, um chemische Prozesse einschließlich der ihnen vorangehenden oder nachfolgenden physikalischen Vorgänge (Zerkleinern, Trennen usw.) in industriellem Maßstabe durchzuführen [26]. Sie ist also nicht auf stoffliche Umwandlungen beschränkt, sondern besitzt so viele Berührungspunkte mit anderen Gebieten der Technik (Apparatebau, Kältetechnik), daß eine genaue Abgrenzung ihres Gebietes oft nur willkürlich möglich ist. Beispielsweise wird die Zuckerindustrie in die chemische Technik einbezogen, obgleich mit dem Zucker selbst, der in der Rübe ja schon fertig vorliegt, kein einziger chemischer Prozeß durchgeführt wird, während die Wärmeerzeugung durch Verbrennung trotz der dabei ablaufenden chemischen Vorgänge nicht zur chemischen Technik gerechnet wird.

Diese Kompliziertheit und Vielfalt der chemischen Technik bringt es auch mit sich, daß über die systematische Ordnung des umfangreichen Stoffes auf diesem Gebiet noch keine allgemeine Übereinstimmung erzielt worden ist. Eine von H.H. FRANCK [27] vorgeschlagene Einteilung nach den Grundreaktionen umfaßt nur die anorganische Technologie, und ein auf den physikalischen Grundoperationen beruhendes Schema, das von K. FISCHBECK [28] aufgestellt wurde, läßt die chemischen Vorgänge völlig außer acht. Eine ausgezeichnete Übersicht zu diesem Problem findet sich bei MATTHES und QUARG[1]), die in ihrer eigenen Systematik aber ebenfalls die chemischen Reaktionen ausklammern, obgleich sie die chemische Technologie als „Lehre von der im industriellen Maßstab ausgeführten Stoffumwandlung" definieren. Statt dessen geben sie eine Ordnung der Reaktionsapparate nach der Art der Energiezufuhr an, die die Bedürfnisse des Chemikers wohl nicht völlig befriedigen dürfte. Sie begründen dies damit, daß die als „Unit Reactions" bezeichneten 27 Reaktionsgruppen [29] (Oxydation, Neutralisation, Silikatbildung, doppelte Umsetzung usw.) für ihre technische Ausführung nur geringe Aussagekraft besäßen.

Es ist daher notwendig, zunächst das gesamte Gebiet der chemischen Verfahrenstechnik vom Standpunkt der Aufgaben, die sie an die Fachliteratur und den damit vertrauten Chemiker stellt, zu betrachten. Dazu stellt P. H. GROGGINS [30] fest: „Die Formulierung einer praktischen Anschauung über jede Reaktion sollte ... folgende Schritte einschließen:

1. eine Prüfung der Reaktionsteilnehmer,
2. eine Untersuchung des Reaktionsmechanismus,
3. die Kenntnis der in Frage kommenden physikalischen und chemischen Faktoren,
4. Beobachtungen über die Planung und den Bau der (benötigten) Anlagen und schließlich
5. eine Erforschung typischer technischer Anwendungen.

Wenn man erst die Grundsätze beherrscht, dann macht es wenig aus, auf welchem Gebiet der chemischen Technologie der Prozeß ausgeführt wird."

Von den hier genannten Aufgaben sind die ersten 3 zwar schon innerhalb der allgemeinen Fachliteratur behandelt worden, doch werden in der Technik an Stoffe und Verfahren so viele zusätzliche Anforderungen gestellt, daß die zusammenfassende Behandlung der sich speziell mit ihren technischen Aspekten befassenden Literatur gerechtfertigt erscheint. Vergleichende Übersichten der technischen Anwendun-

---

[1])   In: Taschenbuch des Chemietechnologen. Hrsg.: V. BAYERL, M. QUARG. Leipzig 1965. S. 21—42.

gen einer Reaktion und Angaben über die Konstruktion chemisch-technischer Anlagen müssen dagegen stets der Spezialliteratur entnommen werden. Diese weist vom bibliothekarischen Standpunkt aus die gleiche Gliederung in Lehrbücher, Handbücher, Nachschlagewerke, Monographien usw. auf wie die chemische Fachliteratur als Ganzes. Daher soll die chemisch-technische Literatur zunächst in ihre bibliotekarischen Gruppen und erst innerhalb der Monographien, soweit möglich, nach Sachgebieten geordnet werden. Eine völlig eindeutige Anordnung der Titel ist, wie aus dem Vorstehenden hervorgeht, infolge der fließenden Begriffe nicht möglich, so daß versucht werden soll, vom Allgemeinen zum Speziellen fortzuschreiten.

3.4.1. Lehr- und Handbücher der chemischen Technologie

Die *Lehrbücher* der chemischen Technologie geben im allgemeinen einen mehr oder weniger umfangreichen Grundriß der Verfahrenstechnik (Apparatekunde, „physikalische" Grundoperationen) und der hauptsächlichsten Reaktionsverfahren. Die wissenschaftlich-theoretischen Grundlagen der technologischen Prozesse werden meist in besonderen Abhandlungen dargestellt, die im nächsten Abschnitt aufgeführt werden.

Ein didaktisch besonders bewährtes Lehrbuch ist der *Grundriß der chemischen Technik* von F. A. HENGLEIN, 12. Aufl., Weinheim/Bergstr. 1968, 821 S., das auch dem Chemiker und Ingenieur im Beruf als Übersichtswerk gute Dienste leistet. Das sehr umfangreiche *Lehrbuch der chemischen Technologie* von H. OST und B. RASSOV, bearbeitet von F. RUNGE und W. K. SCHWARZE, Bd. 1–2, 27. Aufl., Leipzig 1965, 1 269 S., geht besonders ausführlich auf die Reaktionstechnik ein. Jeweils nur ein Teilgebiet der chemischen Technik behandeln die Werke *Anorganisch-technische Verfahren*, herausgegeben von F. MATTHES und G. WEHNER, und *Grundriß der technischen organischen Chemie* von A. RIECHE, 3. Aufl., Leipzig 1965, 594 S.; sie gehen aber auch auf viele allgemein-technologische Fragen mit didaktischem Geschick ein. An fremdsprachigen Werken seien hier nur *Industrial and Manufactur-*

ing Chemistry von G. MARTIN, Teil 1–2 in 4 Bänden, London 1952–1955, etwa 2 000 S., und *Obščaja chimičeskaja technologija* von S. I. VOLFKOVIČ u. a., Bd. 1–2, Moskau 1953–1959, 1 480 S., genannt.

Handbücher der chemischen Technik sind im allgemeinen lexikalisch geordnet und enthalten physikalisch-chemische, chemische, apparative und ökonomische Angaben sowie Literaturhinweise. Das umfassendste Werk dieser Art ist ULLMANNS *Encyklopädie der technischen Chemie;* seit 1972 wird dieses Standardwerk von E. BARTHOLOMÉ u. a. in der 4. Auflage im Verlag Chemie Weinheim/Bergstr. herausgegeben. Von dieser Auflage sind bisher 3 Bände erschienen; insgesamt sind 23 Bände geplant, von denen sich die ersten 5 (systematischen) mit Fragen der Verfahrens- und Reaktionstechnik, des Apparatebaus und der Labor- und Betriebstechnik befassen. In den übrigen (lexikalischen) Bänden wird der Stoff nach Möglichkeit in Sachgruppen mit Übersichten am Beginn und ausführlichen Literaturangaben zusammengefaßt; jedoch wird von engen Schlagwörtern auf den Oberbegriff verwiesen. Für die meisten Zwecke ebenfalls noch von Wert ist die von W. FOERST im Verlag Urban & Schwarzenberg, München/Berlin 1951–1969, herausgegebene 3. Auflage. Sie umfaßt 2 systematische und 17 lexikalische Bände sowie einen Registerband. Ähnlich aufgebaut sind die englischsprachigen Werke *Encyclopedia of Chemical Technology,* herausgegeben von R. E. KIRK und D. F. OTHMER, 2. Aufl., London/New York 1963–1970, Bd. 1–22, und *Dictionary of Applied Chemistry,* herausgegeben von J. THORPE, Bd. 1–11 und ein Registerband, 4. Aufl., London/New York 1949–1957.

Vom Umfang her ebenfalls als Handbücher zu bezeichnen sind einige systematisch aufgebaute Werke. Hierher gehört der *Grundriß der technischen Chemie* von C. KRÖGER, Göttingen 1950–1958, dessen 5 Teile, die durchschnittlich je 200 Seiten umfassen, die Verfahrenstechnik, technische anorganische Chemie, Elektrochemie und Metallurgie, Brennstoffchemie sowie Pflanzen- und Tierstoffchemie umfassen.

Das international verbreitetste Werk ist jedoch wohl die *Chemische Technologie* von K. WINNACKER und L. KÜCHLER, 3. Aufl., München 1970 ff., eine Sammlung von einander zu größtmöglicher Vollständigkeit ergänzenden Monographien. Von den vorgesehenen 7 Bänden sind bisher 6 erschienen. Die 2., 1958 bis 1961 erschienene Auflage umfaßte 5 Bände, von denen Band 1 und 2 die anorganische, Band 3 und 4 die organische Technologie und Band 5 Metallurgie und Allgemeines behandelten; sie ist für viele Zwecke auch heute noch wertvoll.

Abschließend sind noch 2 Lehrbücher für die praktische Ausbildung in chemischer Technologie zu nennen. Es sind dies:

PATAT, F.; KIRCHNER, K.: Praktikum der Technischen Chemie. 3. Aufl. Berlin 1974. 300 S.
ALEKSANDROVA, G. G.; VOLFKOVIČ, S. J.: Praktika techničeskoj chimii. Moskau 1968. 380 S.

3.4.2. Allgemeine Verfahrenstechnik

Unter dem Begriff *Verfahrenstechnik* sollen die Vorgänge zusammengefaßt werden, die überwiegend der Vorbereitung der Einsatzstoffe für den eigentlichen chemischen Prozeß bzw. der Aufbereitung der Reaktionsprodukte dienen. Diese Vorgänge sind fast ausschließlich physikalischer Natur und entsprechen etwa den in der angelsächsischen Literatur als „Unit Operations" [31] bezeichneten Prozessen. Im wesentlichen sind dies Stofftransport, Stofformung, Stoffvereinigung, Stofftrennung und Energieübertragung. Nachstehend sollen einige verbreitete Werke angeführt werden, die sich mit der gesamten Verfahrenstechnik in Form von Lehrbüchern oder kurzgefaßten Nachschlagewerken beschäftigen. Sie enthalten im allgemeinen ausführliche Literaturhinweise für die obengenannten Spezialgebiete. Einige für Monographien über die spezielle chemische Verfahrenstechnik besonders charakteristische Beispiele finden sich außerdem im Abschnitt 3.4.5.

Als Hochschullehrbuch für Chemiker und Techniker vorgesehen ist das von G. ADOLPHI herausgegebene *Lehrbuch der chemischen Verfahrenstechnik*, 2. Aufl., Leipzig 1969, 724 S., während das *Taschenbuch des Chemietechnologen*, herausgegeben von V. BAYERL und M. QUARG, 3. Aufl., Leipzig 1968, 807 S., mehr den Charakter eines Nachschlagewerkes besitzt. Es enthält außerdem einen Grundriß der Wirtschaftlichkeitsrechnung, eine ausführliche Fachbibliographie, ein kurzes deutsch-englisch-russisches Fachwörterverzeichnis und eine Zusammenstellung wichtiger Formeln und Symbole. Eine zusammenfassende Darstellung der Verfahrens- und Reaktionstechnik, ausgehend von ihren wissenschaftlichen Grundlagen, bietet der *Grundriß der chemischen Reaktionstechnik* von W. BRÖTZ, Weinheim/Bergstr. 1958, 447 S. (Nachdruck 1970). Ein Werk mittleren Umfangs ist die *Chemische Verfahrenstechnik* von A. G. KASSATKIN, Bd. 1–2, 5. Aufl., Leipzig 1962, 959 S., die durch die *Beispiele und Übungsaufgaben zur chemischen Verfahrenstechnik* von K. F. PAVLOV, P. G. ROMANKOV und A. A. NOSKOV, 4. Aufl., Leipzig 1970, 677 S., wirkungsvoll ergänzt wird. Eine ausgezeichnete Darstellung der Verfahrenstechnik und ihrer wissenschaftlichen Grundlagen ist auch das Werk von R. A. VAUCK und H. A. MÜLLER *Grundoperationen chemischer Verfahrenstechnik*, 4. Aufl., Dresden 1975, ca. 750 S. Erwähnung finden sollen hier schießlich noch 2 umfangreichere Sammlungen, deren Einzelwerke vorwiegend verfahrenstechnische Fragen behandeln. Die von H. MOHLER und O. FUCHS herausgegebene Reihe *Grundlagen der chemischen Technik*, Aarau 1955 ff., die auf 40 Bände berechnet ist, umfaßt u. a. folgende bereits erschienene Bände: GRASSMANN, P.: *Physikalische Grundlagen der Chemie-Ingenieur-Technik*, 1960, 944 S.; FUCHS, O.: *Physikalische Chemie als Einführung in die chemische Technik*, 1957, 496 S.; WIELAND, K.: *Thermochemische Berechnungen und Näherungsverfahren*, 1967. Der aus Loseblattsammlungen bestehende DECHEMA-Erfahrungsaustausch, herausgegeben von D. BEHRENS und K. FISCHBECK, Weinheim/Bergstr. 1952 ff., enthält u. a. Reihen über Destillieren, Flüssig-Flüssig-Extraktion, Rühren sowie Fragen der Apparate- und Labortechnik. In diesem Zusammenhang sei auch die 1923 von B. RASSOW begründete Sammlung *Technische Fortschrittsberichte* (*Fortschritte der chemischen Technologie in Einzeldarstellungen;* Hrsg.:

A. RIECHE, Dresden 1923 ff., bisher 63 Bände z. T. in mehreren Auflagen) erwähnt.

An fremdsprachigen Werken seien als Beispiele genannt:

COULSON, J. M.; RICHARDSON, J. F.: Chemical Engineering. Bd. 1–2. 2. Aufl. New York/London 1966–1968. 1 298 S.

McCABE, W. L.; SMITH, J. C.: Unit Operations of Chemical Engineering. 2. Aufl. New York 1967. 1 007 S.

Obščaja chimičeskaja technologija. Von M. I. NEKRIČ u. a. Charkov 1969. 336 S.

3.4.3. Stoffwerte, Werkstoffkunde, Korrosionsschutz

Stoffwerte physikalisch-chemischer Natur finden sich zwar in verschiedenem Ausmaß in Nachschlage- und Tabellenwerken (s. Abschnitt 2.2.) sowie in der physikalisch-chemischen Literatur (s. Abschnitt 3.1.3.); für die Technik sind aber oft noch andere Werte von Interesse, wie Schüttgewicht, Heizwert oder Beständigkeit gegen bestimmte Stoffe. Tabellenbücher über vorwiegend technische Stoffwerte sollen daher mit Monographien über Werkstoffkunde für den Chemiebetrieb und über Korrosion bzw. Korrosionsschutz zusammengefaßt werden. Hierher gehören:

BARTOŇ, K.: Schutz gegen atmosphärische Korrosion – Theorie und Technik. Weinheim/Bergstr. 1973. 209 S.

BERL, E.; HERBERT, W.; WAHLIG, W.: Nomographische Tafeln für die chemische Industrie. Berlin/Heidelberg 1930. 32 Taf.

Chimičeskie tovary. Hrsg.: T. P. UNANJANC, A. I. ŠEREŠEVSKIJ u. a. Bd. 1–2. 3.Aufl. Moskau 1967–1969. 1 294 S.

DECHEMA-Werkstoff-Tabelle. Hrsg.: E. RABALD, D. BEHRENS. Loseblattsammlung. 3. Bearbeitung. Frankfurt am Main 1945 ff.; Gruppe „Chemische Beständigkeit der Werkstoffe" 1 635 Blatt; Gruppe „Physikalische Eigenschaften der Werkstoffe" 365 Blatt (Ergänzungsblätter sind in Arbeit).

DEREŠKEVIČ, JU. V.: Kislotoupornye sooruženija v chimičeskoj promyšlennosti. Moskau 1960. 184 S.

FREY, W.: Heizwerte und Zusammensetzung fester, flüssiger und gasförmiger Brennstoffe. Zürich 1950. 57 S.

FREY, W.: Sammlung spezifischer Gewichte fester, flüssiger und gasförmiger Stoffe sowie Raumgewichte gestapelter Körper. Zürich 1945. 56 S.

GACKENBACH, R. E.: Materials Selection for Process Plants. New York 1960. 318 S.

Gleichgewicht Flüssigkeit – Dampf. Hrsg.: E. HÁLÁ. Berlin 1960. 331 S.

Industrial Chemicals. Von W. L. FAITH u. a. 3. Aufl. New York 1965. 852 S.

Korrosion und Korrosionsschutz. Hrsg.: F. TÖDT. 2. Aufl. Berlin 1961. 1 427 S.

PIATTI, L.: Werkstoffe der chemischen Technik. Aarau 1955. 388 S.

RITTER, F.: Korrosionstabellen nichtmetallischer Werkstoffe, geordnet nach angreifenden Stoffen. Wien 1956. 232 S.

RITTER, F.: Korrosionstabellen metallischer Werkstoffe, geordnet nach angreifenden Stoffen. 4. Aufl. Wien 1958. 290 S.

Uses and Applications of Chemicals and Related Materials. Hrsg.: T. C. GREGORY. Bd. 1–2. New York 1939–1944. 1 124 S.

3.4.4. Apparate- und Maschinenkunde, Meß-, Steuer- und Regeltechnik

Chemisch-technische Anlagen stellen im allgemeinen Kombinationen von physikalisch-mechanischen Apparaten, wie Mahl-, Sieb-, Förderanlagen u. ä., und Reaktionsapparaten, wie Autoklaven, Drehrohröfen usw., dar, die durch Antriebsmaschinen, elektrische Anlagen, Rohrleitungen sowie Meß-, Steuer- und Regelgeräte ergänzt werden. Antriebsmaschinen und elektrische Anlagen fallen im allgemeinen nicht in den Zuständigkeitsbereich des Chemikers, jedoch ist die Kenntnis ihres Baues und ihrer Funktionsweise eine unabdingbare Voraussetzung für ihre sachgemäße Bedienung. Das gleiche gilt im Prinzip auch für Meß-, Steuer- und Regelgeräte. Es wird jedoch sowohl bei ihrer Installation als auch bei der Behebung bzw. Vermeidung von Störungen der Rat des Chemikers zumindest insofern notwendig, als er die Anforderungen, die er an sie stellt, und die Belastungen, denen sie ausgesetzt sind, angeben muß. Auch dazu benötigt er Kenntnisse über ihren Aufbau und ihre Wirkungsweise.

Eingehendere Sachkenntnis verlangt die technologische Praxis dagegen von physikalisch-mechanischen Apparaten, da diese oft speziell für den zu verarbeitenden Stoff konstruiert werden müssen, auch wenn sie auf allgemein bekannten Prinzipien beruhen.[1]) Unumgänglich nötig für jeden technisch interessierten (und das sollte heißen: für jeden) Chemiker sind gründliche Kenntnisse über Reaktionsapparate, denn nur dann kann er dem Konstruktions- und Betriebsingenieur als vollwertiger Partner bei der schwierigen Aufgabe der Überführung einer chemischen Reaktion in den technischen Maßstab zur Seite stehen. Aber auch die laufende Kontrolle und Wartung der Reaktionsapparate verlangt technisches Wissen. Wenn der Chemiker auch in apparatetechnischen Fragen meist den Rat von Spezialisten einholen wird, so enthebt ihn doch weder dieser Rat noch der Querschnittsberuf des Verfahrenstechnikers der Verantwortung für den Ablauf der Reaktion und damit für die Anlage, in der sie durchgeführt wird. Eine besondere Rolle spielt dabei der Wärmeaustausch, der oft zum Kernproblem für die Durchführung einer chemischen Reaktion wird.

Nachstehend sind einige besonders verbreitete Lehr- und Handbücher über die genannten Gebiete aufgeführt, wobei besonders die letzteren als Nachschlagewerke in dem Sinne gelten sollen, daß sie im Bedarfsfalle Hinweise auf Speziallliteratur geben:

ACHEMA-Jahrbuch 1971/73. Bd. 1–3. Frankfurt/Main 1973.
(Bd. 1: Forschung und Lehre des Chemie-Ingenieur-Wesens

---

[1]) Man denke z. B. an Pumpen zur Förderung aggressiver Schlämme oder Mahlanlagen für explosive Stoffe.

in Europa; Bd. 2: Technische Entwicklung im chemischen Apparatewesen; Bd. 3: Führer durch das chemische Apparatewesen in Europa.)

CURTH, W.: Betriebsmeß- und Regelungstechnik der chemischen Industrie. Teil 1–2. 3. Aufl. Berlin 1965–1966. 477 S.

FRANK-KAMENETZKI, D. A.: Stoff- und Wärmeübertragung in der chemischen Technik. Berlin/Heidelberg 1959. 224 S.

Grundlagen automatischer Regelsysteme. Hrsg.: V. V. SOLO-DOVNIKOV. Bd. 1–4. Berlin 1971 ff. (bisher 3 Bände erschienen).

Handbuch für den Rohrleitungsbau. Hrsg.: H. STIEN u. a. 4. Aufl. Berlin 1972. 606 S.

KANTOROWITSCH, S. B.: Chemiemaschinen. Bd. 1. Berlin 1970. 488 S.

LEVENSPIEL, O.: Chemical Reaction Engineering. An Introduction to the Design of Chemical Reactors. London/New York 1962. 500 S.

Mašiny i apparaty chimičeskoj promyšlennosti. Moskau 1962. 524 S.

Messen und Regeln in der chemischen Technik. Hrsg.: J. HENGSTENBERG u. a. 2. Aufl. Berlin/Heidelberg/New York 1964. 1 621 S.

MILDNER, G.: Instandhaltung chemischer und artverwandter Industrieanlagen. Berlin 1969. 282 S.

RIEGEL, R. E.: Chemical Process Machinery. 2. Aufl. New York 1953. 735 S.

Taschenbuch Maschinenbau. Hrsg.: G. BERNDT, ST. FRONIUS u. a. Bd. 1–3 in 4 Teilen. Berlin 1969–1974 (verschiedene Auflagen).

WEBER, F. J.: Arbeitsmaschinen. Bd. 1–2. 4. Aufl. Berlin 1971–1972. 700 S.

3.4.5. Betriebs- und Reaktionstechnik

In diesem Abschnitt soll versucht werden, die Vielschichtigkeit der beim Produktionsablauf eines Chemiebetriebes auftretenden technischen Probleme an Beispielen der sich damit befassenden Literatur aufzuzeigen. Sie beschränken sich keineswegs auf die *Reaktionstechnik*, d. h. die Durchführung chemischer Reaktionen in technischem Maßstab, deren theoretische Aspekte W. RICHARZ [32] in Mikrokinetik, Materialbilanzen und Stoffaustausch sowie Wärmebilanzen aufgliedert, während die praktischen Aspekte etwa dem im angelsächsischen Bereich üblichen Begriffskomplex „Unit Processes" [33] bzw. „Unit Reactions" entsprechen. Sie schließen vielmehr auch die nichtchemischen Arbeitsprozesse ein, die zur technischen Durchführung der eigentlichen chemischen Reaktion notwendig sind, wie Stofftransport und Stofftrennung, Wärmeaustausch, Mischen, Agglomerieren usw., aber auch für die chemische Industrie wichtige Techniken, die definitionsgemäß nicht unter die „Grundoperationen" fallen, wie Vakuum-, Hochdruck- oder Kältetechnik. Alle diese nicht unmittelbar auf eine Stoffumwandlung gerichteten Operationen sollen unter dem Begriff *Betriebstechnik* zusammengefaßt werden. Für einige von ihnen, wie Mahlen und Mischen, Agglomerieren usw., existiert nur sehr wenig Literatur in Buchform; mit Hilfe von Lehr- oder Handbüchern der chemischen Technologie bzw. der allgemeinen Reaktions- oder Ingenieurtechnik (s. Abschnitte 3.4.1. und 3.4.2.) oder durch Literatur über entsprechende Geräte wird es fast immer möglich sein, einschlägige Zeitschriftenartikel festzustellen. Wo dies nicht gelingt, helfen chemische oder technische Referateorgane (s. Abschnitt 3.5.2.) weiter. Die nachstehend angeführten Werke sind also nicht nur als Beispiele und schon gar nicht als „Pflichtliteratur", sondern als Hinweise für weitere und speziellere Orientierungsmöglichkeiten zu betrachten.

Spezielle Betriebstechnik

BERANEK, I.; WINTERSTEIN, G.: Grundlagen der Wirbelschichttechnik. Leipzig 1973. 351 S.

BLACKADDER, D. A.; NEDDERMANN, R. M.: A Handbook of Unit Operations. New York/London 1971. 284 S.

FALTIN, H.: Technische Wärmelehre. 4. Aufl. Berlin 1961. 587 S.

Handbuch der Kältetechnik. Hrsg.: R. PLANK. Bd. 1–12. Berlin/Heidelberg/New York 1954–1969.

HOLLAND-MERTEN, E. L.: Tabellenbuch der Vakuumver-
fahrenstechnik. Leipzig 1964. 187 S.

KIRSCHBAUM, E.: Destillier- und Rektifiziertechnik. 4. Aufl.
Berlin/Heidelberg/New York 1969. 494 S.

KORNDORF, B. A.: Hochdrucktechnik in der Chemie. Berlin
1956. 412 S.

KUFFERATH, A.: Filtration und Filter. 3. Aufl. Berlin 1953.
511 S.

MÜLLER, W.: Energie-, Transport- und Werkstattleistung in
der Chemieindustrie. Leipzig 1970. 186 S.

PINKAVA, J.: Unit Operations in the Laboratory. Prag 1970.
470 S.

ŽUŽIKOV, V. A.: Fil'trovanie. 3. Aufl. Moskau 1971. 440 S.

Reaktionstechnik

ASINGER, F.: Die petrolchemische Industrie. Teil 1–2. Berlin
1971. 1 668 S.

BRÖTZ, W.: Grundriß der chemischen Reaktionstechnik.
Weinheim/Bergstr. 1958. 447 S. (Nachdruck 1970).

Chemie und Technologie der Kunststoffe. Hrsg.: A. HOU-
WINK, A. J. STAVERMANN. Bd. 1–3. 4. Aufl. Leipzig
1962–1963. (Bd. 1: Chemische und physikalische Eigenschaften der Kunststoffe; Bd. 2: Industrielle Herstellung
und Eigenschaften der Kunststoffe, 2 Teile; Bd.3: Typisie-
rung und Prüfung der Kunststoffe.)

HENTSCHEL, H.: Chemische Technologie der Zellstoff- und
Papierherstellung. 3. Aufl. Berlin 1967. 722 S.

KAUFMANN, H. P.: Arzneimittel-Synthese. Berlin/Heidel-
berg 1953. 834 S.

KÜHL, H.: Zement-Chemie. Bd. 1–3. 3. Aufl. Berlin 1956 bis
1961. (Bd. 1: Die physikalisch-chemischen Grundlagen der
Zement-Chemie; Bd. 2: Das Wesen und die Herstellung
der hydraulischen Bindemittel; Bd. 3: Die Erhärtung und
Verarbeitung der hydraulischen Bindemittel.)

LINDNER, K.: Tenside, Textilhilfsmittel, Waschrohstoffe.
Bd. 1–3. Stuttgart 1964–1971.

LINGELBACH, A.; SOMMER, K.; WOLFFGRAM, H.: Vom
Rohstoff zum Chemieprodukt. 2. Aufl. Leipzig 1967. 154 S.
35 Fließbilder.

Osnovy technologii neftechimičeskogo sinteza. Hrsg.: A. I. DINCESA. Moskau 1960. 852 S.

SALMANG, H.: Die physikalischen und chemischen Grundlagen der Glasfabrikation. Berlin/Heidelberg 1957. 354 S.

Unit Processes in Organic Synthesis. Hrsg.: P. H. GROGGINS. 5. Aufl. New York/London 1958. 1 070 S.

3.4.6. Größen und Einheiten, Normen, Standards

Die Beschäftigung mehrerer Personen mit einer gemeinsamen Aufgabe macht Festlegungen der verschiedensten Art notwendig (im weitesten Sinne gehören dazu auch Sprache und Schrift). Zu den ältesten derartigen Festlegungen auf technisch-wissenschaftlichem Gebiet gehören die Maßeinheiten für sogenannte physikalische Größen, d. h. Merkmale eines physikalischen Objektes, die qualitativ charakterisiert und quantitativ bestimmt (gemessen) werden können [34]. Die Messung geschieht durch Vergleich mit einer vereinbarten Größe gleicher Art, die als *Einheit* bezeichnet wird. Die neuesten und zur Zeit gültigen Vereinbarungen sind die der 11. und 14. CGPM (Conférence Générale des Poids et Mesures, Generalkonferenz für Maße und Gewichte) von 1960 bzw. 1971. Danach sind ausschließlich folgende Einheiten (und deren dezimale Vielfache) zur Verwendung zugelassen:

Meter (m) für die Länge
Kilogramm (kg) für die Masse
Sekunde (s) für die Zeit
Ampere (A) für die elektrische Stromstärke
Kelvin (K) für die (thermodynamische) Temperatur
Candela (cd) für die Lichtstärke
Mol (mol) für die Stoffmenge.

Aus diesen Grundeinheiten, die in ihrer Gesamtheit als Internationales Einheitensystem (Système International d'Unités, abgek. SI) bezeichnet werden, lassen sich Einheiten für alle übrigen Größen ableiten. Die SI-Einheiten lösen damit sowohl das in der Wissenschaft bisher vorherrschende cgs-System, das auf den Einheiten der Länge (cm), der Masse

(g) und der Zeit (s) basiert, als auch das sog. technische Maß-system, dem die Einheiten der Kraft (kp), der Länge (m) und der Zeit (s) zugrunde liegen, sowie die vereinzelt noch verwendeten veralteten (z. B. Karat, Torr, Seemeile) bzw. britisch-amerikanischen Maßeinheiten (Zoll, Unze usw.) ab. In der DDR sind die Maßnahmen für den Übergang zur aus-schließlichen Anwendung des SI auf Grund der RGW-Emp-fehlung RS 3472-72 eingeleitet [35]; sie sollen bis zum 1. 1. 1980 abgeschlossen sein. In der Bundesrepublik Deutschland ist die Verwendung der SI ab 1978 gesetzlich vorgeschrieben [36]; der gleiche Termin gilt auch für die übrigen Länder der EWG.

Für die Umrechnung der alten in die neuen Größen existie-ren Umrechnungstabellen; daneben gibt es einige Werke, in denen sowohl die Grundeinheiten als vor allem die abgelei-teten Einheiten definiert und erläutert sind. Nachstehend sind einige Beispiele für solche Werke aufgeführt; kleinere Tabel-len der Maßeinheiten und Umrechnungswerte sind auch in allen größeren tabellarischen Nachschlagewerken, wie dem D'ANS-LAX oder dem PEREL'MAN, enthalten (vgl. Abschnitt 2.2.), jedoch muß dann darauf geachtet werden, ob diese auch dem neuesten Stand entsprechen.

BENDER, D.; PIPPIG, E.: Einheiten, Maßsysteme, SI. Berlin 1973. 236 S.

DIN-Taschenbuch 23: Normen für Größen und Einheiten in Naturwissenschaft und Technik. 3. Aufl. Berlin/Köln 1972. 288 S.

FÖRSTER, H.: Einheiten, Größen, Gleichungen und ihre prak-tische Anwendung. Leipzig 1968. 216 S.

ISO-Empfehlung ISO/DIS 1000 (1972).

NATTERODT, M.: Umrechnung englisch-amerikanischer Maß-einheiten. 2. Aufl. Leipzig 1965. 271 S.

OBERDÖRFER, G.: Das internationale Maßsystem und die Kritik seines Aufbaus. 2. Aufl. Leipzig 1970. 129 S.

PADELT, E.; LAPORTE, U.: Einheiten und Größenarten der Naturwissenschaften. 2. Aufl. Leipzig 1967. 368 S.

STRECKER, A.: Eichgesetz Einheitengesetz; Kommentar. Braunschweig 1971. 754 S.

HAEDER, W.; GÄRTNER, E.: Die gesetzlichen Einheiten in der Technik. 2. Aufl. Berlin/Köln 1971. 127 S.

Weitere Festlegungen, die der Vereinheitlichung bedürfen, sind die wissenschaftlichen und technischen Sonderzeichen, wie sie einerseits in Formeln und Gleichungen, andererseits in Schalt- und Fließbildern vorkommen. Für die ersten sei hier auf die TGL 0-1304 bzw. (für die Bundesrepublik Deutschland) die DIN 1304 hingewiesen; die in der angelsächsischen und sowjetischen Fachliteratur verwendeten Symbole stimmen im allgemeinen mit den dort aufgeführten überein. Die zweiten findet man sehr ausführlich in dem bereits in Abschnitt 3.4.2. erwähnten *Taschenbuch des Chemietechnologen* (W. GABSDIEL, S. 589 bis 620), z. T. auch in der DIN 7091.

Die umfangreichste Gruppe von Festlegungen stellen jedoch die Normen und Standards [1]) dar, die in der Deutschen Demokratischen Republik vom Amt für Standardisierung, Meßwesen und Warenprüfung (ASMW) unter dem Symbol TGL (Technische Güte- und Lieferbedingungen), in der Bundesrepublik Deutschland vom Deutschen Normenausschuß (DNA) unter dem Symbol DIN (Deutsche Industrienorm bzw. Das ist Norm) aufgestellt werden. Ähnliche Institutionen bestehen in fast allen Industriestaaten; sie sind in der 1946 gegründeten International Standardizing Organization (ISO) mit Sitz in Genf zusammengeschlossen, der jedoch einige RGW-Länder gegenwärtig nicht angehören. Innerhalb des RGW besteht außerdem eine internationale Standardisierungsstelle, die seit 1974 für das gesamte Gebiet des RGW verbindliche Standards

---

[1]) H. MESSING (Standardisierung und Verbrauchsnormung in der sozialistischen Chemieindustrie, Leipzig 1960, S. 19) schlägt vor, für Festlegungen, die sich auf die Beschaffenheit, Herstellungs- und Prüfverfahren sowie die Verständigung beziehen, den Ausdruck „Standard" zu verwenden und die Bezeichnung „Norm" nur noch im Sinne von „Aufwandsnorm" zu gebrauchen, die Formulierung „Normen in Wissenschaft und Technik" aber als Oberbegriff beizubehalten. Nachfolgend soll die Bezeichnung „Norm" nur in dieser zweiten Bedeutung (als Oberbegriff) verwendet werden.

herausgibt.[1]) Auch in der EWG wird die Standardisierung in immer stärkerem Maße koordiniert.

Neben den von diesen nationalen und internationalen Standardisierungsausschüssen aufgestellten Normen, die sich keineswegs auf industrielle Produkte und Verfahren beschränken, sondern bis zu wissenschaftlichen Benennungen, Korrekturvorschriften u. ä. reichen, existieren vor allem in größeren Werken und Konzernen, in der DDR auch innerhalb ganzer Fachbereiche, Standards, deren Gültigkeit sich nur auf den betreffenden Bereich erstrecken (Werk- bzw. Bereichsstandards). Trotzdem sind solche Festlegungen von Bedeutung, da sie einerseits wissenschaftlichen Wert besitzen und andererseits zur Grundlage nationaler Standards werden können. Werkstandards der DDR werden mit einem vom ASMW bestätigten Symbol gekennzeichnet und vom Werkleiter bekanntgegeben; Fachbereichstandards tragen das Symbol TGL und eine vom ASMW bestätigte Nummer und werden vom Leiter des für den Fachbereich verantwortlichen Staats- oder Wirtschaftsorgans (Ministerium, Kombinat) erlassen.[2]) Fachbereichstandards dürfen DDR-Standards, Werkstandards den DDR-Fachbereich- und DDR-Standards nicht widersprechen. Von der ISO werden Empfehlungen für Vereinheitlichungen im internationalen Maßstab herausgegeben, die jedoch nicht verbindlich sind.

DDR- und Fachbereichstandards werden in der Zeitschrift *Standardisierung*, dem Mitteilungsblatt des Amtes für Standardisierung, Meßwesen und Warenprüfung der DDR, DDR-Standards außerdem als Standardsonderdrucke der DDR, die über das Buchhaus Leipzig (705 Leipzig, Täubchenweg 83) erhältlich sind, veröffentlicht. Im Gegensatz zu den Standards vieler anderer (insbesondere nichtsozialistischer) Länder haben

---

[1])   VO über die Standardisierung in der DDR (Standardisierungs-VO) vom 21. 9. 1957, GBl. DDR II (1962), S. 665.

[2])   Grundsatzfestlegung GF 1 des (damaligen) Amtes für Standardisierung der DDR (Vorläufer des ASMW) vom 11. 9. 1968.

sie Gesetzkraft.[1] Jährlich werden sie von einem vom
VEB Fachbuchverlag Leipzig herausgegebenen *Standardver-
zeichnis*, nach DK-Zahlen und Standardnummern geordnet,
zusammengefaßt. Für die Recherche existiert außerdem ein
ADRIS (Automatisierte Dokumenten-Recherche und Information über Standards) genanntes Recherchesystem.[2]

DIN-*Normblätter* sind in vielen öffentlichen Bibliotheken
vorhanden, vollständig in der Deutschen Bücherei Leipzig und
in der Bibliothek des Deutschen Museums München; sie sind
durch den Beuth-Vertrieb, 1 Berlin 30, Burggrafenstr. 4–7,
zu beziehen. Dort erscheinen auch ein DIN-*Normblattver-
zeichnis* sowie DIN-*Taschenbücher* über bisher 35 Sachgebiete,
die alle einschlägigen Normblätter enthalten. Soweit sich DIN-
Normblätter auf das Gebiet der Chemie beziehen, können sie
auch durch die DECHEMA (Frankfurt am Main) bezogen
werden. In der Deutschen Demokratischen Republik sind die
bis 1949 im Gebrauch befindlichen DIN-Vorschriften vollständig durch entsprechende TGL (Technische Güte- und Lieferbedingungen) abgelöst worden; ihre Anwendung ist nicht
mehr zulässig. Natürlich bestehen aber enge Beziehungen
zwischen TGL- und DIN-Vorschriften für die gleiche technische
Aufgabenstellung; Auskunft darüber gibt eine vom damaligen
Amt für Standardisierung (AfS; seit 1973: Amt für Standardisierung, Meßwesen und Warenprüfung – ASMW) herausgegebene *Gegenüberstellung* TGL *mit vergleichbaren* DIN,
2. Aufl., Berlin (um 1964), 63 S.

Innerhalb des RGW besitzen die sowjetischen Standards
GOST (Gosudarstvennyj obščesojuznyj standart = Staatlicher Allunionsstandard) besonders große Bedeutung. In der
DDR können sie in den Zentralstellen für Standardisierung
und den Wissenschaftlich-Technischen Zentren eingesehen werden. Ihre Veröffentlichung erfolgt nach den gleichen Prinzipien (Standardsonderdrucke, Standard-Verzeichnisse usw.),
wie in der DDR. Zu ihrer leichteren Erschließung dient eine
vom Amt für Standardisierung herausgegebene *Gegenüber-*

---

[1]   VO über Standards des RGW vom 14. 11. 1974, GBl. DDR I
(1974), Nr. 55, vgl. auch GBl. DDR II (1974) S. 508.
[2]   Vgl. DUMCKE, G., Standardisierung **17** (1971) 8, S. 256.

stellung TGL – GOST, 3. Aufl. Berlin 1962, Bd. 1–7 und Schlüsselliste. Im Rahmen der engen internationalen Zusammenarbeit haben Arbeiten zur Angleichung der TGL an GOST begonnen.

In ähnlicher Form wie vorstehend beschrieben ist die nationale Standardisierungsarbeit auch in zahlreichen anderen Staaten organisiert; als Beispiele mögen hier die als ÖNORM bezeichneten österreichischen Standards sowie die polnischen Standards PN bzw. (von 1953) PKN und Fachbereichstandards BN genannt werden. Eine gewisse Übersicht vermittelt das in den *Mitteilungen des AfS* vom Mai 1969 veröffentlichte *Verzeichnis der für ausländische Standards zuständigen Organe* [37]. Durch das Buchhaus Leipzig, Abt. Standards, können außerdem Bekanntmachungen über ausländische Standards bezogen werden.

Die bisher erarbeiteten ISO-Empfehlungen sind dem *ISO Catalogue 1968*, Genf 1968, 157 S., zu entnehmen; über die Arbeiten des Technischen Komitees TC 47 „Chemie" berichtet H. HOFMANN [38]. Diese beschäftigen sich z. Z. schwerpunktmäßig mit Prüfverfahren.

In der DDR wird die Standardisierungsarbeit zusätzlich von der Gesellschaft für Standardisierung in der DDR unterstützt, die ein Organ der Kammer der Technik ist und gleichzeitig als gesellschaftlicher Beirat des Amtes für Standardisierung, Meßwesen und Warenprüfung fungiert. Dagegen ist der Deutsche Normenausschuß (DNA) in der Bundesrepublik Deutschland infolge des privatwirtschaftlichen Charakters der Standardisierung selbst der eigentliche Träger dieser Arbeit.

Für die (nicht allzu umfangreiche) Literatur über Standardisierung mögen folgende Veröffentlichungen als Beispiele dienen:

HEYDE, W.: Die Normung des Materialverbrauchs bei chemischen Produktionsprozessen. Berlin 1956. 115 S.

KLEIN, M.: Einführung in die DIN-Normen. 6. Aufl. Stuttgart 1970. 754 S.

MESSING, H.: Standardisierung und Verbrauchsnormung in der sozialistischen Chemieindustrie. Leipzig 1960. 275 S.

Metodika i praktika standartizacii. 2. Aufl. Moskau 1967.
612 S.
SIEMENS, H.: Grundlagen der Standardisierung. Leipzig 1969.
101 S.
Standardisierung in der DDR. 2. Aufl. Leipzig 1964. 381 S.

An Fachzeitschriften sind neben der *Standardisierung* (VEB Fachbuchverlag Leipzig) und den DIN-*Mitteilungen* (Beuth-Vertrieb Berlin/Köln) besonders die *Standartizacija* (Gosudarstv. Izd. pro Standartizacii Moskau) und das *Magazine of Standards* (Amer. Standards Assoc. New York) zu nennen.

3.4.7. Projektierung und Leitung chemischer Betriebe; Prozeßmodellierung

Beim Bau und bei der Projektierung chemischer Fabriken sind neben Problemen der chemischen Technologie noch zahlreiche Dinge zu berücksichtigen, die bisher nicht behandelt wurden: Fragen des Raum-, Wasser-, Energie- und Rohstoffbedarfs, Transportprobleme und nicht zuletzt ökonomische Erwägungen (vgl. auch Abschnitt 3.4.8.). Da diese Punkte bei der Ausbildung von Chemikern erfahrungsgemäß zu kurz kommen, werden nachstehend einige Hinweise auf Literatur zu diesen Themen gegeben. Im übrigen sei auf die Lehrbücher der chemischen Technologie, die z. T. Literaturhinweise enthalten (s. Abschnitt 3.4.1.), sowie auf Band 2, Teil 1 von ULLMANNS *Encyklopädie der technischen Chemie* (s. Abschnitt 3.4.1.) verwiesen. Spezielle ökonomische Literatur wird im Abschnitt 4.8. aufgeführt.

Analyse und Steuerung von Prozessen der Stoffwirtschaft. Hrsg.: K. HARTMANN. Berlin 1971. 955 S.
BEYLICH, A.; RUPIETTA, G.: Aufgabensammlung zur Betriebswirtschaft sozialistischer Chemiebetriebe. Leipzig 1970. 275 S.
GRAICHEN, D.: Rationalisierung in der chemischen Industrie durch Konzentration, Spezialisierung, Kombination, Zentralisation, Kooperation. Leipzig 1967. 167 S.

GRINBERG, J. I.: Proektirovanie chimičeskich proizvodstv. Moskau 1970. 272 S.

KALTWASSER, H.; MARCHOWETZ, J.; NEUMANN, J.: Organisation und Planung der Forschung im sozialistischen Chemiebetrieb. Leipzig 1969. 156 S.

KÖLBEL, H.; SCHULZE, J.: Fertigungsvorbereitung in der chemischen Industrie. Wiesbaden 1967. 195 S.

KÖLBEL, H.; SCHULZE, J.: Projektierung und Vorkalkulation in der chemischen Industrie. Berlin/Heidelberg 1960. 491 S.

KUHNERT, W.; KUNITZ, W.; RICHTER, R.: Produktionsplanung mit elektronischer Datenverarbeitung. Leipzig 1970. 192 S.

MACH, E.: Planung und Errichtung chemischer Fabriken. Aarau/Frankfurt a. M. 1971. 640 S.

MAY, H.: Anlagen-Projektierung in der Verfahrensindustrie. 2. Aufl. Heidelberg 1973. 180 S.

Organisation und Planung des sozialistischen Chemiebetriebes. Hrsg.: W. HEYDE, J. NEUMANN, W. STRAUSS. Leipzig 1963. 962 S.

PETERS, M. S.: Plant Design and Economics for Chemical Engineers. New York/London 1958. 511 S.

SCHNEIDER, H.; SCHWABE, G.: Prognose und betriebliche Perspektivplanung in der chemischen Industrie. Leipzig 1968. 186 S.

VILLBRANDT, F. C.; DRYDEN, Ch. E.: Chemical Engineering Plant Design. 4. Aufl. New York/London 1959. 534 S.

Vorkalkulation für Investitionen in der chemischen Industrie. Hrsg.: V. BAYERL, H.-G. STRAUSS. Leipzig 1968. 291 S.

In den vorstehend genannten Werken sind mathematische Methoden der Planung und Leitung bereits in mehr oder weniger starkem Maße behandelt. Eine Anwendung mathematischer Methoden soll jedoch nachstehend nochmals besonders hervorgehoben werden: die mathematische Modellierung von Produktionsproblemen und chemischen Reaktionen. Besonders für den letztgenannten Gegenstand hat sich die mathematische Modellierung gegenüber der bisher üblichen Überführung von Laborergebnissen in die Praxis auf dem Wege über halbtechnische Versuche in den letzten Jahren eindeutig durchgesetzt. Der Hauptgrund hierfür ist, daß die bisherige, auf der Ähnlichkeitstheorie beruhende Methode, die man auch als physikalische Modellierung bezeichnen könnte, wegen strömungs- und wärmetechnischen Schwierigkeiten nur Übertragungsfaktoren von höchstens 5 bis 10 zuläßt, während in der Praxis Faktoren von 10^3 bis 10^4 gefordert werden. Daher muß man wenigstens 2 Zwischenstufen der Überführungsversuche (kleintechnischer und Pilotmaßstab) vorsehen, wenn man ein Risiko wirklich ausschließen will. Das führt aber zu erhöhten Kosten und erheblichem Zeitverlust, der durch mathematische Modellierung vermieden werden kann. Wegen der Ähnlichkeit des mathematischen Vorgehens ist Literatur über die Modellierung von Planungsprozessen ebenfalls hier aufgenommen.

ARIS, R.: Introduction to the Analysis of Chemical Reactors. Englewood Cliffs, N. J. 1965. 337 S.

BEZDENEŽNYCH, A. A.: Matematičeskie modeli chimičeskich reaktorov. Kiew 1970. 176 S.

HOFFMANN, U.; HOFMANN, H.: Einführung in die Optimierung. Weinheim/Bergstr. 1971. 260 S.

Identifikacija chimiko-technologičeskich ob-ektov. Von T. F. BEKMARUTOV u. a. Taschkent 1970. 184 S.

KORSAKOV-BOGATKOV, S. M.: Chimičeskie reaktory kak ob-ekty matematičeskogo modelirovanija. Moskau 1967. 224 S.

LAUENSTEIN, G.; TEMPEL, H.: Betriebliche Matrizenmodelle. Leipzig 1969. 148 S.

Methoden und Programme zur Berechnung chemischer Reaktoren (dt.-russ.). Hrsg.: K. HARTMANN, M. G. SLINKO. Berlin 1972. 435 S.

NAGIEV, M. F.: Teorija recirkuljacii i povyšenie optimal'-nosti chimičeskich processov. Moskau 1970. 392 S.

OSTROVSKI, G. M.; VOLIN, J. M.: Methoden zur Optimierung komplexer verfahrenstechnischer Systeme. Berlin 1973. 331 S.

OSTROVSKI, G. M.; VOLIN, J. M.: Methoden zur Optimierung chemischer Reaktoren. Berlin 1973. 244 S.

3.4.8. Arbeits-, Brand- und Umweltschutz

Arbeits-, Brand- und Umweltschutz gehören zu den Problemen, die bereits bei der Projektierung eines Chemiebetriebes berücksichtigt werden müssen. Daß es von höchster Wichtigkeit ist, schnellstens entsprechende Maßnahmen zu ergreifen, wo dies nicht genügend beachtet worden sein sollte, sollte sich von selbst verstehen. Verantwortlich hierfür ist jeweils der für die Projektierung, Konstruktion oder Technologie des Objektes zuständige Leiter. Dies gilt auch für Generalreparaturen sowie für die Schutzgüte einzelner Aggregate [39].

Die Verhütung von Arbeitsunfällen und Berufskrankheiten beruht in der Deutschen Demokratischen Republik auf der *Verfassung* (insbes. § 35), auf den §§ 90 bis 98 des *Gesetzbuches der Arbeit* [40] sowie auf der *Arbeitsschutzverordnung* (ASVO) [41]. Die für spezielle Probleme zutreffenden Bestimmungen werden in *Arbeitsschutzanordnungen* (ASAO) bzw. *Arbeits- und Brandschutzanordnungen* (ABAO) niedergelegt, die von den Fachministerien oder anderen zuständigen staatlichen Organen in Zusammenarbeit mit dem Zentralvorstand der entsprechenden Gewerkschaft erlassen werden; sie haben Gesetzeskraft und werden im Gesetzblatt der DDR, Teil II, veröffentlicht. Darüber hinaus können im Bedarfsfall durch die Betriebsdirektoren in *Arbeitsschutzinstruktionen* weitere Vorschriften festgelegt werden. Ähnliche gesetzliche Grundlagen bestehen auch in anderen sozialistischen Staaten.

Der Unfallschutz in der Bundesrepublik Deutschland basiert im wesentlichen auf der *Bundesgewerbeordnung*[1]), insbesondere auf den §§ 16 bis 18, 24 und 120a ff. Obgleich die Bundesregierung nach Art. 74 des Grundgesetzes im Prinzip die Möglichkeit hat, zentrale Regelungen für den Unfallschutz zu erlassen, werden die notwendigen Festlegungen im allge-

---

[1]) auf der Basis der Gewerbeordnung vom 21.6.1869; Neufassung vom 26.7.1900 in der z. Z. geltenden Fassung; vgl. BELDT, G.: Gewerbeordnung und gewerbliche Nebengesetze. Münster 1961. 910 S.

meinen von den Berufsgenossenschaften[1]), seltener auch von
den Gewerbeinspektionen bzw. Gewerbeaufsichtsämtern oder
der Polizei getroffen, die insbesondere *Merkblätter* und *Richtlinien* zu Fragen des Unfall- und Brandschutzes herausgeben.
Für den Bereich der Chemie ist das die Berufsgenossenschaft
der chemischen Industrie (Heidelberg); die Merkblätter sind
nur über den Verlag Chemie, Weinheim/Bergstr., erhältlich.
Sie umfassen auch den Schutz vor Berufserkrankungen mit
Ausnahme der gewerblichen Toxikologie, für die eigene gesetzliche Vorschriften bestehen (s. Abschnitt 4.4.2.). In den
meisten nichtsozialistischen Industriestaaten ist der Schutz vor
Arbeitsunfällen in ähnlicher Form geregelt.

Neben diesen amtlichen Publikationen befassen sich auch
eine Anzahl von Monographien entweder mit der allgemeinen
Technik des Arbeitsschutzes oder auch mit speziellen arbeits-
schutztechnischen Fragen der chemischen Industrie. Eine Zusammenstellung derartiger Werke enthält die *Arbeitsschutz-
bibliographie* von C. BESSER und S. HARTUNG, Berlin 1971,
230 S. Nachstehend werden jedoch noch einige einschlägige
Titel als Beispiele angegeben:

Atemschutz. 2. Aufl. Berlin 1971. 64 S.

HAASE, H.: Statische Elektrizität als Gefahr. 2. Aufl. Wein-
heim/Bergstr. 1972. 130 S.

PESTER, J.; BÜNGENER, H.: Explosionsschutz. Leipzig 1969.
122 S.

PRAUSE, H.-J.: Arbeitsschutztechnisches Auskunftsbuch. Bd.
1–2. 4. Aufl. Berlin 1967–71. 734 S.

PRAUSE, H.-J.: Die Arbeitsschutztechnik bei der Herstellung
und Verarbeitung chemischer Erzeugnisse. Berlin 1959.
331 S.

Richtlinie zur Gewährleistung der Schutzgüte im Bereich des
Ministeriums für Chemische Industrie. Dresden 1970. 59 S.

SCHEICHL, L.: Brandlehre und chemischer Brandschutz. 2.
Aufl. Heidelberg 1958. 424 S.

---

[1]) entsprechend der „Reichsversicherungsordnung" vom 19. 7.
1911, §§ 712, 714, 719 f.; Neufassung vom 30. 4. 1963 als
„Unfallversicherungsneuregelungsgesetz", BGBl. I (**1963**) 23,
S. 241. §§ 712, 714, 719 f.

Sicherheit im Chemiebetrieb. Hrsg.: M. GUTTER u. a. 2.
   Aufl. Düsseldorf 1955. 507 S.
Sicherheitsfibel Chemie. Karlsruhe 1972. Ringordner, 160 S.

Spezielle Probleme des Arbeitsschutzes werden in einer von
der Abteilung Arbeitsschutz des FDGB herausgegebenen
Schriftenreihe Arbeitsschutz (bisher über 30 Titel) behandelt.
In der Bundesrepublik Deutschland sind solche Probleme in
der *Schriftenreihe der Deutschen Gesellschaft für Arbeitsschutz* (Frankfurt/Main 1970 ff., bisher 5 Hefte) bzw. in den
Verhandlungen der Deutschen Gesellschaft für Arbeitsschutz
(Bd. 1–10, Darmstadt 1953–1969) diskutiert. Für den Unfallschutz im chemischen Labor wird außerdem auf die Labora-
toriums- und Praktikumsbücher (s. Abschnitte 3.1.1. und
3.3.1.) sowie auf Band I/2 der 4. Auflage des HOUBEN-
WEYL (s. Abschnitt 3.2.1.), für die Verhütung und Behandlung von Vergiftungen auf die toxikologische Literatur (s.
Abschnitt 4.4.2.) verwiesen.

Auch der *Umweltschutz* besitzt eine juristisch-gesellschaft-
liche und eine technische Komponente, die bei der Realisie-
rung entsprechender Maßnahmen zusammenwirken müssen.
In der DDR ist durch eine entsprechende Gesetzgebung, insbesondere durch das „Gesetz über die planmäßige Gestaltung
der sozialistischen Landeskultur in der DDR *(Landeskultur-
gesetz)"* [42], die gesetzliche Grundlage für einen planmäßi-
gen und wirkungsvollen Schutz der Umwelt geschaffen worden. Daneben sind für die chemische Industrie besonders das
„Gesetz über den Schutz vor Hochwassergefahren *(Wasser-
gesetz)"* [43], die AO *Abwassereinleitungsbedingungen* [44]
und die 5. DVO (= Durchführungsverordnung) zum Landes-
kulturgesetz *(Reinhaltung der Luft)* [45] von besonderer
Wichtigkeit. Auch in den anderen sozialistischen Staaten ist
der Umweltschutz zentral geregelt, und darüber hinaus ist im
Komplexprogramm des RGW die gemeinsame Ausarbeitung
von Maßnahmen zum Schutz der Umwelt vorgesehen, zu
deren besserer Koordinierung ein Rat für Fragen des Umweltschutzes gebildet wurde.

Demgegenüber bestehen zu Fragen des Umweltschutzes in
den nichtsozialistischen Staaten im allgemeinen nur Rahmen-

bestimmungen, die durch regionale Verordnungen und Richtlinien nichtstaatlicher Organisationen ergänzt werden. Dadurch wird die internationale Zusammenarbeit, die allein eine dauernde und umfassende Lösung der Umweltprobleme gewährleisten kann, stark erschwert. In der Bundesrepublik Deutschland etwa sind neben der oben bereits erwähnten Gewerbeordnung, dem „Abfall-Gesetz" und dem „Gesetz zur Ordnung des Wasserhaushaltes" [46] verschiedene Gesetze der Bundesländer sowie die einschlägigen VDI-Richtlinien und DIN-Vorschriften heranzuziehen [47]. Durch eine 1972 verabschiedete Grundgesetzänderung wurde dem Bund die zentrale und volle Zuständigkeit auf dem Gebiet der Luftreinhaltung, der Lärmbekämpfung und der Abfallbeseitigung zugewiesen. Ein Bundes-Umweltschutzgesetz wird vorbereitet. Als internationale Vereinbarung ist die Europäische Wasser-Charta des Europa-Rates zu erwähnen. Eine Dokumentation und Faktensammlung zu diesem Gebiet ist:

MOLL, W. L. H.: Taschenbuch für Umweltschutz.
  Bd. 1: Chemische und technologische Informationen.
    Darmstadt 1973. 237 S.
  Bd. 2: Biologische und ökologische Informationen.
    Darmstadt 1975 (in Vorbereitung).

Mit speziellen technischen Problemen des Umweltschutzes beschäftigen sich zahlreiche Monographien. Nachstehend dafür einige Beispiele:

CZENSNY, R.: Wasser,- Abwasser- und Fischereichemie. 2. Aufl. Leipzig 1961. 429 S.
Deutsche Einheitsverfahren zur Wasser-, Abwasser- und Schlammuntersuchung. Hrsg. von der Fachgruppe Wasserchemie der GDCh. 3. Aufl. Weinheim/Bergstr. 1960–1963. (Loseblattsammlung; bisher 6 Lieferungen; 534 S.)
Die Verunreinigung der Luft. Hrsg.: WHO. Weinheim/Bergstraße 1964. 480 S.
DIN-Taschenbuch Nr. 13 (Wasser und Abwasser). 3. Aufl. Berlin/Köln 1972. 436 S.
ORTLER, W.; KADNER, W.: Abwasserreinigung. 2. Aufl. Berlin 1958. 180 S.

RAUBALL, R.: Umweltschutz. Berlin/New York 1972. 267 S.
(Sammlung von Dokumenten).

Von der Kammer der Technik und der Brennstofftechnischen
Gesellschaft der DDR wird seit 1972 im VEB Deutscher Verlag für Grundstoffindustrie (Leipzig) gemeinsam die Schriftenreihe *Technik und Umweltschutz* herausgegeben.

3.4.9. Zeitschriften und Referateorgane der chemischen Technologie

Fachzeitschriften, die sich vorwiegend oder ausschließlich mit
chemischer Verfahrenstechnik beschäftigen, sind außerordentlich zahlreich; es mag daher genügen, einige Beispiele anzuführen. Die allgemeinsten und wichtigsten Zeitschriften in
deutscher Sprache sind *Chemische Technik* (Leipzig), *Chemie-
Ingenieur-Technik* (Weinheim/Bergstr.), *Chemiker-Zeitung*
(Heidelberg), *Chemische Industrie* (Düsseldorf) und *Chemische Rundschau* (Solothurn). Dazu kommen in englischer
Sprache *British Chemical Engineering* (London), *Chemical
Engineering* (New York), *Chemical and Engineering News*
(Washington), *Chemistry and Industry* (London) und *Industrial and Engineering Chemistry* (Washington) sowie in russischer Sprache *Žurnal prikladnoj chimii* (Moskau) und *Chimičeskaja promyšlennost'* (Moskau). Zu diesen Zeitschriften,
die Arbeiten aus der gesamten allgemeinen und speziellen
Verfahrenstechnik aufnehmen, tritt die vielfache Anzahl von
Zeitschriften über Sondergebiete, wie z. B. *Keramische Zeitschrift, Pulp and Paper, Koks i chimija*. Fast alle enthalten
neben Originalarbeiten und Übersichten auch Auswahlreferate
oder Kurznachrichten über den neuesten Stand der Technik.

Referate über verfahrenstechnische Arbeiten finden sich am
vollständigsten in den großen Referateorganen (s. Abschnitt
3.5.2.); die Schnellinformationsdienste (s. Abschnitt 5.7.) nehmen sie nur innerhalb des gebotenen Rahmens auf. Für sonstige technische Fragen besteht für den deutschen Sprachraum
ein *Technisches Zentralblatt*, das Referate aus überwiegend
nicht direkt mit Chemie zusammenhängenden Gebieten der

Technik bringt, von denen jedoch einige, wie Kraftmaschinenwesen und Regelungstechnik, auch für den Verfahrenstechniker von Interesse sind. Daneben existiert seit 1955 noch ein spezielles Referateorgan, das sich aus einer betriebseigenen Einrichtung der Bayer-Werke Leverkusen entwickelt hat, nämlich die *Verfahrenstechnischen Berichte* (Weinheim/Bergstr.). Es erscheint monatlich in 3 bis 5 Lieferungen, kann wahlweise in Heft- oder Karteiform bezogen werden, bevorzugt apparatekundliche Arbeiten und bringt von diesen teils nur die Titel, teils auch Kurzreferate. Je nach ihrer hauptsächlichen Bedeutung für Betrieb, Labor oder Theorie werden sie mit B, L oder T gezeichnet; ein Jahressachregister führt außerdem die DK-Zahlen an.

Von den fremdsprachigen Referateorganen, die sich ausschließlich oder überwiegend mit chemischer Technologie befassen, besitzt überregionale Bedeutung vor allem *The Engineering Index* (New York), der bereits seit 1884 monatlich mit jährlich kumulierenden Registern erscheint. Er enthält annotierte Referate aus rund 1 400 vorzugsweise englischsprachigen Zeitschriften, die durch Haupt- und Nebenüberschriften sowie nach dem Prinzip der Sach-Prozeß-Spezifikation (thing-process breakdown) geordnet sind. Ausnahmen werden bei Beziehungen gemacht, in denen der Prozeß dominiert (z. B. Materialbehandlung, Schmierung, Klimatisierung u. ä.). Ähnlich aufgebaut ist das von R. PURDY und E. TOOM herausgegebene Referatewerk *Applied Science & Technology* (New York). Es wertet jedoch nur etwa 200 ausschließlich englischsprachige Zeitschriften aus.

Für Dokumentationsdienste der Verfahrenstechnik sei auf Abschnitt 5.7. verwiesen; dort wird auch der DECHEMA-*Literatur-Schnelldienst* behandelt. Erwähnt werden soll jedoch noch eine im Jahre 1952 begonnene Reihe von Fortschrittsberichten, die von H. MIESSNER unter dem Titel *Fortschritte der Verfahrenstechnik* (Weinheim/Bergstr.) herausgegeben wird. Alle 2 Jahre erscheint ein Band, der die Hauptpunkte der verfahrenstechnischen Entwicklung in zusammenfassenden, geschlossenen Darstellungen behandelt. Daher stellt diese Folge ein ausgezeichnetes Nachschlagewerk dar, das die bekannten Handbücher an Aktualität übertrifft.

3.5. Die Bibliographie eines Stoffes oder Sachverhaltes

Die Anwendung der bisher besprochenen Maßnahmen zum Auffinden einer Literaturstelle bleibt erfolglos, wenn es sich um eine seltene und ausgefallene Verbindung handelt; sie ist sogar verfehlt, wenn es darum geht, sich Aufschluß zu verschaffen, ob und wo eine fragliche Verbindung überhaupt beschrieben ist. Dies ist eine Frage, die in der Chemie häufig gestellt wird, z. B. für den Nachweis, eine Verbindung erstmalig hergestellt zu haben. Daneben ist es vor allem in der Technik oft nötig, sich über sämtliche bisher bekannten Eigenschaften eines Stoffes zu unterrichten, die Erfahrungen mit allen bekannten Darstellungsverfahren gegeneinander abzuwägen und Schlüsse aus den bisher bekannten Reaktionen zu ziehen. In solchen Fällen muß sich der Chemiker an Hand der systematischen Handbücher und von Referateorganen eine vollständige Bibliographie des betreffenden Stoffes erarbeiten, die möglichst von seiner Entdeckung bis zum gegenwärtigen Zeitpunkt reicht. Selbst das Fehlen einer Verbindung in neuen und umfangreichen Sammelreferaten oder Monographien sagt nichts über ihre Nichtexistenz aus, obgleich jeder Autor eines solchen Artikels nach größtmöglicher Vollständigkeit streben wird; nichts enthebt daher den Chemiker der eigenen Arbeit mit der Primärliteratur. Dies gilt sinngemäß für Sachverhalte.

3.5.1. Systematische Handbücher

Sowohl in der anorganischen als auch in der organischen Chemie existieren umfangreiche Handbücher, die den Stoff ihres Gebietes in systematischer Ordnung enthalten, d. h. so, daß sie prinzipiell auch ohne Register benutzbar sind. Eigentlich sind sie sogar für eine Benutzung ohne Verwendung eines Registers gedacht, da auch das beste Register durch Mehrdeutigkeiten in der Nomenklatur oder durch Druckfehler in seinem Wert beeinträchtigt werden kann. Natürlich müssen diese Systeme so beschaffen sein, daß sie für alle etwa noch hinzukommenden Verbindungen aufnahmefähig sind. Damit gestatten sie gleichzeitig eine endgültige Aussage darüber, daß eine Verbindung innerhalb des bearbeiteten Zeitraumes nicht beschrieben ist, wenn sie an der im System für sie vorgesehenen Stelle nicht verzeichnet ist. Diese *systematischen Handbücher* (russ. stolovaja kniga, engl. treatise) sind daher das Rückgrat der Literaturarbeit.

Das wichtigste systematische Handbuch des Anorganikers ist GMELINs *Handbuch der anorganischen Chemie*, 8. Aufl., Weinheim/Bergstr. 1924 ff. (jetzt: Berlin/Heidelberg/New York). Das Hauptwerk, dessen Herausgabe noch nicht völlig abgeschlossen ist, umfaßt 71 Bände (meist in mehreren Teilen), die durch Ergänzungsbände mit „offenem" Literaturschluß-Termin auf den jeweils neuesten Stand gebracht werden. Dadurch ist der überwiegende Teil des Werkes äußerst aktuell.

Gemäß dem zugrunde liegenden System[1] erhält jeweils ein Element oder eine eng zusammengehörende Gruppe von Elementen eine Systemnummer, die also nicht mit der Ordnungszahl identisch ist. Die Systemnummern folgen so aufeinander, daß die Anionenbildner vor den Kationenbildnern stehen. Dadurch wird erreicht, daß bei jeder Systemnummer die charakteristischen Verbindungen des betreffenden Elementes mit beschrieben werden können. Dieses System möge durch folgende Beispiele charakterisiert werden: Edelgase 1, Wasserstoff 2, Sauerstoff 3, Stickstoff 4, Fluor 5, Chlor 6, Schwefel 9, Natrium 21, Ammonium 23, Zink 32, Seltene Erden 39, Titan 41, Eisen 59, Transurane 71.

Für die Anordnung des Stoffes innerhalb der einzelnen Bände gilt das in der chemischen Literatur durchgehend beachtete und grundlegend wichtige *Prinzip der letzten Stelle*,

---

[1]   Vgl. hierzu: Systematik der Sachverhalte (deutsch-engl.). Lieferung 1: Klassifikation der Sachverhalte aus dem Bereich der anorganischen Chemie und ihrer Grenzgebiete (mit Schlüsselzahlen für automatische Dokumentationsverfahren). Weinheim/Bergstr. 1957. 130 S.; Lieferung 2: Alphabetische Folge zur Systematik der Sachverhalte. Weinheim/Bergstr. 1959. 113 S. (Nachdruck 1966).

d. h., jede Verbindung wird dort aufgeführt, wo sie dem System nach zum letzten Mal in Erscheinung treten könnte. Dadurch wird die Bearbeitung erleichtert und der Systemort eindeutig festgelegt. Der Band mit der Systemnummer n enthält daher alle Verbindungen dieses Elementes mit allen in der Tabelle davorstehenden Elementen, also den Elementen mit den Systemnummern 1 bis $(n-1)$. Der Band 59 enthält z. B. alle Verbindungen des Eisens mit den Elementen 1 (Edelgase) bis 58 (Kobalt); die Zinktitanate stehen nicht in Band 32, sondern in Band 41 usw.

Besteht eine Verbindung aus 3 oder mehr Elementen, so ist sie innerhalb des Bandes mit der höchsten beteiligten Systemnummer bei dem Partner mit der nächstniedrigeren Systemnummer zu finden. Beispielsweise steht Eisensulfat im Band 59 (Eisen) unter „Eisen und Schwefel"; Rubidiumchlorbromide sind im Band 24 (Rubidium) unter „Rubidium und Brom" zu finden. Addenden sind für die Einordnung einer Verbindung nicht maßgebend. So steht $FeBr_2 \cdot 4\ C_5H_5N$ bei den Additionsverbindungen des $FeBr_2$, nicht unter „Eisen und Kohlenstoff". Dagegen ist das Pyridiniumeisen(III)-bromid $C_5H_6N[FeBr_2]$ als ammoniumartige Verbindung im Kapitel „Eisen und Ammonium" unter „Eisen und organische Stickstoffbasen" nachzusehen. Über chemische Reaktionen ist bei allen Reaktionsteilnehmern und beim Reaktionsprodukt nachzuschlagen.

Falls es der Umfang eines Bandes erfordert, wird er in mehrere Teile gegliedert. Dabei, wie auch innerhalb ungeteilter Bände, wird folgende Aufteilung bevorzugt:

A. Geschichtliches, Vorkommen, Aufbereitung, Metallurgie bzw. Technologie, Eigenschaften des Elementes, Analyse, Legierungen
B. Verbindungen des Elementes.

Im übrigen enthält jeder Band ein ausführliches Inhaltsverzeichnis, so daß Register unnötig werden.

Die Nomenklatur stimmt mit den internationalen Festlegungen überein, jedoch ist nicht bei allen Verbindungen ein spezifischer Name angegeben. Über die verwendeten Abkürzungen, Zeichen für Einheiten und Formeln unterrichtet ein

Sonderband, der außerdem ein ursprünglich nur für den Dienstgebrauch des GMELIN-Institutes entwickeltes Verschlüsselungssystem für anorganisch-chemische Literaturangaben nach der Dezimalklassifikation enthält.[1]

Das englische Gegenstück zum GMELIN ist MELLORs *Comprehensive Treatise on Inorganic Chemistry*, London 1922 bis 1937. Es umfaßt 16 Bände, deren Inhalt im wesentlichen nach dem Periodensystem geordnet ist. Der erste Band enthält allgemein-chemische Angaben sowie die Chemie des Wasserstoffs und Sauerstoffs; der zweite Band vor der ersten noch die siebente Hauptgruppe, also Halogene und Alkalimetalle. Die einzelnen Elemente sind in der Art selbständiger Monographien abgehandelt; nach Geschichte, Darstellung und Eigenschaften werden die Hydride, Oxide, Halogenide, Sulfide, Sulfate, Carbonate, Nitrate und Phosphate besprochen. Verbindungen mit Elementen wie Kohlenstoff, Arsen und Silicium werden dagegen bei diesen Elementen abgehandelt. Das Prinzip der letzten Stelle ist also beachtet, aber nicht streng eingehalten. Die Literaturzitate sind am Schluß eines jeden Abschnittes zusammengefaßt; dabei sind Veröffentlichungen zum gleichen Gegenstand unter gleichen Nummern zusammengefaßt, die im Text gewöhnlich nur einmal erwähnt werden. Der Literaturschluß-Termin ist nicht genau angegeben, jedoch dürfte er für alle Bände verschieden sein und für die frühesten Bände im Januar 1921 liegen, so daß das Werk die anorganisch-chemische Literatur mindestens bis zum Jahre 1920 einschließlich umfaßt. Jeder Band besitzt ein eigenes Sachregister, Band 16 enthält außerdem ein Generalsachregister. Ab 1956 erscheinen zu den einzelnen Bänden Ergänzungsbände, die die Literatur seit dem Erscheinen des Hauptwerkes umfassen; sie sind ebenso aufgebaut wie die Bände des Hauptwerkes.

Neben diesen beiden Standardwerken spielen andere Handbücher im deutschen Sprachraum praktisch kaum eine Rolle. Zu nennen wären jedoch noch:

ABEGG, R.: Handbuch der anorganischen Chemie. Leipzig 1905 bis 1939. (4 Bände in 14 Teilen, davon Teil 14 nicht

---

[1] Siehe Fußnote 1, S. 117.

erschienen; kritische Literaturauswahl macht das Werk weniger umfassend als die vorhergehenden, trotzdem ist es wegen seiner vorzüglichen Anlage auch heute noch wertvoll.)

PASCAL, P: Nouveau traité de chimie minérale. 2. Aufl. Paris 1956 ff. (20 Bände, davon Band 1 über allgemeine Chemie, Luft, Wasser, Wasserstoff und Edelgase; Band 20 über Metall-Legierungen; nach dem Periodensystem geordnet.)

SNEED, M. C.; MAYNARD, J. L.; BRASTED, R. C.: Comprehensive Inorganic Chemistry. Princeton 1953 ff. (angelegt auf 11 Bände, davon Band 1 über allgemein-chemische Probleme; im wesentlichen nach dem Periodensystem geordnet.)

Die Literatur auf dem Gebiet der organischen Chemie beherrscht F. BEILSTEINs *Handbuch der Organischen Chemie,* 4. Auflage, Berlin 1910–1940. Die 4. Auflage stellt das sogenannte Hauptwerk in Stärke von 28 Text- und 4 Registerbänden dar, das die Literatur über sämtliche bis zum Jahre 1909 bekannt gewordenen organischen Verbindungen umfaßt. Dazu kommen Ergänzungswerke, von denen die beiden ersten die Literatur der Jahre 1910 bis 1919 bzw. 1920 bis 1929 enthalten. Das dritte Ergänzungswerk, das die Literatur der Jahre 1930 bis 1949 umfaßt, ist noch nicht abgeschlossen, während das vierte Ergänzungswerk für die Jahre 1950 bis 1959 bereits zu erscheinen begonnen hat. Die Ergänzungswerke besitzen nur 27 Textbände, da für den Band 28 des Hauptwerkes, der Angaben über Naturstoffe mit ungeklärter Konstitution enthielt, ab 1910 keine Notwendigkeit mehr bestand. Jeweils nach Abschluß eines Ergänzungswerkes erscheinen neue Sach- und Formelregister für das gesamte Werk.

Das dem Handbuch zugrunde liegende System wird zwar im ersten Band des Hauptwerkes (S. 1–46 und XXXI–XXXV) sowie in einer besonderen Veröffentlichung [48] beschrieben, soll aber trotzdem in seinen Grundzügen sowie in einigen Punkten, die erfahrungsgemäß leicht übersehen werden, nachstehend behandelt werden. Es beruht auf einer Ordnung der organischen Verbindungen nach ihrem Kohlenstoffskelett und den vorhandenen „funktionellen Gruppen". Nach dem Kohlenstoffskelett sind zunächst 3 Hauptabteilungen zu unterscheiden, nämlich

a) Verbindungen, die nur Kohlenstoffketten enthalten (acyclische oder aliphatische Verbindungen; Bd. 1–4);
b) Verbindungen, die Kohlenstoffringe enthalten (isocyclische Verbindungen; Bd. 5–21);
c) ringförmige Verbindungen, in denen außer Kohlenstoff noch andere Atome als Ringglieder in homöopolarer Bindungen auftreten (heterocyclische Verbindungen; Bd. 22–27).

Jede dieser Hauptabteilungen wird nach funktionellen Gruppen in 28 Hauptklassen unterteilt. Als funktionelle Gruppen sind vor allem solche Gruppierungen zu verstehen, die – zumindest hypothetisch – mit sauerstoffhaltigen Verbindungen unter Austritt von Wasser reagieren und durch Hydrolyse nicht in einfachere Verbindungen zerlegt werden können. So gilt die Diazogruppe als funktionell, weil man sich die Diazoamidoverbindungen R–N=N–NHR' und auch die Azoverbindungen R–N=N–R' durch Reaktion von Diazohydroxiden R–N=N–OH mit Aminen NH_2R' bzw. Kohlenwasserstoffen HR' entstanden denken kann. Nicht als funktionell angesehen wird dagegen die Nitrogruppe, weil sich von ihr keine Derivate ableiten. Ebenso rechnet die Carbamidgruppe nicht zu den funktionellen Gruppen, obgleich man Verbindungen wie die Imidschwefelsäuren durchaus als Derivate der Amide auffassen kann, weil sie sich durch Hydrolyse in Carbonsäuren und Ammoniak zerlegen lassen. Einige Gruppierungen mußten jedoch als funktionell in das System aufgenommen werden, obgleich diese Definition – strenggenommen – auf sie nicht zutrifft, z. B. die Azogruppe und die metall-organischen Verbindungen.

Über die funktionellen Gruppen im Sinne des BEILSTEIN-Systems und ihre Reihenfolge gibt daher am besten die Liste der Hauptklassen Auskunft. Sie beginnt mit den „Stammkernen", d. h. den Kohlenwasserstoffen und denjenigen heterocyclischen Verbindungen, die außer den Ringatomen nur C und H enthalten. Darauf folgen Hydroxyverbindungen, Oxoverbindungen, Carbonsäuren, Sulfin- und Sulfonsäuren,

Selenin- und Selenonsäuren, Amine, Hydroxylamine, Azoverbindungen, Hydroxyhydrazine, Diazoverbindungen, Stoffe mit anderen stickstoffhaltigen Gruppen und schließlich Verbindungen mit direkter Bindung von Kohlenstoff an Elemente, die bisher weder als Substituenten noch in funktionellen Gruppen vorgekommen sind.

Innerhalb der Hauptklassen wird bei den aliphatischen und isocyclischen Stammkernen eine Unterteilung nach abnehmendem Sättigungsgrad vorgenommen, d. h. in der Reihenfolge C_nH_{2n+2}, C_nH_{2n}, C_nH_{2n-2} usw. Innerhalb des gleichen Sättigungsgrades wird nach steigender Anzahl der C-Atome geordnet. Bei heterocyclischen Stammkernen wird die Reihenfolge durch die Anzahl der Heteroatome bestimmt, wobei Verbindungen, die ein oder mehrere O-Atome im Ring enthalten, vor Verbindungen mit N-Atomen und diese vor Verbindungen mit O und N als Heteroatomen stehen. Bei Verbindungen mit funktionellen Gruppen werden zuerst die Verbindungen behandelt, welche nur die für die Hauptklasse charakteristische Gruppe einmal bzw. mehrere Male enthalten; dann werden der Reihe nach alle bereits früher behandelten funktionellen Gruppen hinzugenommen, und zwar die Stickstoff-Funktionen nach steigender Anzahl, die Sauerstoff-Funktionen nach steigendem Sauerstoffgesamtgehalt. So folgen z. B. auf die Mono- und Polyamine die Monoamino-mono- und -polycarbonsäuren, Monoamino-hydroxycarbonsäuren mit insgesamt 3 O, mit 4 O usw., Monoamino-oxocarbonsäuren mit 3 O, mit 4 O usw., Monoamino-hydroxyoxocarbonsäuren mit 4 O, mit 5 O usw., Diamino-mono-carbonsäuren usw. und schließlich die Aminosulfonsäuren, Alkylhydroxylamine und Hydroxylaminosäuren.

Alle bisher genannten Verbindungen werden als „Muttersubstanzen" bezeichnet, da sie sich nicht durch Hydrolysen in einfachere Verbindungen zerlegen lassen. Von ihnen leiten sich 2 Arten von Derivaten ab, nämlich die funktionellen Derivate, bei denen die funktionelle Gruppe der Muttersubstanz mit einem organischen oder anorganischen Stoff, der sogenannten Kupplungsverbindung, unter Wasseraustritt reagiert hat, und die Substitutionsprodukte, bei denen ein H-Atom der

Muttersubstanz durch ein Halogenatom oder eine Nitroso-, Nitro- oder Azogruppe, also durch nichtfunktionelle Gruppierungen, ersetzt ist. Die funktionellen Derivate mit organischen Kupplungsverbindungen folgen so aufeinander, wie es der systematischen Anordnung der Kupplungsverbindungen entspricht. Danach stehen Derivate mit anorganischen Kupplungsverbindungen in der Reihenfolge H_2O_2, Sauerstoffsäuren (HOCl, HOBr, H_2SO_4, HNO_2, HNO_3, H_3PO_4), Halogenwasserstoffe (HCl, HBr, HJ) und Stickstoffverbindungen (NH_2, NH_2OH, N_2H_4, N_3H. Auf die funktionellen Derivate folgen Substitutionsprodukte in der Ordnung F, Cl, Br, J, NO, NO_2, N_3. Schließlich muß noch erwähnt werden, daß Schwefelverbindungen, die am Schwefelatom keinen Sauerstoff tragen, als sogenannte Schwefelanaloga der entsprechenden sauerstoffhaltigen Muttersubstanzen aufgefaßt und daher im Anschluß an deren Substitutionsprodukte eingeordnet werden. Selen- und tellurhaltige Verbindungen der gleichen Konstitution werden anschließend an die Schwefelverbindungen behandelt.

Derivate, die auf mehr als eine der im vorstehenden Abschnitt beschriebenen Arten abgewandelt worden sind, werden, wie schon bei anderen Werken mehrfach erwähnt, an der letzten in Frage kommenden Stelle des Systems eingeordnet. So findet man Chloressigsäuremethylester nicht bei Essigsäuremethylester, sondern bei Chloressigsäure, also unter den Substitutionsprodukten der Essigsäure; p-Brom-thioanisol aber nicht bei p-Brom-anisol, sondern bei Thioanisol, also unter den funktionellen Derivaten des Thiophenols als dem Schwefelanalogon des Phenols. Besonders wichtig ist in diesem Zusammenhang der Hinweis, daß sämtliche Pikrate aliphatischer Verbindungen unter Pikrinsäure, also bei den Substitutionsprodukten des Phenols, zu suchen sind. Dagegen werden cyclische Lactone, Hydrazide, Äther usw., wie Cumarin, Luminol und Dioxan, zu den Heterocyclen gerechnet.

Salze aus anorganischen Basen und einer organischen Säure werden im wesentlichen nach steigender Hauptgruppennummer des Kations geordnet. Scheinbar cyclische Salze, wie die komplexen Nickeldithiooxalate (s. S. 124).

$$K_2 \left[\begin{array}{c} CO-S \\ | \\ CO-S \end{array} \!\!\! \diagdown \!\! Ni \!\! \diagup \!\!\! \begin{array}{c} S-CO \\ | \\ S-CO \end{array} \right],$$

werden jedoch nicht als Heterocyclen, sondern als Salze der entsprechenden Säuren angesehen, weil heterocyclische Ringe nur homöopolare Bindungen enthalten dürfen. Aus dem gleichen Grund werden auch Betaine nicht als Heterocyclen angesehen.

Stehen mehrere Funktionen am gleichen Kohlenstoffatom, so werden sie zunächst durch Hydroxygruppen ersetzt, und dann wird so oft wie möglich Wasser abgespalten. So erhält man aus Orthoessigester

$$CH_3-C\!\!\diagup^{OC_2H_5}_{\diagdown OC_2H_5}_{OC_2H_5} \qquad \text{zunächst} \qquad CH_3-C\!\!\diagup^{OH}_{\diagdown OH}_{OH}$$

und schließlich CH_3COOH; aus Cyansäure $N{=}C{-}OH$ zunächst $C(OH)_4$ und dann

$$O{=}C\!\!\diagup^{OH}_{\diagdown OH},$$

also stets Carbonsäuren oder Oxoverbindungen. Dieses Verfahren entspricht am besten den chemischen Verwandtschaftsverhältnissen. Stickstoff, Schwefel und Jod in höheren Valenzstufen gelten als funktionelle Derivate der entsprechenden niederen Valenzstufen, z. B. $(CH_3)_4N{-}OH$ und $(CH_3)_3S{-}OH$ als funktionelle Derivate von $CH_3{-}NH_2$ bzw. $CH_3{-}SH$. Sulfoxide und Sulfone folgen unmittelbar den Thioäthern, stehen also noch vor den Sulfoniumverbindungen. Ebenso sind Jodoso-, Jodo- und Jodoniumverbindungen an die entsprechenden Jodderivate angeschlossen.

Desmotrope Verbindungen, d. h. Stoffe, deren tautomere Formen isolierbar sind (z. B. Acetessigester), werden an beiden möglichen Stellen des Systems registriert, jedoch willkürlich nur an einer beschrieben. Die andere Systemstelle enthält dann außer Name und Formel nur einen Hinweis auf die Stelle, welche die Beschreibung enthält, den sogenannten Registerort. Ausgenommen sind Salze, die an ihre Grundverbindung auch dann angeschlossen werden, wenn sie sicher eine andere Konstitution als diese besitzen.

Ist die Formel einer Verbindung auf Grund neuer Forschungen innerhalb des vom Hauptwerk oder einem Ergänzungswerk erfaßten Zeitraumes berichtigt worden, so ist sie nach dieser Formel eingeordnet. Ist die neue Formel erst im Bearbeitungszeitraum, d. h. der Zeit zwischen Literaturschluß-Termin und Erscheinen des Bandes aufgestellt worden, so kann die Verbindung trotzdem bereits nach dieser eingeordnet sein. Ist die vorgeschlagene Formel vom heutigen Standpunkt unglaubwürdig, eine bessere aber nicht bekannt, so ist die betreffende Substanz als „Umwandlungsprodukt" bei einem ihrer Ausgangsprodukte abgehandelt.

Wie sucht man also eine Verbindung im BEILSTEIN? Nach Möglichkeit mit Hilfe des Systems, indem man etwaige Substituenten durch H, nichtfunktionellen Schwefel durch O ersetzt, an alle übrigen Gruppierungen, soweit sie nicht bereits freie funktionelle Gruppen sind, Wasser so anlagert, daß OH an den Kohlenstoff und H an das Heteroatom tritt, und schließlich, wenn dies möglich ist, Wasser abspaltet. Dadurch erhält man die Muttersubstanz oder Registrierverbindung, die außer ihrem Grundgerüst nur noch freie funktionelle Gruppen enthält und deren Standort auf Grund dieser funktionellen Gruppen und der Anzahl ihrer C- und H-Atome entweder direkt aufgeschlagen oder mit Hilfe des am Anfang eines jeden Bandes stehenden Inhaltsverzeichnisses leicht ermittelt werden kann. Nur die Ermittlung des Standortes einer Verbindung mit Hilfe des Systems gibt einer Aussage über ihre Nichtexistenz wirkliche Gewähr und ist daher der Suche mit dem in jedem Band enthaltenen Sachregister bzw. dem Generalsach- oder -formelregister stets vorzuziehen, weil beide Register schon bei geringen Abweichungen in der Auffassung der Nomenklaturregeln den Benutzern Anlaß zu Irrtümern geben können. Im Text des Handbuches werden zwar für jede Verbindung mehrere (gewöhnlich 3) Namen angeführt, jedoch können diese nicht alle auch in die Register aufgenommen werden. Durch die Auswahl dieser Namen unter den möglichen trifft der BEILSTEIN gleichzeitig die letztgültige Entscheidung in Nomenklaturfragen und erfüllt außerdem die Funktion eines „chemischen Dudens". Von den angeführten Namen ist der jeweils erste nach Möglichkeit zu bevorzugen; nicht genannte Namen sind zu vermeiden.

Hat man den Registerort einer Verbindung im Hauptwerk oder einem der Ergänzungswerke festgestellt, so kann man ihn mit Hilfe der Systemnummer, die jede der 4 720 Registrierverbindungen des BEILSTEIN trägt, in jedem anderen Ergänzungswerk sofort aufschlagen. (Die 157 Registrierverbindungen mit unbekannter Struktur sind dabei nicht berücksichtigt.) Daneben trägt jede Seite eines Ergänzungswerkes außer ihrer eigenen Seitenzahl (rechts oben) noch die Zahl der inhaltlich entsprechenden Seite oder Seiten des Hauptwerkes (oben Mitte), so daß auch auf diese Weise entsprechende Stellen der Ergänzungsbände direkt aufgeschlagen werden können.

Bei der Beschreibung eines Stoffes wird folgende Anordnung eingehalten: Struktur, Konfiguration, Geschichtliches; Vorkommen, Bildung, Darstellung; Eigenschaften (Farbe, Kristallform, physikalische Konstanten); chemische Eigenschaften; physiologische Wirkung; Verwendung; analytische Angaben; Additionsverbindungen und Salze.

Das französische Gegenstück des BEILSTEIN ist das von V. GRIGNARD herausgegebene Werk *Traité de chimie organique,* Paris 1935ff., 23 Bände. Es ist im deutschen Sprachraum verhältnismäßig selten, weil die französische Sprache unter Chemikern weniger verbreitet ist als die englische und weil es keine vollständige, sondern eine kritische Literaturwiedergabe bezweckt. Dennoch ist es äußerst wertvoll, will man einen zusammenfassenden Überblick über eine ganze Stoffklasse erhalten. Für dieses Buch ist eigens ein Nomenklatursystem geschaffen worden, das im ersten Band erörtert wird; sein eigenartiges, teils auf den funktionellen Gruppen, teils auf der Struktur beruhendes Ordnungsprinzip geht am klarsten aus den nachstehend wiedergegebenen Bandinhalten hervor (in Klammern die Erscheinungsjahre):

Bd. 1: Analyse, Konstitution, Isomerie, Nomenklatur (1935)
Bd. 2: Optische und elektrische Eigenschaften, Reaktionsmechanismen (1936)

Bd. 3: **Aliphatische** und cyclische Kohlenwasserstoffe und deren Derivate (1935)

Bd. 4: Benzol und seine Derivate, Petroleum (1936)

Bd. 5: Alkohole, Äther, metallorganische Verbindungen (1937)

Bd. 6: Polyhydroxyverbindungen, Phenole, Thiole (1940)

Bd. 7: Aldehyde, Ketone (1950)

Bd. 8: Chinone und deren Derivate; Cellulose und Derivate (1938)

Bd. 9: Säuren und deren Derivate (1939)

Bd. 10: Aliphatische Di- und Polysäuren; S- und Se-Derivate (1939)

Bd. 11: Hydroxysäuren (1945)

Bd. 12: Amine, Aminoalkohole (1941)

Bd. 13: Aminosäuren, Amide, Nitrile (1941)

Bd. 14: Stickstoff-, Arsen-, Phosphor- und Siliciumverbindungen (1939)

Bd. 15: Azo- und Diazoverbindungen; Triazene, Hydrazine, Oxime (1948)

Bd. 16: Cyclische Komplexe; Öle, Harze, Sterine (1949)

Bd. 17: Cyclische Komplexe; Spirane (1949)

Bd. 18: Heterocyclische Verbindungen (1945)

Bd. 19: Pyrrole; Indigo (1942)

Bd. 20: Heterocyclische Verbindungen (1953)

Bd. 21: Heterocyclische Verbindungen (1953)

Bd. 22: Industrielle organische Synthesen, Farbstoffe, synthetische Hochpolymere, Gummi, Parfüme, Gärung, Chemotherapie (1953)

Bd. 23: Pyrimidine, Xanthine; Generalsachregister (1954).

Ein englischsprachiges Handbuch der organischen Chemie ist die von F. RADT herausgegebene *Elsevier's Encyclopedia of Organic Chemistry*, Amsterdam 1940 ff. Dieses Werk war ursprünglich als vollständige Literaturübersicht im Umfang von 20 Bänden geplant, hat aber nach dem Abschluß der nachstehend aufgeführten Bände sein Erscheinen eingestellt. Das zugrunde liegende System beruht auf den Strukturformeln, so daß die Chemie einer Verbindung und ihrer Derivate einen geschlossenen Abschnitt darstellt, an dessen Schluß die Literaturangaben stehen. Deshalb und wegen der stärkeren Berücksichtigung biochemischer Gesichtspunkte wird das Werk auch außerhalb des englischen Sprachkreises hoch geschätzt. Die erschienenen Bände (Erscheinungsjahr in Klammern) umfassen folgende Gebiete:

Bd. 12: Bicyclische Verbindungen (9 Teile, 1948–1954)
Bd. 13: Tricyclische Verbindungen (1946)
Bd. 14: Tetra- und polycyclische Verbindungen (1940; mit 8 Ergänzungsbänden 1951–1969).

Der Literaturschluß-Termin ist bei allen Bänden verschieden; die Bearbeitungszeiten sind relativ kurz.

3.5.2. Chemische Referateorgane

Wie sich aus dem vorhergehenden Abschnitt ergibt, liegen die Literaturschluß-Termine der systematischen Handbücher im allgemeinen etwa 10 Jahre zurück. Wegen ihres Umfanges können Handbücher auch nur in größeren Zeitabständen durch Ergänzungsbände auf einen neueren Stand gebracht werden. Es ist aber praktisch unmöglich, die Forschungsergebnisse des fehlenden Zeitraumes durch Studium der Originalzeitschriften zu erfassen, denn bereits das ständige Verfolgen sämtlicher Fachzeitschriften übersteigt die Kräfte eines einzelnen. Es wurden daher schon frühzeitig *Referatezeitschriften* (russ. referativnyj žurnal, engl. abstracting journal) geschaffen, die den Wissenschaftler durch Veröffentlichung kurzer Inhaltsangaben sämtlicher wissenschaftlicher Arbeiten über alle Neuerungen unterrichten. Diese informierenden Zeitschriften stellen damit eine laufende registrierende Wiedergabe der chemischen Literatur dar, die für die Bibliographie chemischer Stoffe und anderer Sachverhalte, wie Apparate oder Verfahren, von gleich hohem Wert ist.

CRANE und Mitarb. [49] forderten noch 1957 von der idealen Referatezeitschrift, daß sie „1. ihr Gebiet vollständig erfaßt, 2. gute Jahres- und Sammelregister veröffentlicht, 3. bei ihren Referaten eine hohe Qualität bewahrt und 4. ihren Arbeitsablauf zügig erhält. Alle diese Forderungen sind wichtig, aber Vollständigkeit und die Veröffentlichung guter Register werden als die bedeutungsvollsten angesehen".

Inzwischen hat sich jedoch erwiesen, daß es aus technischen und ökonomischen Gründen gegenwärtig unmöglich ist, alle diese Forderungen gleichzeitig zu erfüllen. Daher ist bei der Auswertung der chemischen Fachliteratur eine Entwicklung eingetreten, die größte Aktualität unter weitgehendem Verzicht auf die Vollständigkeit der Literaturerfassung und die Qualität der Referate zum Ziele hat. Als praktische Auswirkung haben mehrere „klassische" Referatezeitschriften ihr Erscheinen eingestellt, und zahlreiche fachlich spezialisierte Schnellinformationsorgane [50] sind neu entstanden. Auf diese und die damit zusammenhängenden Probleme wird später noch ausführlich eingegangen (s. Abschnitt 5.7.).

Von den Referateorganen im eigentlichen Sinn, die eine weitgehend vollständige Inhaltsangabe des gesamten in Zeitschriften enthaltenen chemischen Schrifttums anstreben, sind nur noch zwei erhalten geblieben, die *Chemical Abstracts* und das *Referativnyj Žurnal, Serija Chimija*. Da Referatezeitschriften für die rückwirkende Literaturauswertung nach wie vor eine große Bedeutung haben und wohl auch noch längere Zeit behalten werden, ist es gerechtfertigt, auf diese beiden Zeitschriften etwas ausführlicher einzugehen. Damit sollen gleichzeitig die nicht mehr erscheinenden, aber für viele Zwecke immer noch sehr wertvollen Referateorgane mit charakterisiert werden.

Die *Chemical Abstracts* (abgekürzt C. A.), die 1907 von der American Chemical Society in Fortsetzung der *Review of American Chemical Research* (1897–1906) gegründet wurden [51], erscheinen am 10. und 25. jedes Monats, wobei die beiden Dezemberausgaben die Jahresregister enthalten. Die Referate haben gegenüber dem Original eine durchschnittliche Verzögerung von einem viertel bis zu einem Jahr. Das alle 5 Jahre erscheinende Quellenverzeichnis [52], das allerdings auch nichtperiodische Quellen, wie Sitzungs- und Fortschrittsberichte, mit aufführt, umfaßt augenblicklich über 7 000 Namen. Damit sind die C. A. die Sekundärpublikation mit der derzeit größten Informationsbreite. Die Referate sind weitgehend vollständige Inhaltsangaben, machen jedoch den Rückgriff auf die

Originalpublikation meist nicht überflüssig. Die Lesbarkeit der Texte wird durch die Verwendung von nichtchemischen Abkürzungen für häufig vorkommende chemische Radikale (z. B. p-NO₂Ph für p-Nitro-phenyl-), selbst in den Namen von neuen Verbindungen, und durch den Verzicht auf die durchgehende Anführung von Namen zugunsten von auf Zeilenhöhe zusammengedrängten Konstitutionsformeln etwas beeinträchtigt.

Die Referate beginnen mit dem halbfett gedruckten Titel, darauf folgen Autor und Arbeitsort (normal), Quellenangabe (kursiv = schrägstehend) und Sprache des Originals. Namen im Text sind kursiv gedruckt, kommen aber nur selten vor.

Jedes Heft enthält auf römisch bezifferten Seiten das Inhaltsverzeichnis, Mitteilungen an die Bezieher (z. B. über Veröffentlichungen zur chemischen Nomenklatur), das Autoren- und das Patentregister sowie ein Abkürzungsverzeichnis. In neuerer Zeit besitzen die Hefte außerdem Stichwortregister („keyword index", erweitertes Schlagwortregister).

Die Anzahl der Abschnitte, in die die Referate unterteilt sind, ist 1962 von 31 auf 74 erhöht worden. Die Referate haben daher gegenwärtig folgende Einteilung:

1. Geschichte, Erziehung und Dokumentation
2. Analytische Chemie
3. Allgemeine physikalische Chemie
4. Oberflächenchemie und Kolloide
5. Katalyse und Reaktionskinetik
6. Phasengleichgewichte, chemische Gleichgewichte und Lösungen
7. Thermodynamik, Thermochemie und thermische Eigenschaften
8. Kristallisation und Kristallstruktur
9. Elektrische und magnetische Erscheinungen
10. Spektren und einige andere optische Eigenschaften
11. Strahlenchemie, Photochemie und photographische Prozesse
12. Atomkernphänomene
13. Kerntechnik
14. Anorganische Chemikalien und Reaktionen
15. Elektrochemie

16. Apparaturen, Fabrikeinrichtungen und Grundoperationen bzw. -reaktionen
17. Industrielle anorganische Chemikalien
18. Extraktive Metallurgie
19. Eisen und seine Legierungen
20. Nichteisenmetalle und ihre Legierungen
21. Keramik
22. Zement und Betonprodukte
23. Abwasser und Abfälle
24. Wasser
25. Mineralogische und geologische Chemie
26. Kohle und Kohleabkömmlinge
27. Erdöl, Erdölabkömmlinge und verwandte Produkte
28. Treib- und Explosivstoffe
29. Ätherische Öle und Kosmetika
30. Pharmazeutika
31. Allgemeine organische Chemie
32. Physikalische organische Chemie
33. Aliphatische Verbindungen
34. Acyclische Verbindungen
35. Nichtkondensierte aromatische Verbindungen
36. Kondensierte aromatische Verbindungen
37. Heterocyclische Verbindungen (mit einem Heteroatom)
38. Heterocyclische Verbindungen (mit mehr als einem Heteroatom)
39. Organometallverbindungen
40. Terpene
41. Alkaloide
42. Steroide
43. Kohlenhydrate
44. Aminosäuren, Peptide und Proteine
45. Synthetische Hochpolymere
46. Farbstoffe, optische Aufheller und Photosensibilisatoren
47. Textilien
48. Plasttechnologie
49. Elastomere einschließlich Naturgummi
50. Industrie der Kohlenhydrate
51. Zellulose, Lignin, Papier und andere Holzprodukte
52. Anstriche, Tinten und verwandte Produkte

53. Oberflächenaktive Stoffe und Detergentien
54. Fette und Wachse
55. Leder und verwandte Materialien
56. Allgemeine Biochemie
57. Enzyme
58. Hormone
59. Strahlenbiochemie
60. Biochemische Methoden
61. Biochemie der Pflanzen
62. Biochemie der Mikroben
63. Biochemie der Tiere (außer Säugetiere)
64. Tierernährung
65. Biochemie der Säugetiere
66. Pathologische Biochemie der Säugetiere
67. Immunochemie
68. Pharmazeutische Wirkstoffe
69. Toxikologie, Luftverunreinigung und Industriehygiene
70. Nahrungsmittel
71. Pflanzenwachstumsregulatoren
72. Pestizide
73. Düngemittel, Böden und Pflanzenernährung
74. Gärungsvorgänge.

Autoren-, Sach-, Formel- und Patentregister erschienen bis
1963 jährlich und als Zehnjahresregister (letztmalig 1947 bis
1956); seit 1962 werden sie halbjährlich herausgegeben, und
eine Patentkonkordanz ist hinzugekommen. Ein besonders
wertvolles Hifsmittel für den Organiker ist das 25-Jahres-
Formelregister 1921 bis 1946.

Seit 1963 erscheinen die C. A. außer in der vorstehend beschriebenen Gesamtausgabe noch in 4 getrennten Teilen für
physikalische, organische, makromolekulare und Biochemie.
Die sogenannten *Physical Chemistry Sections* enthalten die
Abschnitte 1 bis 14, schließen also einen Teil der analytischen
und anorganischen Chemie mit ein, die *Organic Chemistry
Sections* umfassen die Abschnitte 26 bis 38, die *Macromole-
cular Sections* die Abschnitte 37, 38 und 41 bis 50 und die
Biochemical Sections die Abschnitte 54 bis 73. Diese Teilausgaben besitzen Stichwortregister für die gesamten C. A., so

daß ein gewisser Überblick über die gesamte Chemie gewährleistet ist.

Seit 1934 erscheinen die *Chemical Abstracts* zweispaltig und
haben dann Spalten- statt Seitenzahlen. Zur schnelleren Auffindung der Referate sind die Spalten in 9 gleiche Abschnitte
unterteilt, die anfänglich mit Zahlen, später mit kleinen Buchstaben bezeichnet wurden. Diese treten im Register als Expo-
nenten in Erscheinung, in Sammelregistern auch für Bände,
die diese Einrichtung noch nicht im Druck enthalten. Für diese
Bände ist die Seitenhöhe natürlich zu schätzen. Für Abonnenten sind die kompletten C. A. auch auf Mikrofilm erhältlich.

Seit 1953 gibt das Allunionsinstitut für wissenschaftliche
und technische Information der Akademie der Wissenschaften
der UdSSR in Moskau (VINITI) 16[1]) Reihen von Referatezeitschriften für fast alle Gebiete der Wissenschaft heraus.
Es wertet Originalarbeiten aus 105 Staaten in 63 Sprachen aus.
Die chemische Referatezeitschrift trägt den Titel *Referativnyj
Žurnal, Serija Chimija* (abgek. Ref. Ž. chim.) und erscheint
zweimal monatlich seit Oktober 1953. Die beiden letzten Hefte
eines Jahres enthalten das Jahresautoren- und -patentregister,
und zwar sämtliche Autoren nach dem kyrillischen Alphabet
(nichtrussische Autoren transkribiert[2])) und nichtrussische
Autoren außerdem nach dem Alphabet ihrer Originalsprache
in der Reihenfolge lateinisch, armenisch, grusinisch, chinesisch,
japanisch, koreanisch und arabisch.

Die Zeitschrift erfaßt nicht nur Originalzeitschriften, sondern auch Bücher sowie teilweise Dissertationen und Zeitungs-
artikel; dafür fehlen zahlreiche Grenzgebiete der Chemie, die
allerdings, wie z. B. Biochemie, z. T. eigene Referateorgane
besitzen. Besonders schnell und vollständig im Vergleich zu
anderen Referatezeitschriften wird die chinesische Fachliteratur bearbeitet.

Die Referate erscheinen mit einem Abstand von durchschnittlich einem halben bis zu einem Jahr zum Original in

---

[1]) Zur Zeit sind es 21.
[2]) Zur Transkription von Eigennamen ins Russische vgl. STA-
ROSTIN, B. A.: Transkripcija sobstvennych imen. Moskau
1965.

zweispaltigem Druck und werden nicht nach Seitenzahlen, sondern nach Referatenummern registriert. Die Hefte sind daher einzeln paginiert. Namen und Strukturformeln werden meist durch auf Zeilenhöhe zusammengedrängte Konstitutionsformeln ersetzt. Jedes Referat beginnt mit einem eingerückten Titelkopf, der nach dem russischen Titel (halbfett) und dem Autor (halbfett gesperrt, nichtrussische Autoren transkribiert) bei nichtrussischen Originalen Titel und Autor (gesperrt) in der Sprache des Originals wiedergibt. Darauf folgt die Angabe der Quelle und der Sprache des Originals.

Die Referate sind in folgende Gruppen eingeteilt (Anzahl der Untergruppen in Klammern):

Allgemeine Fragen (2)
Physikalische Chemie (14)
Anorganische Chemie, Komplexverbindungen
Kosmoschemie, Geochemie, Hydrochemie
Organische Chemie (3)
Chemie hochmolekularer Stoffe
Analytische Chemie (3)
Einrichtung von Laboratorien, Geräte, ihre Theorie, Konstruktion und Anwendung
Chemische Technologie, chemische Erzeugnisse und ihre Anwendung (38)
Korrosion, Korrosionsschutz
Prozesse und Einrichtungen der chemichen Produktion (2)
Unfallschutz, sanitäre Technik
Bei der Redaktion eingegangene neue Bücher.

Eine Feinordnung der Referate ist äußerlich nicht erkennbar. Jedes Heft besitzt ein Autorenregister und ein Verzeichnis der Patentnehmer. Jährlich erscheinen außer den Jahresautoren- und -patentregistern noch Sach- und Formelregister.

Ähnlich im Aufbau und der Art der Referate ist das seit 1940 in Paris herausgegebene *Bulletin signalétique du centre de la recherche scientifique*, das anfangs unter dem Namen *Bulletin analytique* erschien. Er erfaßt nicht nur fast alle in der Welt erscheinenden Bücher und Zeitschriften, sondern auch Dissertationen französischer Universitäten und Berichte über wissenschaftliche Kongresse, davon europäische praktisch vollständig, und ist in 22 Teile gegliedert, die einzeln bezogen werden können. Für den Chemiker sind folgende Teile von Interesse:

6. Struktur der Materie (Kristallographie, Festkörperphysik, Strukturbestimmungsmethoden, Theorie der Aggregatzustände sowie Atom- und Molekülstrukturen)
7. Chemie I (allgemeine, physikalische, anorganische, analytische und organische Chemie)
8. Chemie II (angewandte Chemie und verwandte Industrien sowie Metallurgie)
9. Ingenieurwissenschaften (Arbeitsorganisation und Automatisierung, Unfallschutz, Technologie der Werkstoffe, Erdöl und Erdgas, Energieerzeugung und -umwandlung usw.)
10. Wissenschaft von der Erde I (Mineralogie, Geochemie und Petrographie
12. Biophysik und Biochemie
13. Pharmakologie und Toxikologie
18. Landwirtschaftswissenschaften (enthält u. a. Referate über Boden und Atmosphäre, Schädlingsbekämpfungsmittel, Düngemethoden sowie Nahrungsmittel- und Getränkeindustrie).

Der Abstand der Referate zum Artikel beträgt 4 bis 15 Monate. Jährlich erscheinen Autorenregister, in denen die Referate mit ihren Nummern aufgeführt werden.

Unter den Referateorganen, die ihr Erscheinen eingestellt haben, für retrospektive Recherchen aber noch benötigt werden, ist an erster Stelle das *Chemische Zentralblatt* (abgekürzt C.) zu nennen. Es wurde 1830 unter dem Namen *Pharmaceutisches Centralblatt* gegründet und 1896 von der Deutschen Chemischen Gesellschaft übernommen. Ab 1945 wurde es von der Deutschen Akademie der Wissenschaften zu Berlin, der Chemischen Gesellschaft in der DDR, der Akademie der Wissenschaften zu Göttingen und der Gesellschaft Deutscher Chemiker gemeinsam herausgegeben [53], bis es mit dem 31. 12. 1969 sein Erscheinen einstellte. Die Referate, die aus über 3 000 Zeitschriften stammten [54], waren wegen ihrer Ausführlichkeit und Übersichtlichkeit geschätzt, hatten allerdings einen durchschnittlichen Abstand zum Original von ein bis zwei Jahren. Arbeiten aus der angewandten Chemie wurden erst seit 1919 referiert. Die sogenannten Wochenhefte besaßen nicht nur Autoren- und Patentregister sowie eine systematische Kapiteleinteilung, sondern auch jedes Referat trug am Schluß zur Erleichterung der laufenden Auswertung der Hefte eine sogenannte Systemnummer zur Bezeichnung der dominierenden Sachgruppe [55]. Wichtiger für die retrospektive Recherche sind jedoch die Autoren-, Patent-, Sach- und Formelregister, die jährlich und fünfjährlich erschienen sind. Bei ihrer Benutzung ist zu beachten, daß einige Jahrgänge des Zentralblattes in Halb- oder Vierteljahrgänge unterteilt sind und dann teilweise auch getrennte Register haben. Diese Teilregister sind getrennt paginiert und an einer römischen Ziffer vor der Seitenzahl kenntlich. Die Jahrgänge 1945 bis 1950 weisen große kriegsbedingte Lücken in den Referaten auf. Das machte die Herausgabe von Ergänzungsbänden nötig, die in den Jahresregistern nicht erfaßt sind. Diese Jahrgänge sind jedoch durch das Fünfjahresgeneralregister 1945 bis 1950 erschlossen.

Eine wertvolle Besonderheit des Chemischen Zentralblattes sind die sogenannten Patent-Rückzitateverzeichnisse, Listen von inhaltsgleichen, jedoch in verschiedenen Ländern erteilten Patenten.

Um die durch die Einstellung des Chemischen Zentralblattes entstandene Lücke wenigstens teilweise zu schließen, wurden verschiedene Schnellinformationsdienste entwickelt, auf die im Abschnitt 5.7. eingegangen wird.

An weiteren inzwischen eingestellten Referateorganen finden sich in den Bibliotheken vor allem die *Abstracts* des *Journal of the Chemical Society of London* (1871–1925; abgekürzt J. chem. Soc. [London] Abstr.) und die *British Abstracts* (1926–1953, abgekürzt B. A.). Die Abstracts des J. chem. Soc. [London] trennten sich 1878 von der eigentlichen Zeitschrift (*Transactions*), erfaßten jedoch nie alle chemisch wichtigen Quellen. Für Originalarbeiten und Referate des J. chem. Soc. existiert ein gemeinsames Sachregister für die Zeit von 1841 bis 1873; danach wurden Jahres- und Zehnjahresregister herausgegeben.

Im Jahre 1926 wurden die Abstracts des J. chem. Soc. (London) mit dem Referateteil des *Journal of the Society of Chemical Industry*, zunächst unter dem Namen *British Chemical Abstracts*, zusammengelegt. Später wurden Physiologie und Anatomie mit aufgenommen und daher 1946 der bereits erwähnte Titel *British Abstracts* eingeführt. Die Referate waren zunächst ankündigend, wurden aber im 2. Weltkrieg mehr und mehr beschreibend. Sie waren zunächst in 2, später in 3 Teile (A Reine Chemie, B Angewandte Chemie, C Analyse und Geräte) gegliedert. Es existieren Jahresautoren-, -patent- und -sachregister sowie Sammelregister für die Jahre 1923 bis 1932 und 1933 bis 1937.

Neben diesen reinen Referatezeitschriften gab und gibt es Zeitschriften, die ankündigende Referate aus bestimmten Gebieten neben kürzeren oder längeren Originalmitteilungen als regelmäßigen Bestandteil ihres Inhalts aufweisen.[1] Stichwortartige Informationen über neue Forschungsergebnisse, wie sie z. B. die *Nachrichten aus Chemie und Technik* der Zeitschrift *Angewandte Chemie* enthalten, erfreuen sich bei den Wissenschaftlern einer ständig steigenden Beliebtheit. Für die systematische Literaturarbeit sind diese Zitate jedoch nur von geringem Wert. Wichtiger sind Referate über technische Spezialgebiete und schwer zugängliche Institutspublikationen, wie sie u. a. in der Zeitschrift *Chemische Technik* veröffentlicht werden. Die umfassenden technischen Referate der *Chemiker-Zeitung* haben vor dem Jahre 1919 sogar die Ergänzung des Chemischen Zentralblattes nach der technischen Seite hin dargestellt.

Zahlreiche Forschungsgemeinschaften veröffentlichen Referate aus ihrem Interessengebiet, ebenso wie einige Berufsverbände und Institute. Eine Gesamtübersicht aller Referate-

---

[1] Eine Zusammenstellung von über 100 meist speziellen Referatediensten, die sich mit Chemie und Chemischer Technologie befassen, mit ihren wichtigsten Merkmalen findet sich in: *A Guide to the World's Abstracting and Indexing Services in Science and Technology*. Hrsg.: National Federation of Science Abstracting and Indexing Services. Washington 1963. 183 S.

dienste enthält der von der FID herausgegebene *Index Biblio-graphicus*, 4. Aufl., Den Haag 1959, dessen Band 1 sich mit Naturwissenschaften und Technik befaßt. Gleichsam als Vorgriff auf spätere Auflagen kann der ebenfalls von der FID herausgegebene Sonderband *Abstracting Services in Science, Technology, Medicine, Agriculture, Social Sciences, Humanities*, Den Haag 1965, 328 S., betrachtet werden, zu dem im FID *News Bulletin* laufend Nachträge veröffentlicht werden. Die National Lending Library for Science and Technology (abgek. NLL, Boston, Spa. Yorkshire/GB) veröffentlicht einen KWIC *Index to the English Language Abstracting and Indexing Publications currently being received by the NLL*, 2. Aufl., Boston, Spa. 1967. Allerdings verfügt ein großer Teil dieser Referatedienste nicht über sehr ausführliche Register, so daß sie zur Informationsrecherche nur bedingt brauchbar sind [56].

3.5.3. Das Arbeiten mit Originalzeitschriften (Primärliteratur)

Wie geht man nun am zweckmäßigsten bei der Anfertigung einer Bibliographie vor?

Wenn es sich um die Bibliographie eines Stoffes handelt, ist diese Frage ziemlich einfach zu beantworten. Es genügt dann nämlich, den betreffenden Stoff in einem systematischen Handbuch, gewöhnlich dem GMELIN bzw. dem BEILSTEIN, mit Hilfe des Systems nachzuschlagen, anschließend eines der großen Referateorgane mit Hilfe der Register zu befragen und schließlich die Originale zu den so gewonnenen Literaturzitaten einzusehen. Das Durcharbeiten der Referateorgane erfolgt in diesem Fall am zweckmäßigsten mit Hilfe der Formelregister, wobei man natürlich, soweit vorhanden, die Sammelregister und erst, wenn diese enden, die Jahresregister benutzt.

Handelt es sich dagegen um einen vor 1907 bereits bekannten Sachverhalt, wie ein Gerät oder eine Untersuchungsmethode, dann ist das Verfahren etwas umständlicher. Am besten zieht man dann neben dem *Chemischen Zentralblatt* die Referateteile der *Zeitschrift für Angewandte Chemie* (heute: *Ange-*

wandte Chemie) und der *Chemiker-Zeitung,* die Abstracts des *Journal of Chemical Society [London]* und des *Journal of the Society of Chemical Industry* sowie die *Extraits* des *Bulletin de la Société chimique de France* zu Rate. Auch hier bedient man sich, soweit möglich, der Sammelsachregister. Von 1907 bis 1910 dürfte das Durcharbeiten der *Chemical Abstracts* allein im allgemeinen ausreichen. Selbstverständlich werden zum Schluß die Originale zu den aufgefundenen Zitaten eingesehen und insbesondere auf nicht erfaßte Literaturzitate geprüft.

Das Studium der *Originalarbeiten* sollte niemals vernachlässigt werden, wenn diese irgendwie zu beschaffen sind. Denn auch das beste Referat hat eigentlich nur die Aufgabe, dem Leser eine Übersicht zu verschaffen, aus der er entnehmen kann, ob sich die Beschaffung des Originals für ihn lohnt. Befindet sich die betreffende Zeitschrift nicht in der nächstgelegenen Bibliothek, so ist diese meist in der Lage, die benötigten Zeitschriftenjahrgänge über den Fernleihverkehr zu bestellen. Zur Erleichterung dieser Bestellungen hat die *Chemische Gesellschaft in der DDR* im Jahre 1959 einen *Nachweis wichtiger chemischer Fachzeitschriften in wissenschaftlichen Bibliotheken der DDR* als Manuskriptdruck herausgegeben, welcher die Standorte von über 300 Zeitschriften in 107 öffentlichen Instituts- und Betriebsbibliotheken nachweist. Er ist in allen größeren Bibliotheken vorhanden und stellt für den Normalfall die schnellste und bequemste Orientierungsmöglichkeit dar, obgleich heute nicht mehr alle Angaben zutreffen. Eine Neuauflage wäre daher sehr zu begrüßen. In der Bundesrepublik Deutschland existiert ein besonderes Standortverzeichnis für chemische Fachzeitschriften bisher nicht. Statt dessen können für den gleichen Zweck das *Verzeichnis von Zeitschriftenbeständen und Serienwerken aus den Gebieten Technik, Naturwissenschaften, Medizin, Wirtschafts-, Rechts- und Sozialwissenschaften* (abgekürzt TWZ), herausgegeben von der Arbeitsgemeinschaft technisch-wissenschaftlicher Bibliotheken, Essen 1954, das die erfaßten Zeitschriften in alphabetischer Reihenfolge ohne sachliche Gliederung enthält, und das *Verzeichnis ausgewählter wissenschaftlicher Zeitschriften des Auslandes* (abgekürzt VAZ), Wiesbaden 1957, das nach Sachgebieten gegliedert ist, herangezogen werden.

Von dem letzteren liegt inzwischen eine Neubearbeitung der Liste A (grundlegend wichtige Zeitschriften), Wiesbaden 1969, 262 S., vor. Für die umfassende Suche nach Standorten sämtlicher Zeitschriften in den beiden deutschen Staaten dient das GAZ (*Gesamtverzeichnis ausländischer Zeitschriften*) der Deutsche Staatsbibliothek Berlin, das für den Erfassungszeitraum nach 1939 in der Deutschen Demokratischen Republik und der Bundesrepublik Deutschland getrennt herausgegeben wird. Die in Berlin seit 1961 erscheinende Ausgabe für Standorte in der DDR enthält etwa 25 000 Zeitschriften und Serien; der z. Z. noch nicht abgeschlossene Standortteil soll durch einen Registerband ergänzt werden. Sie wird ergänzt durch das Verzeichnis *Neue ausländische Zeitschriften* (NAZ), Bd. 1–3, Berlin 1969. Die in GAZS (*Gesamtverzeichnis ausländischer Zeitschriften und Serienwerke*) umbenannte, ähnlich aufgebaute [1]) Ausgabe für Standorte in der BRD erscheint seit 1963 in Wiesbaden. Beide Ausgaben nehmen nur Zeitschriften auf, die in den Jahren 1939 bis 1959 außerhalb der DDR bzw. der BRD erschienen sind.[2]) Eine gewisse Hilfe für ältere Zeitschriften bietet ferner die erste Auflage der *Periodica chimica* von M. PFLÜCKE, Berlin 1937, die ein Verzeichnis der damaligen Standorte sämtlicher vom *Chemischen Zentralblatt* referierten Zeitschriften enthält.

Statt das Original der betreffenden Zeitschrift anzufordern, kann man auch von vornherein eine Fotokopie des benötigten Artikels bestellen. Für die DDR können Zeitschriften aller Art als Mikrofilm bzw. Mikrofiche (s. Abschnitt 5.3.) oder als Fotokopie über die Zentralstelle für Information und Dokumentation der chemischen Industrie, 113 Berlin, Einbecker Str. 36, oder das Zentralinstitut für Information und Dokumentation der DDR, 117 Berlin, Köpenicker Str. 325, bezogen werden. Der Vollständigkeit halber sei noch erwähnt, daß das *Bulletin signalétique*, 15 quai Anatole-France, Paris, Mikrofilme und Fotokopien der von ihm erfaßten Zeitschriften lie-

---

[1]) Vgl. hierzu RISTER, H.: Leitfaden für die Benutzung des GAZS. Marburg 1962. 134 S.

[2]) Über internationale chemische Fachzeitschriften informiert der CA *Source Index*, Washington 1972.

fert und daß die American Chemical Society für ihre Mitglieder und die Abonnenten der *Chemical Abstracts* (zu denen fast alle Fachbibliotheken im deutschsprachigen Raum gehören) einen Fotokopiedienst unterhält, für den Bestellscheine vom Sekretariat der Gesellschaft, 1155 16th Street, N. W., Washington D. C., gegen Vorauszahlung bezogen werden können.

Ist die gesamte registermäßig erfaßte Literatur auf die angegebene Weise durchgearbeitet worden, so wird die Literaturarbeit für gewöhnlich als ausreichend angesehen. Sie ist aber keineswegs im eigentlichen Sinne des Wortes vollständig, denn einmal gelingt es selbst den umfassendsten Referatezeitschriften nicht, auch die letzten Veröffentlichungen zu erfassen (s. dazu den Abschnitt 3.5.2.), und zum anderen fehlt der Aufstellung die bisher nicht durch Referate und Register erschlossene Literatur, d. h. günstigstenfalls die letzten beiden, meist aber die letzten 3 bis 4 Zeitschriftenjahrgänge. Die nun noch fehlenden Arbeiten sind nur ziemlich schwierig zu erfassen, weshalb es im allgemeinen toleriert wird, wenn Artikel, die in nicht referierten Hochschul- oder Werkzeitschriften oder in den letzten 2 Jahren in Fachzeitschriften veröffentlicht wurden, in einer Abhandlung über das gleiche Thema nicht erwähnt werden. Die Priorität der älteren Arbeiten bleibt davon jedoch unberührt, so daß es zur Vermeidung von Schwierigkeiten wünschenswert ist, auch diese Literatur möglichst schnell und vollständig durchzuarbeiten. Eine wertvolle Hilfe leisten dabei die Schnellinformationsdienste, die im Abschnitt 5.7. näher behandelt werden.

Daneben existieren zahlreiche internationale und nationale Zeitschriftenbibliographien, die nach bibliothekarischen Grundsätzen aufgebaut sind. Sie enthalten im allgemeinen nur die Titel der Aufsätze und haben daher für wissenschaftliche Untersuchungen nur einen begrenzten Wert. Man wird sie deshalb nur für Gebiete, auf denen keine Referateorgane existieren, oder zur Feststellung von Artikeln aus nichtwissenschaftlichen Zeitschriften verwenden. Für das deutschsprachige Gebiet hat die von dem Verleger W. DIETRICH herausgegebene *Internationale Bibliographie der Zeitschriftenliteratur*, Leipzig 1896 ff. (1948 ff. Osnabrück), die größte Bedeutung.

Ihre wichtigsten Teile sind die *Bibliographie der deutschen Zeitschriftenliteratur mit Einschluß von Sammelwerken* (Teil A) und die *Bibliographie der fremdsprachigen Zeitschriftenliteratur* (Teil B). Jeder dieser Teile besteht aus einem Schlagwort-, einem Zeitschriften- und einem Autorenregister und erfaßt Zeitschriften aller Art, Fachblätter, Jahrbücher, Sitzungsberichte usw. In den alphabetisch geordneten Schlagwortregistern steht bei Beziehungen, Einflüssen oder Wirkungen nach Möglichkeit das Wirkende voran; die Begriffe sind eng gefaßt und für ähnliche Begriffe Querverweise angegeben. In den Autorenregistern werden Autoren aus Staaten mit nichtlateinischer Schrift transliteriert; in beiden Registern sind die Zeitschriften nur mit Schlüsselzahlen angegeben. Der Abstand der in mehreren Lieferungen erscheinenden Jahresbände zum Original beträgt ein bis vier Jahre; die in der Bundesrepublik Deutschland erscheinenden Zeitschriften werden naturgemäß fast vollständig, ausländische Zeitschriften nur in Auswahl berücksichtigt.

Für nationale Bereiche existieren zum Teil Bibliographien, die auch Aufsätze aus wichtigen Tageszeitungen mit erfassen. Von diesen sollen nur die *Kartei der Zeitschriftenaufsätze* der Berliner Stadtbibliothek, die von über 100 Bibliotheken des deutschen Sprachgebietes bezogen wird, und das wöchentlich in Moskau erscheinende *Letopis' gazetnych statej* genannt werden. Ihre Bedeutung für den Chemiker ist gering.

Das Arbeiten mit Zeitschriftenbibliographien ist relativ umständlich (insbesondere vor dem Erscheinen der Jahresregister), und Schnellinformationsdienste sind noch nicht überall zugänglich. Wie geht man nun am zweckmäßigsten vor, wenn man trotzdem die Zeitschriftenliteratur bis zum gegenwärtigen Zeitpunkt berücksichtigen will? Eine gewisse Hilfe gewähren in solchen Fällen die Autorenregister in den Heften der Referatezeitschriften, denn einem Chemiker, der bereits einige Zeit auf einem bestimmten Gebiet arbeitet, sind im allgemeinen die Namen der anderen auf dem gleichen Gebiet tätigen Wissenschaftler bekannt. Reichen diese Hilfsmittel nicht aus, so muß man die Originalzeitschriften unmittelbar heranziehen. Dieses Verfahren ist natürlich ziemlich vage, aber trotzdem nicht ohne Aussicht auf Erfolg, da die meisten

Autoren bestimmte Zeitschriften offenkundig bevorzugen. Es setzt natürlich eine genaue Kenntnis der Neigungen und bisherigen Arbeiten des betreffenden Autors und des Grundcharakters zumindest der wichtigsten Zeitschriften voraus.

Ein Anhaltspunkt sind dabei selbstverständlich thematische Abgrenzungen, die sich die einzelnen Zeitschriften selber setzen. Diese verstehen sich bei Zeitschriften, die über ein bestimmtes Spezialgebiet herausgegeben werden, von selber und gehen dann meist schon aus dem Titel hervor, z. B. *Zeitschrift für analytische Chemie, Chemische Technik, Colloid and Polymer Science* (früher: *Kolloid-Zeitschrift), Journal of Inorganic and Nuclear Chemistry, Cvetnye metally* usw.). Sie kann aber auch in einer gewissen Tradition der Redaktion begründet sein. Beispielsweise erschienen in der *Zeitschrift für Elektrochemie* nicht nur elektrochemische, sondern auch allgemein-theoretische Arbeiten, so daß vor einigen Jahren eine Umbenennung in *Berichte der Bunsen-Gesellschaft für Physikalische Chemie* erfolgte (vgl. Tab. 3 im Anhang); Arbeiten aus der synthetischen organischen Chemie finden sich gerne in den *Chemischen Berichten* oder dem *Journal für Praktische Chemie*, längere experimentelle Arbeiten in LIEBIGs *Annalen der Chemie*. Die *Zeitschrift für Chemie* und die *Angewandte Chemie* veröffentlichen vorwiegend Übersichten aus Gebieten von allgemeinem Interesse (die jedoch nicht immer echte Monographien darstellen) und kurze Originalmitteilungen, die oft noch nicht völlig gesicherte Forschungsergebnisse enthalten und im wesentlichen der Wahrung der Priorität dienen. In neuester Zeit sind einige Fachzeitschriften besonders der Sowjetunion und der USA zum sog. Depotsystem übergegangen, d. h., sie veröffentlichen auch Originalarbeiten nur in stark gekürzter Form oder als Referate, stellen aber das gesamte Manuskript Interessenten auf Anforderung als Kopie, Mikrofilm oder Mikrofiche zur Verfügung.

Arbeiten von Wissenschaftlern aus kleineren Nationen werden häufig zunächst in der Originalsprache in örtlichen Publikationsorganen und danach in einem größeren nationalen Organ (*Scandinavica Chimica Acta, Collection of Czechoslovak Chemical Communications)* in Englisch, Deutsch, Russisch oder Französisch veröffentlicht. Sie besitzen dann meist

Zusammenfassungen in einer oder mehreren anderen der genannten Sprachen. Diese Zeitschriften sind in ihrer Thematik meist sehr vielseitig.

Ist es nicht möglich, den Kreis der Zeitschriften, in denen man die Veröffentlichung erwarten kann, durch eine dieser Vermutungen einzugrenzen, dann muß man sich damit begnügen, die wichtigsten Zeitschriften des betreffenden Fachgebietes, sog. Schlüsselzeitschriften [57], durchzuarbeiten. Daß diese Maßnahme von größerem Nutzen sein kann, als man gewöhnlich glaubt, zeigt eine Mitteilung von E. F. SPITZER und F. E. McKENNA [1]), wonach 33 % der im Jahre 1954 in chemischen Arbeiten verwendeten Zitate aus nur 3 Zeitschriften (J. Amer. chem. Soc., J. chem. Soc. [London] und Chem. Ber.) stammen. Die Hinzufügung von 7 weiteren Zeitschriften dehnt die Erfassung auf 70 % der Zitate aus. Es soll jedoch nicht verschwiegen werden, daß die Betonung von Schlüsselzeitschriften bei der Recherche diesen eine Art Monopolcharakter verleiht, der einer wirklichen Informationsverbreitung nachteilig ist. Unter anderem verlieren die z. T. unter dem Druck der Informationsflut, z. T. aber auch entsprechend dem immer stärkeren Zug zur Spezialisierung auch noch in letzter Zeit erfolgenden Neugründungen von Zeitschriften dadurch einen großen Teil ihres Wertes.

Für das Ermitteln der wichtigsten Zeitschriften des eigenen engeren Fachgebietes können auch die Verzeichnisse der ausgewerteten Zeitschriften einschlägiger Schnellreferatedienste (s. Abschnitt 5.7.) herangezogen werden.

Eine Auswahl wichtiger Fachzeitschriften, die Titeländerungen durchgeführt haben oder starke Unregelmäßigkeiten in ihrer Bandzählung aufweisen, enthält Tabelle 3 (im Anhang). Diese Angaben sollen zur Erleichterung von retrospektiven Recherchen über längere Zeiträume dienen. In einer synoptischen Tabelle (Tabelle 4 im Anhang) sind außerdem die

---

[1]) In: Documentation and Information Practice in Industry. Hrsg.: T. E. R. SINGER. New York/London 1958. S. 17 (nach S. H. BROWN); weitere derartige Untersuchungen vgl. BURMAN, C. R.: in: The Use of Chemical Literature. Hrsg.: R. T. BOTTLE. 2. Aufl. London 1969. S. 28.

Bandnummern wichtiger Fachzeitschriften der Chemie und ihrer Grenzgebiete zusammengestellt, um einen Überblick über die internationale Entwicklung der Fachzeitschriften zu erleichtern.

Das größte Problem der Wissenschaftsinformation, für das bisher noch kein Hilfsmittel entwickelt werden konnte, ist die Suche nach völlig neuartigen Informationen. Gerade ausgesprochene Pionierarbeiten lassen sich nur sehr schwer in der Literatur auffinden, weil sie sich oft nur schwierig in das Verlagsprofil der bestehenden Zeitschriften einordnen lassen und daher häufig an Orten erscheinen, wo sie kaum oder nicht erwartet werden können [58]. Hat man Gründe, nach derartigen „verborgenen Informationen" zu suchen, z. B. für eine Nichtigkeitsklage gegen ein Patent wegen mangelnder Neuheit (s. Abschnitt 3.5.4.), so ist es oft nützlich, sich (z. B. aus den Zeitschriftenlisten der Referateorgane und Schnellinformationsdienste) einen Überblick über die Gesamtheit der für ein bestimmtes Gebiet existierenden Zeitschriften zu verschaffen. Es wäre zweckmäßig, wenn alle speziellen Informationsdienste über die von ihnen ausgewerteten Fachzeitschriften hinaus alle auf ihrem Fachgebiet erscheinenden Zeitschriften, also auch die nicht von ihnen ausgewerteten, listenmäßig erfassen könnten.

Es soll noch erwähnt werden, daß fast alle Zeitschriften ein Autorenregister für jedes Heft und jeden Jahrgang besitzen; zahlreiche Zeitschriften geben außerdem Jahressachregister heraus, die meist recht pünktlich erscheinen. Zu einigen Zeitschriften existieren sogar Generalregister (z. B. J. chem. Soc. [London]). Über die bibliographischen Daten chemischer Fachzeitschriften, insbesondere über ihre offiziellen Titel und Abkürzungen sowie die bei ihnen häufigen Namensänderungen gibt *Periodica chimica* [54] die beste Auskunft; neuere Zusammenstellungen existieren leider nicht (s. auch Tabelle 3 im Anhang).

3.5.4. Patentliteratur

Der Chemiker kommt mit der Patentliteratur auf 3 durchaus verschiedene Arten in Berührung, nämlich

– indem er sich an ihr beteiligt, wenn er eine Patentanmeldung gemäß den Vorschriften des zuständigen Patentamtes
abfaßt,
– indem er sie auswertet, um sie in seine Literaturarbeit mit
einzubeziehen, und
– indem er ihr gegenübergestellt wird, wenn ein von ihm
beantragtes Patent abgelehnt oder ein ihm bereits erteiltes
Patent angefochten wird bzw. wenn er selbst ein fremdes
Patent anficht.

Alle 3 Vorgänge sind einerseits mit juristischen Fragestellungen, andererseits mit Problemen der Literaturarbeit so eng
verknüpft, daß zu ihrer erfolgreichen Erledigung eine Spezialausbildung oder jahrelange Erfahrungen nötig sind. Ein nicht
patentrechtlich Versierter wird seiner Sache hier mehr schaden
als nützen und sollte sich daher immer an Fachkräfte wenden,
die im Gegensatz zu anderen Grenzgebieten der Chemie im
chemischen Patentwesen auch ausreichend vorhanden sind.
Jeder Chemiker sollte jedoch so viel von der Problematik des
Patentwesens verstehen, daß er den Patentsachverständigen,
den ihm seine Behörde oder sein Werk stellt, oder den Patent-
anwalt, an den er sich wendet, wirkungsvoll unterstützen
kann. Daher sollen zunächst einige Grundzüge des Patentwesens behandelt werden.

Ein *Patent* (russ. patent, engl. patent oder letters patent)
ist eigentlich eine von dem zuständigen staatlichen Amt aus-
gestellte Urkunde, durch die ein gewerblicher Schutz für eine
Erfindung erteilt wird, im erweiterten Sinne auch dieser Schutz
selbst. Sein Inhalt ist in der sog. *Patentschrift* niedergelegt,
die heute die einzige Form ist, in der das Patent praktisch
gehandhabt wird. Das Patent ist also gleichzeitig Rechtstitel
und wissenschaftlich-technische Publikation, wobei seine recht-
liche Wirksamkeit von seinem Rechtsbestand, d. h. dem derzeitigen Zustand seiner Rechtskraft (z. B. Erteilung, Fallen-
lassen, Aufhebung, Verfall) abhängt.

Das Patent beruht darauf, daß eine bestimmte Erfindung der
zuständigen Behörde eines Staates, dem Patentamt, vom Anmelder (dem Erfinder oder seinem Rechtsnachfolger) mitgeteilt und in der Patentschrift soweit beschrieben wird, daß sie

von einem Fachmann benutzt werden kann. Dafür garantiert der Staat dem Inhaber eines Patentes ein uneingeschränktes Verfügungsrecht über die Erfindung. Dies äußert sich darin, daß der Inhaber die Erfindung ausschließlich selbst in Benutzung nehmen, das Recht dazu aber auch auf andere (die Lizenznehmer) gegen Entgelt übertragen und allen nicht ausdrücklich Ermächtigten für eine bestimmte Frist (die Laufzeit) die Nutzung untersagen kann. In der DDR existiert neben dieser Form, dem *Ausschließungspatent*, noch eine zweite Form, das *Wirtschaftspatent*, bei dem die Übertragung der Nutzungsrechte durch das Patentamt erfolgt; es hat niedrigere Gebühren und feste Sätze [59] für die Vergütung.

Nicht patentfähig, weil keine Erfindungen, sind Entdeckungen (neue Elemente, Strahlen o. ä.)[1]), Anweisungen, die sich nur auf die menschliche Geistestätigkeit beziehen (Unterrichtsmethoden, Ordnungssysteme, Spielregeln) und Problemstellungen, für die keine Lösung angegeben werden kann. Für den Chemiker besonders wichtig ist, daß Stoffe, die auf chemischem Wege hergestellt werden, sowie Nahrungs-, Genuß- und Arzneimittel in einigen Staaten (vor allem in der DDR, in Österreich und in der Schweiz) nicht patentfähig sind. Diese Bestimmung soll verhindern, daß ein Patentnehmer ein wichtiges Gebiet (z. B. Polyäthylen) durch Stoffschutz blockiert und damit dessen wirtschaftliche und wissenschaftliche Entwicklung jahrelang hemmt, sich selbst jedoch eine Monopolstellung schafft. Patentfähig sind in diesen Staaten jedoch das Herstellungsverfahren und der Verwendungszweck chemischer Stoffe, so daß es also möglich ist, einen plötzlich in großen Mengen benötigten Stoff, dessen günstigstes Herstellungsverfahren patentiert ist, nach einem weniger günstigen Verfahren herzustellen. Allerdings wird bis zum Beweis des Gegenteils jeder auf den Markt kommende Stoff, für den ein Herstellungsverfahren patentiert ist, als nach diesem Verfahren her-

---

[1]) Außer in der UdSSR: Beschluß Nr. 435 des Ministerrates der UdSSR vom 24. 4. 1959 und Verordnung über Entdeckungen, Erfindungen und Rationalisierungsvorschläge, insbes. §§ 1 und 2; vgl. EuV-Inf., Nr. 25 (die EuV-Informationen sind eine Beilage der Zeitschrift *der neuerer*, Ausgabe C, Berlin).

gestellt betrachtet. In anderen Staaten, wie den USA und Großbritannien, seit 1968 auch in der BRD [60] ist Stoffschutz jedoch möglich. Legierungen, die durch einfaches Zusammenschmelzen der Bestandteile entstehen, werden im allgemeinen nicht als chemische Stoffe betrachtet und sind daher patentfähig.

Voraussetzungen für die Erteilung eines Patentes sind ferner, daß die wesentlichen Merkmale der Erfindung in der Patentanmeldung enthalten sind, daß diese einen Fortschritt gegenüber dem derzeitigen Stand der Technik darstellen und daß sie nicht in einer solchen Form veröffentlicht[1]) oder im Inland bereits so offenkundig benutzt worden sind, daß danach die Benutzung durch andere Sachverständige möglich erscheint. Als Veröffentlichungen gelten alle der Allgemeinheit zugänglichen Druckschriften, aber auch Vorträge u. ä., auch dann, wenn die Veröffentlichung durch den Patentantragsteller selbst erfolgt ist. Es ist also nötig, ein Patent bis zur erfolgten Anmeldung geheimzuhalten. Auch diese Bestimmungen bestehen jedoch nicht in allen Staaten. Wird aber ein Patent außer im Heimatland des Inhabers noch in anderen Staaten angemeldet, so gilt für die Anmeldung im Ausland der gleiche Anmeldungstermin wie im Inland, wenn die Anmeldung innerhalb eines Jahres erfolgt und die betreffenden Staaten der sog. „Pariser Union" angeschlossen sind (dies ist fast immer der Fall).

Analogieverfahren sind nur dann patentfähig, wenn sie zu Stoffen mit nicht voraussehbaren wertvollen Eigenschaften führen (z. B. die Kupplung von diazotiertem Benzidin mit Phenolen nach an sich bekannten Verfahren, die aber zu substantiven Baumwollfarbstoffen führt). Nicht patentfähig sind Verfahren, die in einem bloßen Mischen der Bestandteile bestehen (vgl. aber oben: Legierungen); nicht patentfähig ist ferner die Verwendung eines Stoffes als Arzneimittel.

---

[1]) In mehreren Patentgesetzen bezieht sich diese Bestimmung nur auf die letzten 100 Jahre, so daß ältere Erfindungen, die alle übrigen Voraussetzungen eines Patentes erfüllen, prinzipiell patentfähig sind.

Die Anmeldung eines Patentes muß nicht in einer bis ins einzelne endgültigen Form erfolgen, jedoch sind Änderungen während des Anmeldeverfahrens unzulässig, wenn dadurch eine Erweiterung des Patentanspruches eintritt. Solche Erweiterungen können aber durch Zusatzpatente vorgenommen werden, wenn diese auf dem gleichen Gebiet liegen wie das Hauptpatent. Zur Anmeldung ist vor allem der Erfinder berechtigt, bei Diensterfindungen aber auch der Betrieb, in dem der Erfinder arbeitet, wenn dieser sein Recht nicht wahrnimmt und die Erfindung aus der Arbeit im Betrieb heraus entstanden ist [61]. Auch dann hat der Erfinder Anspruch auf eine angemessene Vergütung sowie das Recht, genannt zu werden. Auftragserfindungen stehen dagegen dem Auftraggeber zu.

Die Anmeldung selbst muß den gegenwärtigen Stand der Technik beschreiben, die noch bestehenden Mängel aufzeigen, die daraus resultierende Erfindungsaufgabe formulieren, ihre Lösung so beschreiben, daß sie von einem Fachmann nachgearbeitet werden kann, und dann den Gegenstand des Schutzantrags in Form eines oder mehrerer Patentansprüche (mit Anwendungsbeispielen) aufführen [62]. Das Patentamt überprüft die Anmeldung auf Einhaltung der Form und auf den technischen Fortschritt bzw. die Erfindungshöhe, in zahlreichen Staaten auch auf Neuheit.

In der DDR erfolgt gewöhnlich [63] zunächst eine Patenterteilung unter Vorbehalt der Neuheitsprüfung „gemäß § 5 Abs. 1 Patentänderungsgesetz"; Neuheitsprüfung und endgültige Erteilung (nach § 6 PÄG) oder Aufhebung erfolgen spätestens bei Beginn der Nutzung. In der Bundesrepublik Deutschland wird seit dem 1. 10. 1968 jede Patentanmeldung nach formaler Prüfung nach frühestens 18 Monaten als *Offenlegungsschrift* (OS) veröffentlicht, die bereits eine Nummer trägt (beginnend mit Nr. 1 400 001). Damit genießt die Anmeldung einen einstweiligen Schutz. In den folgenden 7 Jahren kann vom Anmelder oder jedem Dritten ein Prüfungsantrag gestellt werden; geschieht dies nicht oder ergibt die Prüfung, daß die Anmeldung nicht patentfähig ist, so verliert sie diesen Schutz rückwirkend [64]. Führt die Prüfung dagegen zur Erteilung eines Patentes (DBP), so trägt dies die gleiche Num-

mer wie die OS. Seit 1957 werden außerdem in Prüfung
befindliche Patentanmeldungen als *Deutsche Auslegeschrift*
(DAS) veröffentlicht. Ähnliche Verfahren der „aufgeschobenen
Prüfung" befinden sich in mehreren anderen Staaten (z. B.
Frankreich) vor der Einführung. In wieder anderen Staaten
(z. B. Belgien) wird nur die Form überprüft; in der Schweiz
wird nicht in allen Klassen auf Neuheit geprüft.

In einigen Ländern werden für Erfindungen, die sich auf
Staatsgeheimnisse (insbesondere die Landesverteidigung) beziehen, *Geheimpatente* erteilt [65]. Die Entscheidung über
eine eventuelle Geheimhaltungspflicht wird vom zuständigen
Patentamt getroffen.

Der Schutzumfang eines Patentes ist sachlich (durch die
Patentansprüche, insbesondere den ersten oder Hauptan-
spruch), zeitlich (durch die Laufzeit) und regional (auf den
erteilenden Staat beziehungsweise eine Gruppe von Staaten)
begrenzt. Die letztgenannte Möglichkeit des regionalen Schutz-
umfangs wurde erstmalig ab 13. 9. 1962 durch die Afrika-
nisch-madegassische Union realisiert, der z. Z. 12 Staaten
angehören [66]. Inzwischen ist die Einführung eines für alle
EWG-Staaten gültigen sogenannten Europatentes für 1976
vorgesehen [67], und durch ein mehrseitiges Regierungsab-
kommen vom 10. 7. 1973 ist das gemeinsame Vorgehen aller
Staaten des RGW zum Schutz zunächst nur von Erfindungen
geregelt, die aus der wirtschaftlichen und wissenschaftlich-
technischen Zusammenarbeit hervorgegangen sind [68]. Zwei-
fellos stellt dieses Abkommen einen ersten Schritt in der
Richtung auf ein „RGW-Patent" dar.

Der zeitliche Umfang des Patentschutzes beträgt in den
meisten Staaten 15, in der DDR, der BRD, der Schweiz und
in Österreich 18 Jahre; sie ist von der regelmäßigen Zahlung
der von Jahr zu Jahr steigenden Patentgebühren abhängig.
Weigert sich der Patentinhaber, einem anderen gegen eine
angemessene Gebühr die Benutzung seines Patentes zu gestatten, so kann diesem das Recht zur Benutzung unter bestimmten Bedingungen gerichtlich zuerkannt werden (Zwangs-
lizenz). Insbesondere kann das Patent aufgehoben werden,
wenn es vom Anmelder mehrere Jahre (meist 3) im Inland
nicht praktisch angewendet wird.

Aus diesen Erläuterungen ergeben sich für die Literaturarbeit auf dem Patentgebiet folgende Aufgaben:

a) Feststellung der Schutzrechtssituation (vor Beginn einer
   Forschungsarbeit oder Aufnahme einer Produktion) bzw.
   Ermittlung des Standes der Technik (vor Neuanmeldun-
   gen)
b) Nachprüfung der Neuheit bzw. des technischen Fortschritts
   (für Einwendungen, Einsprüche und Nichtigkeitsklagen)
c) Überprüfung des Rechtsbestandes störender Fremdpa-
   tente.[1]

Zu Beginn der Arbeit müssen der sachliche, zeitliche und
gegebenenfalls (z. B. beim Vorliegen konkreter Exportab-
sichten nur in bestimmte Länder) örtliche Umfang für das
Rechercheprogramm festgelegt werden. Dabei ist die Bestimmung des sachlichen Umfangs ausschließlich oder doch ganz
überwiegend Aufgabe des verantwortlichen Wissenschaftlers
oder Technikers, während der zeitliche weitgehend von den
beteiligten Patent- bzw. Informationsfachleuten bestimmt werden kann und der örtliche unter Mitwirkung der Absatzlei-
tung festzulegen ist.

Für die Feststellung des Standes der Technik und die Neuheitsprüfung sind im Prinzip alle Arten von Veröffentlichungen heranzuziehen, so daß sie einer Bibliographie des betreffenden Sachverhaltes gleichkommen; meist beschränkt man
sich jedoch auf die Patentliteratur, deren Ordnung einige
charakteristische Besonderheiten aufweist. Dazu gehört vor
allem die Einteilung in *Patentklassen.* Während ursprünglich
eine große Anzahl von Staaten eigene Klassifikationen benutzte, wobei die Deutsche Patentklassifikation allerdings
auch in den mittel-, nord- und osteuropäischen Staaten angewandt wurde, ist seit 1. 9. 1968 die Internationale Patentklassifikation (abgekürzt Int. Cl.) in Kraft, die gegenwärtig in im-

---

[1] Die (ebenfalls sehr wichtige) Überwachung eigener Patente
   auf eventuelle Verletzungen wird sich nur in Ausnahmefällen durch Recherche bewerkstelligen lassen; sie wird überwiegend durch den technischen Kundendienst durchgeführt
   werden müssen.

mer mehr Staaten schrittweise eingeführt wird.[1]) Sie stellt ein
hierarchisches System mit 5 Ordnungsstufen (Sektionen, Klassen, Unterklassen, Hauptgruppen, Untergruppen) und insgesamt 46 109 Ordnungseinheiten dar [69]. Bei der Bezeichnung
von Systemorten werden die Sektionen durch Großbuchstaben,
die Unterklassen durch Kleinbuchstaben und alle übrigen Notationen durch Ziffern ausgedrückt. Jedes Dokument wird
zunächst nach seiner wesentlichsten Aussage (Schwerpunkt der
Erfindung) in die sogenannte Hauptklasse eingeordnet, wobei
funktions- und stofforientierten Sachverhalten gegenüber anwendungsorientierten der Vorrang eingeräumt wird; weitere
Sachverhalte werden als Nebenklassen angegeben.

Alle Benutzungsregeln sind in der *Einführung in die Internationale Patentklassifikation* enthalten, die Bestandteil der
Gesamtausgabe ist: *Internationale Patentklassifikation*. Ausgabe der DDR. Bd. 1–3. Berlin (um 1969), Ringbuchform;
bzw. *Internationale Patentklassifikation*. Gebilligte Fassung
des Sachverständigenausschusses für Patentwesen des Europarates. Bd. 1–2. Köln/München 1970. Ein nützliches Hilfsmittel bei der Arbeit mit der Int. Cl. ist das *Amtliche Stichwörterverzeichnis zur Internationalen Patentklassifikation*,
Köln/München 1969, 305 S., obgleich seine Qualität noch
nicht allen Ansprüchen genügt. Zur Arbeit mit der bisherigen Deutschen Patentklassifikation, einem teilhierarchischen System mit 89 Klassen, dienen die *Gruppeneinteilung
der Patentklassen*, Ausgabe Bundesrepublik Deutschland,
Ausgabe Schweiz, 2. Aufl., Berlin 1963, 498 S., bzw. 7. Aufl.,
Köln/München 1958 (Ringbuchform; 7. Ergänzung 1971), und
das *Stichwörter-Verzeichnis zur Gruppeneinteilung der Patentklassen*, Berlin 1953, 398 S. Eine wertvolle Hilfe ist auch die
*Konkordanzliste Deutsche Patentklassifikation – Internationale
Patentklassifikation*, Berlin 1973, 120 S., in der sich entsprechende Symbole gegenübergestellt werden.

Als Hilfsmittel für die schnelle Orientierung bei der Patentrecherche können alle einschlägigen Referateorgane (z. B.

---

[1])   in der DDR ab 1970 (vgl. Mitteilungsbl. AfEP DDR (1969)
12);in der BRD ab 1968 (vgl. Bl. PMZ (1956) S. 161)

Chemical Abstracts) sowie insbesondere Patentinformationsdienste herangezogen werden. Die letzteren erscheinen in Kartei- oder Zeitschriftenform und bringen neben den bibliographischen Angaben zu den Patent- bzw. Anmeldeschriften im allgemeinen deren Hauptansprüche sowie Zeichnungen. Als Beispiele seien genannt:

DDR-Patentkartei. Hrsg.: AfEP der DDR. Verlag Die Wirtschaft, Berlin.

Derwent Japanese Patents Report. Derwent Publications Ltd., London (wöchentlich 1 Heft mit englischen Referaten; nur Chemie)[1])

Izobretenija za rubežom. Hrsg.: ZNIIPI, Moskau (2 Hefte monatlich; 33 thematische Gruppen entsprechend der Int. Cl.; Referate aus Großbritannien, der BRD, den USA, Frankreich; Japan in Vorbereitung; russisch und originalsprachig; in A6-Karten zerlegbar).

WILA-OSA-Kartei. WILA Verlag für Wirtschaftswerbung Wilhelm Lampl, München (A6-Karten der DT-OS, ab 1.1. 1975; davor bis 1.7.1974 WILA-PSA-Kartei der DBP und DAS).

Auch einige der nationalen Patentblätter, z. B. die *Official Gazette* der USA, enthalten kurze Inhaltsangaben.

Neben der bisher ausschließlich behandelten Sachrecherche können gelegentlich auch sog. Formalrecherchen [70] notwendig werden, die sich auf die Schutzrechte eines bestimmten

---

[1]) Die (kommerzielle) Derwent-Organisation gibt außerdem 3 größere Patentreferatedienste in englischer Sprache heraus, den *Central Patents Index* (bis 1970 *World Chemical Patents Index;* nur Patente aus dem Fachgebiet Chemie) sowie seit 1974 den *General Patents Index* (mit den Sachgebieten Allgemeines, Mechanik und Elektrik) und den *World Patents Index* (alle Sachgebiete, wahlweise Heft- oder Karteiform). Die erstgenannten umfassen ca. 8, der letztere die 24 wichtigsten Industrieländer. Im deutschen Sprachraum ist jedoch vorwiegend der Referatedienst japanischer Patentschriften verbreitet.

Erfinders oder Inhabers oder die Feststellung von Parallel-
anmeldungen zu einer bestimmten Patentschrift und deren
Rechtsbestand beziehen. Wo die Aussagefähigkeit einer For-
malrecherche für den angestrebten Zweck ausreicht, wird man
sie gegenüber der Sachrecherche bevorzugen, da sie wesentlich
leichter durchzuführen ist.

Für die eigentliche Durchführung einer (Sach-)Recherche
kann nur schwer eine allgemeine Methodik angegeben werden, da Aufgabenstellung und Bedingungen sehr verschieden
sein können. So reicht für die Feststellung, daß ein Sachverhalt nicht neu ist, das Auffinden eines Referats bei einer „von
hinten nach vorn" geführten Recherche und das Lesen der
dazugehörigen Patentschrift aus, wogegen die Aussage, daß
ein Sachverhalt wahrscheinlich neu ist, überhaupt nur mit
Einschränkung (auf den recherchierten Bereich) gemacht werden kann und auch dann noch mit einem großen Risiko verbunden ist. Nach der sachlichen, regionalen und ggf. zeitlichen
Festlegung des Recherchebereiches, der Festlegung der zu
recherchierenden Ordnungseinheiten (Untergruppen) und ggf.
einer orientierenden Vorrecherche in der Kartei sind auf alle
Fälle die Patentschriften bzw. Erfindungsbeschreibungen im
Original einzusehen, da nur so wirklich zuverlässige Aussagen gemacht werden können. Dabei ist von Nutzen, daß diese
nach einem bestimmten, in seinen Grundzügen in allen Staaten
der Erde übereinstimmenden Schema aufgebaut sind [71].
Im allgemeinen entspricht dies der folgenden Gliederung:
Titel – Einleitung – Stand der Technik – bekannte Mängel –
technische Aufgabenstellung für die Erfindung – Beschreibung
der erfindungsgemäßen Lösung der Aufgabe – Ausführungs-
beispiel(e) – Schutzansprüche oder Zusammenfassung des Er-
findungsgedankens. Daraus folgt, daß man eine Patentschrift,
um sie als sachlich nicht zutreffend einstufen zu können,
zweckmäßig in folgender Weise liest: Titel – Ansprüche –
Beispiele (Zeichnungen).

Trifft der Inhalt auf den Gegenstand der Recherche zu, so
muß natürlich die ganze Schrift gründlich ausgewertet werden.

Patentschriften bzw. Erfindungsbeschreibungen (meist auch des Auslandes) können in den nationalen Patentämtern[1]) und einigen von diesen betreuten Bibliotheken (meist in Hochschulen), den Auslegestellen, eingesehen werden. Außerdem können sie – so lange der Vorrat reicht, im Original, danach als Kopien – gegen eine geringe Gebühr von den Patentämtern oder über von diesen beauftragte Firmen auch käuflich erworben werden.[2])

Für einen Patentsituationsbericht hat sich der Feststellung der relevanten Erfindungsbeschreibungen noch eine Prüfung ihres Rechtsbestandes anzuschließen; soweit hierfür keine besondere Rechtsbestandskartei geführt wird, ist dafür das Patentblatt des entsprechenden (nationalen) Patentamtes heranzuziehen, in dem die Offen- bzw. Auslegung, Erteilung, Zurückziehung, Versorgung oder Aufhebung von Patentanmeldungen mitgeteilt wird. In Auswertung dieser Ergebnisse

---

[1]) DDR: Amt für Erfindungs- und Patentwesen der DDR (AfEP), 108 Berlin, Mohrenstr. 37 b
BRD: Deutsches Patentamt, 8000 München 2, Zweibrückenstr. 12
Österreich: Österreichisches Patentamt, 1014 Wien I, Kohlmarkt 8–10
Schweiz: Bundesamt für geistiges Eigentum, 2005 Bern, Eschmannstr. 2

[2]) DDR: Abonnementsbestellungen für DDR-Patente beim Zentralversand Erfurt, 501 Erfurt, Postfach 696; für Bundespatente, Auslege- und Offenlegungsschriften bei der Staatsdruckerei der DDR, 102 Berlin, Magazinstr. 15/16; Einzelbestellungen für DDR-Patentschriften beim AfEP, Abt. Dokumentenbereitstellung, 1055 Berlin, Christburger Str. 4; für alle Auslandspatente beim VEB Druckkombinat, Werk III, Abt. Foto, 102 Berlin, Dircksenstr. 47.
BRD: Patent- und Auslegeschriften über Deutsches Patentamt, Dienststelle Berlin, 1 Berlin 61, Gitschiner Str. 97–103; alle übrigen von C. Heymanns Verlag, 8000 München 33, Postfach 56; Gallus-Verlag, 8000 München 2, Sendlinger Str. 55; Informationsdienst Stand der Technik und Warenzeichen (West), 1 Berlin 61, Gitschiner Str. 97–103.

sind von den Patentfachleuten Vorschläge für die notwendigen schutzrechtlichen Maßnahmen zu erarbeiten.[3]

Abschließend sei nochmals darauf hingewiesen, daß zur Vermeidung von Nachteilen bei allen schutzrechtlichen Maßnahmen die Unterstützung eines Fachmannes in Anspruch zu nehmen ist. Auch eine Beschäftigung mit den nachstehend aufgeführten Fachbüchern über Patentrechtsfragen kann nur zur Vertiefung des eigenen Verständnisses der Problematik und keinesfalls der Selbsthilfe dienen. Mitarbeiter von volkseigenen Betrieben wenden sich an die Patentabteilung bzw. das Büro für Neuererwesen ihres Betriebes; in persönlichen Angelegenheiten erteilen auch die Patentämter Auskunft. Reichen diese Möglichkeiten nicht aus, muß ein Patentanwaltsbüro zugezogen werden.

Für diejenigen Chemiker und Ingenieure, die sich mit diesem Vorbehalt mit der Problematik des Patentwesens näher vertraut machen wollen, seien aus der umfangreichen (meist für Leser mit juristischen Vorkenntnissen bestimmten) Spezialliteratur folgende Titel als Beispiel genannt:

ANTIMONOV, B. S.; FLEISCHIZ, E. A.: Erfinderrecht. Berlin 1962. 212 S.

ARLT, E.; ERASMUS, H.: Erfinder- und Warenzeichenschutz im In- und Ausland. Bd. 1–5. 2. Aufl. Berlin 1958 (Loseblattsammlung).

ARTEMEV, J. I., u. a.: Patentovedenie. Moskau 1967. 252 S.

BENKARD, G.: Patentgesetz, Gebrauchsmustergesetz. 6. Aufl. München 1973. 2 320 S.

BERNHARDT, L.: Lehrbuch des deutschen Patentrechtes. 3. Aufl. München 1973. 530 S.

BOGUSLAWSKI, M. M.: Internationale Rechtsprobleme des Erfindungswesens. Berlin 1963. 293 S.

---

[3] Der Vollständigkeit halber sei erwähnt, daß das Informations- und Recherchezentrum des AfEP der DDR Patentrecherchen auf Honorarbasis durchführt (Mitteilungsbl. AfEP DDR (**1970**) 10/11; (**1971**) 1/2, 7/8); diese sind jedoch ohne patentrechtliche und sachliche Wertung bzw. (bei Rechtsbestandsermittlungen) ohne Rechtsverbindlichkeit und bedürfen daher noch der Auswertung durch einen Fachmann.

Erfinder- und Neuererrecht der DDR. Hrsg.: H. NATHAN.
Bd. 1–2. Berlin 1968. 903 S.
KASE, J. F.: Foreign patents. Groningen 1973. 358 S.
NEUBERG, E.: Der Lizenzvertrag und die internationale Patentverwertung. 3. Aufl. Weinheim/Bergstr. 1956. 144 S.
Patentrecht und Kennzeichnungsrecht (Gesetzessammlung). Hrsg.: AfEP der DDR. Berlin 1973. 160 S.
Taschenbuch des gewerblichen Rechtsschutzes. Hrsg.: Deutsches Patentamt München. Bd. 1–2. Köln/München 1968 (Loseblattsammlung).
ZIPSE, E.: Erfindungs- und Patentwesen auf den Gebieten moderner Technologien. Weinheim/Bergstr. 1971. 182 S.

Eine Übersicht über das Patentrecht in den Staaten der Erde geben:

SCHADE, H.: Patenttabelle. 2. Aufl. München/Köln/Berlin 1961. 38 S.
Tableau comparatif des conditions et formalités requises dans les divers pays pour obtenir un brevet d'invention. Bern 1950.
THIEME, F.: Das Patentrecht der Länder der Erde. Berlin 1959. 79 S.

Mit juristischen Fragen des Patentwesens beschäftigen sich außerdem zahlreiche Fachzeitschriften, von denen hier einige genannt seien, da sie dem Chemiker gewöhnlich nicht bekannt sind:

Probleme des Schutzes von Erfindungen, Mustern und Kennzeichnungen. Hrsg.: AfEP der DDR und Vereinigung für gewerblichen Rechtsschutz; Beilage zu „der neuerer", Ausg. B (Berlin).
Gewerblicher Rechtsschutz und Urheberrecht (mit internationaler Ausgabe) (Weinheim/Bergstr.) (Abkürzung: GRUR).
Neuheiten und Erfindungen (Bern).

Da sich der Patentschutz nicht auf die Verwendung für Versuchs- und Forschungszwecke bezieht und die Patentschrift in vielen Fällen die einzige Veröffentlichung des betreffenden Verfahrens darstellt, müssen Patente öfter als Arbeitsgrundlage für Laborversuche herangezogen werden. Um sie für diese Zwecke leichter zugänglich zu machen, existieren mehrere Patentsammlungen in Buchform, die leider durch den 2. Weltkrieg sämtlich zur Einstellung des Erscheinens gezwungen worden sind, aber durchaus noch Bedeutung haben. Dazu gehören:

Celluloseverbindungen. Hrsg.: O. FAUST. Bd. 1–2. Berlin 1935 (international).

Fortschritte in der anorganisch-chemischen Industrie, an Hand der deutschen Reichspatente dargestellt. Hrsg.: A. BRÄUER, J. D'ANS. Bd. 1–5. Berlin 1921–1939 (nur deutsche Patente von 1877 bis 1938).

Fortschritte der Heilstoffchemie. Hrsg.: J. HOUBEN. (Teil 1: Deutsche Patente von 1877 bis 1928, Bd. 1–6, Berlin 1926 bis 1939; Teil 2: Ausländische Patente von 1877 bis 1928, Bd. 1–5, Berlin 1926–1939.)

Fortschritte der Teerfarbenfabrikation. Hrsg.: P. FRIED-LÄNDER. Bd. 1–26. Berlin 1888–1942 (Patente über organische Farbstoffe und Zwischenprodukte im weitesten Sinne; deutsche vollständig, ausländische in Auswahl).

Außerdem ist zu erwähnen:

LOESCHE, A.: Patentregister der *Jahresberichte über die Leistungen der chemischen Technologie.* Leipzig 1925 (Bestandteil der Register zu den Jahresberichten für die Zeit von 1877 bis 1924; wertvoll für technologische Untersuchungen).

Eine betriebliche (technische) Neuerung, die nicht schutzfähig ist, wird in der DDR als *Neuerervorschlag* entsprechend den gesetzlichen Regelungen [72] dokumentiert, ausgewertet und vergütet. Damit bestehen in der DDR eindeutige gesetzliche Grundlagen für die Sicherung der Interessen der Werktätigen, die an der Verbesserung der Arbeits- und Lebensbedingungen schöpferisch mitarbeiten. Dies entspricht den allgemeinen Grundsätzen des sozialistischen Neuererrechtes [1]),

---

[1])   Zur Entwicklung des sozialistischen Neuererrechtes vgl. u. a.: Erfinder- und Neuererrecht der DDR. Hrsg.: H. NATHAN. Berlin 1968. S. 79–91.

die in ähnlicher Form auch in den anderen sozialistischen Staaten gelten (z. B. bei der internationalen Kooperation). In nichtsozialistischen Staaten gelten für die Behandlung von betrieblichen Verbesserungsvorschlägen unterschiedliche, meist nicht spezifische Rechtsgrundsätze (in der BRD z. B. das Arbeitnehmererfindungsgesetz [73]), die der Auslegung z. T. erheblichen Spielraum lassen.

Die rechtlichen und ökonomischen Fragen der Neuererbewegung können hier nicht behandelt werden; es sei auf die Fachzeitschrift *der neuerer* (Berlin) sowie auf folgende Bücher verwiesen:

Neuererbewegung – Arbeiterinitiative zur sozialistischen Rationalisierung. Hrsg.: J. HEMMERLING. Berlin 1973. 350 S.

Neuererrecht (Textausgabe). 2. Aufl. Berlin 1973. 79 S.

Der dokumentarische Wert von Neuerervorschlägen ist z. Z. noch gering, weil die Möglichkeiten ihrer Verbreitung mit dem Ziel einer überbetrieblichen Nutzung (Angebotsmessen Neue Technik, Veröffentlichung in Fachzeitschriften usw.) noch nicht optimal genutzt werden [74].[1]) Eine wesentliche Hilfe bei der effektiveren Nachnutzung ist die Erarbeitung von vollständigen Dokumentationen durch das Neuererkollektiv; auch die Nominierung von Neuererinstrukteuren kann vorteilhaft sein.

3.5.5. Register

Register dienen der schnelleren Auswertung der Literatur und finden sich in fast allen wissenschaftlichen Büchern und Zeitschriften. In der Chemie unterscheidet man 4 Arten von Registern, nämlich Autoren-, Formel-, Sach- und Patentregister. Ihr Aufbau und ihre Benutzung erscheinen auf den ersten

---

[1]) Ein erster Versuch in dieser Richtung ist der Zentrale Informationsdienst der Bezirksneuererzentren, der aus dem *Angebot nachnutzbarer Neuerungen* und der Suchliste *Probleme und Lösungen* besteht.

Blick so einfach, als ob sie keiner Erklärung bedürften; in
Wirklichkeit stecken sie jedoch voller Schwierigkeiten, von
denen hier einige genannt werden sollen.

Das *Autorenregister* (russ. imennoj ukazatel', engl. author
index) enthält die Namen der Verfasser in alphabetischer
Reihenfolge. Stehen sie im Original nicht in lateinischer Schrift,
so werden sie entweder transliteriert, d. h., ihr Lautbild wird
in lateinischen Buchstaben so ähnlich wie möglich wiedergegeben, oder sie werden transkribiert, d. h., jeder Buchstabe
der fremden Schrift wird durch einen oder mehrere lateinische Buchstaben, evtl. mit Hilfszeichen, wiedergegeben. In
Fachzeitschriften herrscht gegenwärtig die *Transliteration* vor,
dabei werden selbstverständlich die Ausspracheregeln der
Muttersprache des Autors und der Sprache, in der die Veröffentlichung abgefaßt ist, zugrunde gelegt, so daß der gleiche
Autor in verschiedenen Werken in jeweils anderer Schreibweise und dadurch auch an verschiedenen Stellen des Registers
erscheint. Beispielsweise wird der russische Name Чичибабин
im deutschen Sprachraum meist als TSCHITSCHIBABIN [1]
in England als CHICHIBABIN aufgeführt. Ähnlich sind die
Verhältnisse bei chinesischen, japanischen und arabischen Namen. Es ist daher eine große Hilfe, wenn der Autor selbst in
einer Sprache mit lateinischer Schrift veröffentlicht; die von
ihm durchgeführte Transliteration seines Namens gilt dann als
amtlich. Einige für den Chemiker besonders wichtige Transliterationsformen für die russische Sprache sind am Schluß
des Buches in Tabelle 2 aufgeführt.

Die *Transkription* spielt vor allem für die Wiedergabe
kyrillischer Schrift und dort vor allem für die Verwendung
in Bibliothekskatalogen [2] eine Rolle. Ihre Verwendung in
der Fachliteratur nimmt zu; sie wird deshalb auch in diesem
Buch verwendet. In der chemischen Zeitschriftenliteratur hat
sie sich bisher kaum durchgesetzt. Sie hat den großen Vorteil,
sich eindeutig wieder in kyrillische Schrift zurückverwandeln

---

[1]   nach STEINITZ; vgl. Der große Duden. 9. Nachdruck der 16.
       Aufl. Leipzig 1974. S. XXVIff.
[2]   die sog. bibliothekarische Transkription; vgl. Zitat Fuß-
       note 1.

zu lassen (Чичибабин == Čičibabin), jedoch sind Transkriptionen für den Unkundigen meist schlechter lesbar. Trotz verschiedener vielversprechender Ansätze zur Vereinheitlichung der Transkription und Transliteration [75, 76, 77] ist man auf diesem Gebiet noch weit von einer Lösung entfernt, zumindest, wenn man sich nicht auf die Wiedergabe der russischen Sprache beschränkt. Die Probleme, die allein schon durch Einbeziehung anderer Sprachen mit kyrillischer Schrift, wie des Bulgarischen und des Serbokroatischen, auftreten, werden u. a. von SMOLIK [78] behandelt. Über die Transliteration von japanischen Eigennamen aus der kyrillischen in die lateinische Schrift berichtet H. LÖHR [79].

Schwierigkeiten treten aber auch bei der Einordnung von lateinisch geschriebener Namen auf. Daß Adelsprädikate, wie das französische *de* und das deutsche *von*, bei der Einordnung nicht berücksichtigt werden, ist selbstverständlich. Daß die in holländischen Namen häufigen Präpositionen, wie *van* und *ter*, ebenfalls hinter den Hauptbestandteil des Namens gestellt werden, ist bereits nicht mehr so naheliegend. Daß aber die schottische Vorsilbe Mc (z. B. in McPEARSON) ebenso wie die Vorsilbe Mac behandelt und daher mit dieser gemeinsam eingeordnet wird, ist fast unbekannt. Weiter ist zu beachten, daß im Spanischen einige Buchstabengruppen eine gewisse Eigenständigkeit haben. In spanischen Registern steht daher Ch nach C, Ll nach L und Ñ nach N. Ähnlich werden in einigen deutschen Autorenregistern Namen, die mit Sch beginnen, nach allen anderen mit S beginnenden Namen eingeordnet.

Unklar ist auch die Stellung der Umlaute im Alphabet. In deutschen Registern werden ä, ö, und ü entweder zu ae, oe und ue aufgelöst oder gemeinsam mit a, o, u eingeordnet. Im Norwegischen und Schwedischen stehen alle Umlaute am Schluß des Alphabets. In internationalen Registern muß man sich daher stets überzeugen, nach welchen Prinzipien sie geordnet sind [80].

Noch größer sind die Probleme, die bei der Benutzung des *Sachregisters* (russ. predmetnyj ukazatel', engl. subject index) auftreten. Wie schon der Name andeutet, ist es eine alphabetische Folge der Namen wichtiger Dinge und Begriffe. Dabei ist zunächst festzulegen, ob die Begriffe eng oder weit gefaßt werden sollen. Beispielsweise kann man das Malachitgrün unter seinem eigenen Namen, unter dem Schlagwort „Triphenylmethanfarbstoffe" und dem Schlagwort „Farbstoffe" einordnen, wobei der in dem Register aufgeführte Begriff jedesmal weiter gefaßt wurde. Bücher enthalten im allgemeinen eng gefaßte, Zeitschriften weit gefaßte Sachregister; zahlreiche Veröffentlichungen halten aber auch eine mittlere Linie ein. Ein weit gefaßtes Sachregister, wie z. B. das Register des (inzwischen eingestellten) Chemischen Zentralblattes, enthält fast keine Namen chemischer Verbindungen, und die registrierten Oberbegriffe sind in kleinere Gruppen aufgeteilt. Zu beachten ist bei solchen Registern, daß der gleiche Gegenstand, je nach dem Aspekt, unter dem er betrachtet wird, in verschiedenen Gruppen auftauchen kann. Beispielsweise kann Pepsin unter „Fermente" und unter „Verdauung" zu finden sein. Trotz Querverweisen ist es daher oft nicht leicht, die richtigen Schlagwörter für bestimmte chemische Verbindungen aufzufinden.

Eng gefaßte Sachregister haben dagegen wieder andere Nachteile. Einmal gibt es, besonders in der organischen Chemie, für jede Verbindung mehrere Namen, die nach den geltenden Nomenklaturbestimmungen „richtig" sind, von den zahlreichen nicht anerkannten, aber um so häufiger benutzten Trivialnamen abgesehen (s. dazu Abschnitt 3.5.6.). Da eng gefaßte Sachregister nur in Sonderfällen Querverweise geben können, muß man also sämtliche möglichen Namen bilden und nachschlagen. Dazu kommt, daß bei systematisch gebildeten Namen die nichtfunktionellen und die stickstoffhaltigen Substituenten durch Vorsilben ausgedrückt werden, so daß zusammengehörige Verbindungen in eng gefaßten Sachregistern oft an ganz verschiedenen Registerorten gesucht werden müssen. Vor allem in englischen Sachregistern, z. B. dem der Chemical Abstracts, werden die Vorsilben daher häufig mit Bindestrich hinter den übrigen Teil des Namens gestellt, so daß der wesentlichere Name des Kohlenstoffgerüstes nach vorn rückt (z. B. Naphthol−(8)−disulfonsäure−(2.4), 1−Amino−). Man muß sich daher in jedem Register davon überzeugen, ob dieses Prinzip Anwendung gefunden hat oder nicht. Daß Zahlen und „rationelle" Vorsilben bei der alphabetischen Ordnung chemischer Namen zunächst nicht berücksichtigt werden, ist naheliegend (sie werden zur Einordnung nur herangezogen, wenn die Namen in allen anderen Bestandteilen übereinstimmen). Auf Unterschiede in Trivialnamen, die durch die jeweilige Landessprache bedingt sind, sowie auf national bedingte Unterschiede in der systematischen Nomenklatur soll ebenfalls nur hingewiesen werden. Diese Problematik wird im nächsten Abschnitt (3.5.6.) behandelt.

Kombinierte Sach- und Autorenregister (sog. *Kreuzregister;* vgl. das Register am Ende dieses Buches!), die im Bibliothekswesen sehr verbreitet sind, werden in Zeitschriften nur selten verwendet und weisen keine zusätzlichen Probleme auf.

Schwierigkeiten in der Handhabung der Register sind in letzter Zeit dadurch aufgetreten, daß in Schulbüchern, der Presse und einigen wenigen Lehrbüchern auch bei chemischen Fachausdrücken die Rechtschreibung nach Duden [81] durchgesetzt wurde, während die chemische Fachliteratur zum größten Teil die Schreibweise nach JANSEN/MACKENSEN [82] anwendet.[1]) Diese Differenzen beziehen sich gegenwärtig vor allem auf den Ersatz des Buchstabens c durch k bzw. z. [81]. Während die Tendenz in der DDR dahin geht, die Duden-Schreibung auch für die Fachliteratur einzuführen, wurden in der BRD bei der neuesten Ausgabe des Duden [83] einige Zugeständnisse an die durch die Dokumentation bedingte Fachschreibweise gemacht. Ein vorläufiger Kompromiß wurde dadurch erreicht, daß für die „dokumentationswürdige" Fachliteratur die c-Schreibung auch in der DDR weiterhin zugelassen wurde [84].

Eine normierende Wirkung auf die Rechtschreibung üben auch die Thesauri aus (s. Abschnitt 5.5.).

Nicht einmal *Formelregister* (russ. ukazatel' [po empiričeskim] formulam, engl. formula index) stimmen vollständig miteinander überein. Vor allem in der organischen Chemie wurde lange Zeit eine Ordnung der Elementsymbole nach ihrer Häufigkeit in chemischen Verbindungen bevorzugt. Sie

---

[1]) Zur Entwicklung dieser Auseinandersetzungen vgl. NOWAK, A., Mitteilungsbl. Chem. Ges. DDR **10** (1963) 11, S. 205.

führte zu der Reihenfolge C, H, O, N, Cl, Br, J, F, S, P (RICHTER-Alphabet). Die Bruttoformeln selbst wurden außerdem nach der Anzahl der C-Atome und der neben C vorkommenden Elementarten in Gruppen eingeteilt, innerhalb dieser Gruppen folgten sie nach steigender Atomanzahl der übrigen Elemente aufeinander. So enthielt die Gruppe C_2-I die Verbindungen mit Bruttoformeln von C_2H_2 bis C_2F_6, die darauf folgende Gruppe C_2-II begann mit $C_2H_2N_4$, $C_2H_2Cl_2$ und C_2H_3N, und die höheren Gruppen C_2-III, C_2-IV, C_3-I usw. bauten sich analog auf. Dieses System wurde vor allem im BEILSTEIN und in den Registern des *Chemischen Zentralblattes* angewendet; heute ist es praktisch völlig (im Zentralblatt seit 1960) von dem HILLschen System verdrängt. Nach diesem werden alle chemischen Verbindungen gemäß der alphabetischen Reihenfolge ihrer Elementsymbole eingeordnet; organische Verbindungen bilden insofern eine Ausnahme, als sie hintereinander und beginnend mit C und H aufgeführt werden. Sie stehen also zwischen Br und Ca und werden untereinander zunächst nach steigender Anzahl der C- und H-Atome, dann nach ihren sonstigen Elementarten in alphabetischer Folge geordnet. Dieses System ist leicht zu lernen und anzuwenden, gibt aber im Gegensatz zu dem von RICHTER keinerlei Beziehungen zwischen verwandten Verbindungen wieder.

Patentregister (russ. patentnyj ukazatel', engl. patent index) werden in Ländergruppen aufgeteilt; innerhalb dieser Gruppen werden die Patente nach ihren Nummern aufgeführt. Nur selten, z. B. im *Referativnyj Žurnal*, werden sie nach Patentnehmern geordnet.

Eine neu entstandene Registerform sind die KWIC- *(Keyword in Context-) Register* [85]. Sie werden erhalten, indem man aus einem charakteristischen Kontext (gewöhnlich dem Titel) ein oder mehrere Stichwörter dadurch auswirft, daß man sie an den Zeilenanfang rückt, sonst aber innerhalb des Kontextes beläßt. Sie verbinden daher eine hohe Aussagekraft mit den Vorteilen maschineller Herstellbarkeit, sind jedoch etwas umständlich und hängen in ihrer Qualität von der oft sehr wechselnden Aussagekraft der Titel ab. Vor allem bei

Schnellinformationszeitschriften setzen sie sich immer mehr durch.

3.5.6. Bemerkungen zur chemischen Nomenklatur

Obgleich eine Darstellung auch nur der Grundprinzipien der chemischen Nomenklatur den Rahmen dieses Buches bei weitem sprengen würde, muß hier wegen ihrer enormen Bedeutung für das chemische Schrifttum, insbesondere für die Register und Nachschlagewerke, einiges über ihren Aufbau und die für ihre Handhabung existierenden Hilfsmittel gesagt werden.

Nach RICHTER [86] kann man die chemischen Stoffnamen in *Trivialnamen, rationelle*[1] und *systematische Namen* einteilen. Die ersten werden von äußeren Eigenschaften des Stoffes, seiner Herkunft, seinem Verwendungszweck, von Personennamen oder auch völlig willkürlich gebildet. Sie gehören stets der Landessprache an, wobei häufig Lehnübersetzungen auftreten. Eine Kartei englischer und deutscher Trivialnamen ist von der Redaktion des *Chemischen Zentralblatts* herausgegeben worden (Berlin/Weinheim (Bergstr.) 1964; 1. Nachtrag 1966) und umfaßt gegenwärtig über 9 000 Karten vom Format A 7. Die Kartei enthält außer dem englischen und deutschen Trivialnamen, der Struktur- und Summenformel gegebenenfalls weitere Trivialnamen und eine oder mehrere Literaturstellen, in denen Näheres über die Verbindung zu finden ist.

Mit dem Spezialgebiet der Trivial- und Handelsnamen von Arzneimitteln befassen sich mehrere Bücher, insbesondere:

Index Nominum. Verzeichnis über international gebräuchliche Synonyme der neueren Arzneistoffe und ihrer Spezialitäten. 7. Aufl. Stuttgart 1973. 1 300 S.

NEGWER, M.: Organisch-chemische Arzneimittel und ihre Synonyme. 4. Aufl. Berlin 1971. 1 264 S.

---

[1]   Statt von „rationellen" spricht man besser von halbsystematischen oder teilsystematischen Namen; vgl. NOWAK, A., Chemie Schule **16** (1969) 7, S. 255.

Über englisch-amerikanische Trivialnamen informiert COOKE, E., *Chemical Synonyms and Trade Names*, 6. Aufl., London 1968, 635 S.

Im Gegensatz zu den Trivialnamen sind sowohl halbsystematische als auch systematische Namen griechisch-lateinische Kunstwörter, die weitgehend international gebräuchlich sind. Ihre Bildungsregeln werden in den meisten Tabellenwerken in kurzen Zügen dargestellt; die Handhabung wird aber dadurch erschwert, daß zwar einem Namen nur eine Strukturformel entspricht, zu einer Strukturformel aber mehrere „richtige" Namen gebildet werden können. Die Regeln für die Bildung systematischer Namen werden von der IUPAC beschlossen, zum Teil aber noch entsprechend den Sprachbereichen abgewandelt. Die Regeln für die anorganische Nomenklatur sind in der Broschüre *Richtsätze für die Nomenklatur der anorganischen Chemie*, 4. Aufl., Berlin 1970, 40 S., enthalten. Die entsprechenden Regeln für die organische Nomenklatur sind bisher nur in englischer Sprache in Form mehrerer Sonderdrucke und in Fachzeitschriften erschienen, z. B.: *Nomenclature of Organic Chemistry, Hydrocarbons/Heterocyclic Systems*, London 1958, *Tentative Rules for Nomenclature of Organic Chemistry 1961*, London 1962, *Rules of Carbohydrate Nomenclature*, London o. J.; eine (offizielle) deutsche Fassung dieser Richtsätze steht zur Zeit noch aus.[1]

Ausführliche Darstellungen der (besonders komplizierten) systematischen Nomenklatur der organischen Chemie liegen jedoch in Form von Monographien vor. In deutscher Sprache sind hier zu nennen:

EMCH, W.: Nomenklatur der organischen Chemie deutsch, lateinisch, französisch, englisch. Zug 1965. 120 S.

HOLLAND, W.: Die Nomenklatur in der organischen Chemie. Zürich/Frankfurt a. M. 1969 (Lizenzausgabe: Leipzig 1973, 2. Aufl.). 196 S.

---

[1]　Eine Liste der von der IUPAC genehmigten bzw. empfohlenen Nomenklaturregeln (approved bzw. provisional rules) findet sich bei LIEBSCHER, W., Mitteilungsbl. Chem. Ges. DDR **22** (1975) 6, S. 151.

LIEBSCHER, W.: Nomenklatur organisch-chemischer Verbindungen. Berlin 1969. 797 S. (Manuskriptdruck).

Speziell für Chemielehrer bestimmt ist die Broschüre von HRADETZKY, A., *Die Richtlinien für die systematische Benennung organisch-chemischer Verbindungen*, Karl-Marx-Stadt 1964, 61 S. (Manuskriptdruck). An fremdsprachigen Büchern sind insbesondere die programmierten Lehrbücher der Nomenklatur zu erwähnen; z. B.:

BANKS, J. E.: Naming Organic Compounds – a programmed introduction to organic Chemistry. Philadelphia/London 1967. 276 S.

BENFEY, O. Th.: The Names and Structures of Organic Compounds. New York/London 1966. 212 S.

A. P. TERENT'EV entwickelt in seinem Buch *Nomenklatura organičeskich soedinenij*, Moskau 1955, 302 S., über die Darstellung der Nomenkatur hinaus interessante Ansichten zu ihrer Weiterentwicklung.

Der zunehmende Einsatz von elektronischen Datenverarbeitungsanlagen macht auch eine Überführung der chemischen Stoffnamen in codierfähige Symbole nötig. Arbeiten dazu wurden an mehreren Stellen unabhängig voneinander durchgeführt. Nach Berichten einer amerikanischen Studienkommission [87, 88] erscheinen besonders die von WISWESSER [89], SILK [90], GRUBER [91] und DYSON [92] erarbeiteten Systeme erfolgversprechend. Die Hoffnungen, daß derartige Codesysteme die gängige Nomenklatur in absehbarer Zeit verdrängen und damit ihre Schwierigkeiten und Nachteile gegenstandslos machen könnten, erscheint jedoch verfrüht, da das Bedürfnis nach sprechbaren Namen wohl noch sehr lange vorhanden sein wird [93].

3.5.7. Dissertationen, Institutspublikationen, Werkzeitschriften

Neben den bisher behandelten Publikationen gibt es noch eine Anzahl von Veröffentlichungen, die nicht oder nur in beschränktem Maße im Buchhandel erhältlich sind. Von die-

sen haben die *Dissertationen* in der Chemie wohl die größte
Bedeutung. Ihre Auffindung war schon immer mit Schwierigkeiten verknüpft und wird heute noch weiter dadurch erschwert, daß sie nicht mehr überall in mehreren hundert
Exemplaren gedruckt, sondern meist nur in wenigen Stücken
bei bestimmten Bibliotheken hinterlegt werden. Dazu gehören
die Deutsche Bücherei Leipzig, die Deutsche Bibliothek Frank-
furt/Main und die Universitätsbibliothek Berlin, bei denen
man also nach bestimmten Dissertationen anfragen und sie
im Original bestellen kann. Sämtliche Dissertationen werden
in der Reihe C der *Deutschen Nationalbibliographie* (Leipzig)
und im *Jahresverzeichnis der Hochschulschriften der DDR,
der BRD und Westberlins* (Leipzig; bis 85 (1973): *Jahresverzeichnis der deutschen Hochschulschriften)* systematisch
aufgeführt. Außerdem existiert eine spezielle *Bibliographie
der Hochschulschriften zur Chemie. Ein systematisches Verzeichnis der an den Universitäten und Hochschulen der DDR,
der BRD und Westberlins eingereichten Dissertationen und
Habilitationsschriften* (Leipzig; bis 27 (1972): *Bibliographie
der deutschen Hochschulschriften zur Chemie,* die im allgemeinen halbjährlich erscheint.[1])

Alle diese Hilfsmittel enthalten jedoch nur die Titel, so
daß man sich am besten in den *Hochschulzeitschriften* orientiert, die besonders von nicht gedruckten Arbeiten Referate
veröffentlichen.

Schwer auswertbar sind auch Veröffentlichungen von
staatlichen Instituten oder Instituten wissenschaftlicher Vereinigungen, die nicht in gängigen Zeitschriften erfolgen. Dazu
gehören besonders die *Forschungsberichte* und *Jahrbücher* der
verschiedenen Akademien und staatlicher Institutionen (z. B.
die *Forschungsberichte des Landes Nordrhein-Westfalen).*

Forschungsberichte von Akademien bezieht man am besten
von diesen selbst. Eine noch größere Rolle als in Europa spielen solche „institutional publications", meist von Bundesinsti-
tuten, in den USA. Dort, wie in allen übrigen Staaten, können
sie zumindest in der Nationalbibliothek eingesehen werden.

---

[1]   Erscheinen inzwischen eingestellt.

Werden sie von deren systematischem Katalog nicht erfaßt, dann sind sie sehr schwierig zu bearbeiten.

In der DDR besteht seit 1973 die gesetzliche Verpflichtung[1]), Forschungsberichte beim ZIID zu hinterlegen sowie vor Aufnahme einer Forschungsarbeit vom ZIID eine Recherche über etwa bereits vorliegende Arbeiten zum gleichen Thema durchführen zu lassen. Zusätzlich wird vom ZIID eine annotierte Titelliste *F/E-Berichte und Dissertationen der DDR* herausgegeben; sie erscheint monatlich in 10 Reihen.

Werkzeitschriften dienen entweder der Kundenwerbung oder der Information der Betriebsangehörigen über wichtige Fragen. Manchmal unterscheiden sich einzelne Ausgaben sehr stark in ihrem Aufbau, oft wird die Zielsetzung ihres Inhaltes aber auch ständig beibehalten. Nur wenige dieser Zeitschriften beschäftigen sich mit Grundlagenforschung (obgleich es auch schon vorgekommen ist, daß selbst Anzeigen chemischer Werke in wissenschaftlichen Zeitschriften bisher unveröffentlichte Forschungsergebnisse enthielten), häufig dagegen mit der technischen Ausrüstung und dem Produktionsprogramm des betreffenden Werkes, mit Absatz- und Kundendienstproblemen sowie mit der Geschichte der Chemie. Alle diese Werkzeitschriften sind in der Deutschen Bücherei Leipzig bzw. in der Deutschen Bibliothek Frankfurt/Main vorhanden; sie können ebenfalls in der *Deutschen Nationalbibliographie*, Reihe B, festgestellt werden.

Selbst *Firmenprospekte*, von denen besonders die für Meßgeräte wegen der Beschreibung des Bauprinzips und der Bedienungsvorschrift von Wichtigkeit sein können, sind auf die gleiche Weise zu ermitteln. Seit 1975 wird vom VINITI (Moskau) ein Katalog über die Firmenschriften der Welt unter dem Titel *Novye promyšlennye katalogy* herausgegeben.[2])

---

[1]) AO über Bereitstellung von Informationen (GBl. DDR I (1973), S. 423).

[2]) Einzelexemplare ausländischer Firmenschriften können in der DDR durch das ZIID, 117 Berlin, Köpenicker Str. 325, beschafft werden. Dort ist auch eine größere Sammlung von Firmenschriften vorhanden.

3.5.8. Persönliche Mitteilungen, Vorträge, Tagungs- berichte und sonstige Quellen

Viel zu wenig genutzt, vor allem von den jüngeren Chemi- kern, wird die Möglichkeit, mit erfahrenen Kollegen in per- sönliche Verbindungen zu treten.[1]) Sowohl im mündlichen Ge- spräch auf Konferenzen und anderen wissenschaftlichen Ver- anstaltungen als auch auf eine schriftliche Anfrage hin werden Chemiker fast immer bereit sein, Fragen zu beantworten und Anregungen zu geben. Der Fragende hat allerdings diese Be- reitschaft dadurch zu ehren, daß er die erhaltenen Auskünfte mit dem Namen des Auskunfterteilenden und dem Zusatz „Privatmitteilung" in das Literaturverzeichnis etwaiger Ver- öffentlichungen aufnimmt oder in einer besonderen Dank- sagung als fremdes Ideengut kennzeichnet. Dies gilt auch für Diskussionsbemerkungen zu Vorträgen, die ja oft der prak- tischen Arbeit neue Wege weisen.

Öffentliche Vorträge zählen dagegen, wie bereits betont (Abschnitt 3.5.4.), zu den Veröffentlichungen und werden wie solche behandelt. Um ihre Auswertung zu erleichtern, werden zu größeren wissenschaftlichen Veranstaltungen Tagungsbe- richte herausgegeben, die wichtige Vorträge im Wortlaut, weniger wichtige als Autorenreferate enthalten. Diese Ta- gungsberichte können oft noch einige Zeit später von der veranstaltenden Körperschaft bezogen werden; bibliotheka- risch werden sie außer von der Deutschen Bücherei Leipzig

---

[1])   Anschriften kann man häufig den Veröffentlichungen des betreffenden Wissenschaftlers entnehmen; außerdem sei auf die im Abschnitt 4.1. besprochenen biographischen Hand- bücher sowie (bei Mitgliedern der GDCh) auf das *Adreß- buch Deutscher Chemiker* 1972/73, Weinheim/Bergstr. 1972, 788 S., verwiesen. Falls diese Möglichkeiten versagen, kann man auch über einen Verlag, in dem der Wissenschaftler veröffentlicht, oder eine Zeitschriftenredaktion mit ihm Ver- bindung aufnehmen. Anschriften von Akademien, Hoch- schulen und wissenschaftlichen Vereinigungen entnimmt man dem jeweils neuesten entsprechenden Band von *Minerva. Jahrbuch der gelehrten Welt,* Berlin 1891 ff.

(nur deutschsprachige) und der Deutschen Bibliothek Frankfurt/Main jedoch nur von wenigen Fachbibliotheken erfaßt. Zu erwähnen ist, daß wichtige Tagungen in der ganzen Welt in den Mitteilungsblättern der Chemischen Gesellschaften, die auf diesen Tagungen offiziell vertreten sind, kurz referiert werden. Nähere Auskünfte können dann über die Tagungsleitung oder die betreffende Chemische Gesellschaft eingeholt werden. Die Chemischen Gesellschaften referieren auch die Vorträge der Kolloquien, an denen sie direkt oder indirekt beteiligt sind. Das gleiche gilt für die aus historischen Gründen manchmal interessanten Festreden und für Sitzungsberichte.

In heutiger Zeit sind für eine wissenschaftliche Orientierung noch das Fernsehen, der Film und das Tonband zu berücksichtigen. Diese Publikationsmittel werden kaum jemals primäre Informationen enthalten, können aber unter Umständen wichtige technische Hinweise geben und sind dann wie andere Quellen zu zitieren. Auskünfte über Unterrichtsfilme geben die Filmstellen der Hochschulen oder Schulbehörden, solche über wichtiges Bildmaterial auch Bildarchive, wie ADN-Zentralbild.

4. Kurze Auswahlbibliographie der chemischen Grenzgebiete und anderer Fachgebiete im Zusammenhang mit der Arbeit des Chemikers

Die Chemie als Lehre von den Eigenschaften und Umwandlungen der Stoffe überschneidet sich notwendigerweise mit zahlreichen anderen Naturwissenschaften, insbesondere mit der Physik und der Biologie. Ihre Grenzgebiete, wie physikalische Chemie und Biochemie, deren wissenschaftliche und praktische Bedeutung ständig im Wachsen ist, werden konventionell als Zweige der Chemie betrachtet, obgleich es ebenso gerechtfertigt wäre (und teilweise auch praktiziert wird), sie als chemische Physik, Biologie usw. aufzufassen und zu bezeichnen.[1] Auf jeden Fall muß der Chemiker, auch wenn er auf einem „klassischen" Gebiet der Chemie tätig ist, diese Grenzgebiete in seine Betrachtungen einbeziehen, weil sie der Arbeitstechnik, aber auch der Theorie der Chemie wichtige Anregungen geben. Das gleiche, wenn auch aus anderen Gründen, gilt von einigen Disziplinen, in denen die Stoffuntersuchung einen besonders großen Raum einnimmt, z. B. für die Lebensmittelchemie. Da eine – auch nur andeutungsweise – Wiedergabe der Grundprinzipien dieser Gebiete den Rahmen dieses Buches sprengen würde und für die Betrachtung ihrer Literatur im allgemeinen die gleichen Bedingungen gelten wie für die chemische Literatur, sollen hier nur einige einschlägige Titel – vorwiegend Lehrbücher und Nachschlagewerke – als Beispiele in Form einer kurzen Auswahlbibliographie zusammengestellt werden. Lediglich die physikalische

---

[1] Zur wachsenden Bedeutung der Grenzgebiete und ihrer Auswirkungen auf die Dokumentation vgl. Nachr. Dok. 14 (1963), Beiheft Nr. 12, S. 24.

Chemie soll wegen ihrer grundlegenden Bedeutung für die Chemie als Ganzes eingehend behandelt werden.

Über diese Grenzgebiete hinaus kommt der Chemiker jedoch auch mit Problemen aus ganz anderen Fachgebieten — Wirtschaft, Recht, Medizin usw. — in Berührung, so daß es notwendig erscheint, auch dafür einige Literaturbeispiele anzugeben, die als Hinweise für weitere Nachforschungen dienen können.

Schließlich ist es auch in der Chemie wichtig und notwendig, sich mit der Geschichte der Wissenschaft und ihren hervorragenden Vertretern zu beschäftigen.

Wird nur eine orientierende Information über einzelne Termini aus nicht-chemischen Naturwissenschaften oder der Technik benötigt, so können dafür — neben den sog. Konversationslexika — u. a. folgende Nachschlagewerke herangezogen werden, die jedoch nur äußerst spärliche Hinweise auf weiterführende Literatur enthalten:

Brockhaus ABC Naturwissenschaft und Technik. Bd. 1–2. 10. Aufl. Leipzig 1970. 1 050 S.

Meyers Lexikon der Technik und der exakten Naturwissenschaften. Hrsg.: J. KUNSEMÜLLER. Mannheim/Wien/Zürich 1969–1970.

4.1. Biographische und historische Literatur

Die Geschichte der Chemie wird unter dem Druck der Studienanforderungen an den meisten Universitäten und Hochschulen vernachlässigt, obgleich sie dem Chemiker für die Forschung und besonders für die Literatursuche viele wichtige Hinweise bietet. Dies gilt besonders für biographische Veröffentlichungen, die gewöhnlich eine Bibliographie der Werke des betreffenden Forschers enthalten. Allerdings sind zusammenfassende Werke über die Chemiegeschichte der letzten 60 Jahre ziemlich selten, und in einigen älteren Werken wird der Alchimie in ihrer spekulativsten Form mehr Raum gewidmet als der Entwicklung der chemischen Technik, aus der wir zum Teil auch heute noch wertvolle Anregungen entnehmen könnten.

Zur biographischen Literatur gehören Memoiren, Biographien und Nekrologe oder sonstige Gedenkartikel. *Memoiren* lassen sich am leichtesten ausfindig machen, weil der Verfasser feststeht. Sie sollen daher nicht weiter erwähnt werden. *Nekrologe* und andere Gedenkartikel finden sich fast ausschließlich in den Fachzeitschriften, die von wissenschaftlichen Vereinigungen herausgegeben werden. Sie beziehen sich natürlich vor allem auf deren Mitglieder, daneben aber auch auf andere Forscher. Gelegentlich sind sie in einem besonderen, getrennt paginierten Teil der betreffenden Zeitschrift enthalten, werden aber im Generalregister der Zeitschrift und in den Referatezeitschriften aufgeführt, so daß ihre Auffindung im allgemeinen keine besonderen Schwierigkeiten macht. Schlechter aufzufinden sind *Biographien* in Buchform, von denen daher nachstehend einige größere und besonders wichtige Sammlungen genannt seien:

BALEZIN, S. A.; BESKOV, S. D.: Vydajuščiesja russkie učenye-chimiki. Moskau 1953. 216 S.

Biographien bedeutender Chemiker. Hrsg.: K. HEINIG. Berlin 1968. 311 S.

Das Buch der großen Chemiker. Hrsg.: G. BUGGE. Bd. 1–2. Weinheim/Bergstr. 1955. 1 035 S. (1. Aufl. Berlin 1929; eine dreibändige Neubearbeitung durch W. RUSKE ist in Vorbereitung).

DARMSTAEDTER, L.: Naturforscher und Erfinder. Bielefeld/Leipzig 1926. 182 S.

Great Chemists. Hrsg.: E. FÄRBER. New York 1960. 1 642 S.

HOFMANN, A. W. v.: Zur Erinnerung an vorangegangene Freunde. Bd. 1–3. Braunschweig 1888. 1 241 S.

Russkie chimiki. Hrsg.: S. J. VOL'FKOVIČ. Moskau 1954. 146 S. (annotiertes Literaturregister).

Eigentlich in die Gruppe der Bibliographien gehören die *biographischen Handbücher,* die zu jeder darin enthaltenen Person außer ihren wichtigsten Lebensumständen ihre Veröffentlichungen verzeichnen. Nur eines von ihnen besitzt indes für die Naturwissenschaften wirklich umfassende Bedeutung, weil es die Autoren wissenschaftlicher Veröffentlichungen aus allen Nationen nahezu lückenlos und mit ihren sämtlichen Werken verzeichnet. Es ist dies J. C. POGGENDORFFs *Biographisch-literarisches Handwörterbuch der exakten Naturwissenschaften*, Leipzig/Berlin 1863 ff. Von den bisher erschienenen Bänden umfassen Band 1 und 2 (1863) die bis 1858 veröffentlichte Literatur und Band 3 (1898) die Literatur von 1858 bis 1883. Band 4 (1902–1907) faßt nochmals die Literatur von 1858 bis zur „Gegenwart" zusammen, Band 5 (1926) schließt sich mit den Publikationen von 1904 bis 1922 an. Band 6 (1936–1940, 4 Teile) bringt die Veröffentlichungen von 1923 bis 1931, und Band 7a (1932–1957, 5 Teile u. Erg.-Bd.) umfaßt die Literatur von 1932 bis 1953; jedoch berücksichtigt er wegen der Kriegsfolgen nur deutschsprachige Autoren. Der Band 7b, der die fremdsprachigen Autoren des gleichen Zeitraumes umfaßt, ist z. Z. noch nicht abgeschlossen. Das Werk, das von der Sächsischen Akademie der Wissenschaften Leipzig in Zusammenarbeit mit anderen Akademien herausgegeben wird, führt auch bei Zeitschriftenveröffentlichungen den Titel an und gestattet so einen raschen Überblick über das gesamte Schaffen eines Autors.

Die übrigen biographischen Handbücher, als deren berühmtestes wohl das in der 1. Auflage (Leipzig 1905) von H. A. L. DEGENER herausgegebene *Wer ist's?* (17. Aufl. unter dem Titel *Wer ist wer?*, Berlin 1974) gilt, führen meist nur Buchveröffentlichungen an und gestatten daher keinen vollständigen bibliographischen Überblick. Trotzdem seien noch 3 besonders verbreitete biographische Handbücher genannt:

KÜRSCHNERS Deutscher Gelehrten-Kalender. Bd. 1–2. 11. Aufl. Berlin 1970. 2 077 S.

The International Who's Who (Europe). Bd. 1–2. London (alle 2 Jahre).

Who's Who in Science in Europe. Bd. 1–3. München-Pullach 1967. 1 784 S.

Biographische Angaben sind meist, wenn auch verstreut, in den Jahrbüchern der Universitäten und Akademien enthalten.

Über die *Geschichte der Chemie* selbst existieren wie auf jedem anderen Gebiet der Chemie Lehrbücher, Nachschlagewerke, Monographien und Zeitschriften. Die lehrbuchartigen Gesamtdarstellungen unterscheiden sich von den handbuchartigen im allgemeinen nur durch ihren Umfang. Daneben finden sich Arbeiten über Stoffe aus der Chemiegeschichte in zahlreichen populärwissenschaftlichen Zeitschriften und in Zeitschriften, die sich mit Unterrichts- und Ausbildungsfragen in der Chemie befassen. Nachstehend sollen einige Bücher, aufgeteilt in Gesamt- und Einzeldarstellungen, sowie die Titel einiger wichtiger Zeitschriften angegeben werden; da sie sämtlich ausführliche Literaturverzeichnisse enthalten, können mit ihrer Hilfe leicht weitere Werke ermittelt werden.

Kurze Gesamtdarstellungen

LOCKEMANN, G.: Geschichte der Chemie. Bd. 1–2. Berlin 1950. 293 S.

WALDEN, P.: Drei Jahrtausende Chemie. Berlin 1943. 305 S.

WALDEN, P.: Chronologische Übersichtstabellen zur Chemie. Berlin/Göttingen 1952. 118 S.

Eingehende Gesamtdarstellungen

BERNAL, J. D.: Die Wissenschaft in der Geschichte. Berlin 1961. 963 S.

KOPP, H.: Geschichte der Chemie. Bd. 1–4. Hildesheim 1964 (1. Aufl. Braunschweig 1843–1847!).

PARTINGTON, J. R.: A History of Chemistry. Bd. 1–4. London 1961–1973.

Darstellungen von Teilgebieten und Sammlungen von Aufsätzen

FESTER, G.: Die Entwicklung der chemischen Technik bis zu den Anfängen der Großindustrie. Berlin 1921. 225 S.

GRAEBE, C.; WALDEN, P.: Geschichte der organischen Chemie. Bd. 1–2. Berlin/Heidelberg/New York 1971. 1 352 S. (1. Aufl. 1920–1941).

KEDROV, B. M.: Spektralanalyse. Zur wissenschaftshistorischen Bedeutung einer großen Entdeckung. Berlin 1961. 85 S.

KUZNECOV, V. I.: Razvitie kalaitičeskogo organičeskogo sinteza. Moskau 1964. 433 S.

LIPPMANN, E. O. v.: Beiträge zur Geschichte der Naturwissenschaften und der Technik. Berlin 1923. 314 S.
RÂY, A. P. Ch.: History of Chemistry in Ancient and Medieval India. Kalkutta 1956. 494 S.
SZABADVÁRY, F.: Geschichte der analytischen Chemie. Braunschweig 1966. 410 S.

Dem historischen Charakter der Geschichte der Chemie entsprechend spielt bei chemiehistorischen Veröffentlichungen das Erscheinungsjahr eine geringere Rolle als die Gründlichkeit des Verfassers. Wo es nicht möglich ist, für chemiegeschichtliche Betrachtungen die Quellen direkt heranzuziehen, wird man jedoch dann, wenn ein neues und ein älteres Werk zur Verfügung stehen, meist das neue bevorzugen, weil es eine größere Anzahl von Erfahrungen verwerten kann als das ältere.

Folgende Fachzeitschriften behandeln die Geschichte der Naturwissenschaften und der Technik oder auch speziell die der Chemie:

Blätter für Geschichte der Technik. Wien, Springer 1933 ff.
Chymia. Annual Studies in the History of Chemistry. Philadelphia, Univ. of Pennsylvania Press 1948 ff.
Deutsches Museum. Abhandlungen und Berichte. Berlin, jetzt Düsseldorf, VDI-Verlag 1932 ff.
Schriftenreihe für die Geschichte der Naturwissenschaften, Technik und Medizin. Leipzig 1965 ff.; 1960–1965 Zeitschrift (Berlin).

Daneben existieren mehrere Schriftenreihen, von denen die interessanteste, OSTWALDs *Klassiker der exakten Wissenschaften*, ihr Erscheinen allerdings eingestellt hat. Sie umfaßt rund 200 grundlegende Originalarbeiten berühmter Wissenschaftler, die mit Kommentaren und Biographien versehen sind.[1] Erst wenige Hefte sind in der Reihe *Biographien hervorragender Wissenschaftler und Techniker* (BSB B. G. Teubner Verlagsgesellschaft, Leipzig) erschienen. Ebenfalls

---

[1]   Seit 1965 wird im Verlag Friedr. Vieweg + Sohn, Braunschweig, eine Taschenbuchreihe unter dem gleichen Titel herausgegeben.

Biographien enthält die Reihe *Naučno-biografičeskaja Serija,*
die von der Akademie der Wissenschaften der UdSSR herausgegeben wird.

4.2. Physikalische Chemie

Die Bezeichnung „physikalische Chemie" für das Grenzgebiet
zwischen diesen beiden Wissenschaften wurde wahrscheinlich
erstmalig von V. I. LOMONOSSOV benutzt, der im Jahre
1752 einem seiner Werke den Namen „Kurs istinnoj fizičeskoj
chimii" gab [94]. Es dauerte jedoch noch weit über 100 Jahre,
ehe sich dieses Gebiet auf Grund der Forschungen von J. H.
VAN'T HOFF, M. FARADAY, S. ARRHENIUS, W. NERNST
u. a. zu einer selbständigen Arbeitsrichtung mit eigenen Methoden und Problemen entwickelt hatte. Diese Entwicklung ist
untrennbar verknüpft mit dem Namen W. OSTWALD, der
seine großen organisatorischen Fähigkeiten in den Dienst des
neuen Gebietes stellte und damit entscheidend zu dessen allgemeiner Anerkennung beitrug.

Heute rechnet man zur physikalischen Chemie alle Gebiete,
deren Ziel die Erkennung von Eigenschaften der Materie
sowie von stofflichen Umwandlungen und den damit verbundenen energetischen Erscheinungen ist. Es liegt in der Natur
der Sache, daß die benutzten Methoden fast ausschließlich
von der Physik entlehnt wurden; jedoch wurden sie mittler-
weile ihrem Verwendungszweck so stark angepaßt, daß sie
durchaus Eigenständigkeit gewonnen haben, und auch die
Ergebnisse der physikalischen Chemie kommen keineswegs
mehr ausschließlich der Chemie zugute, so daß es verfehlt
wäre, dieses Gebiet als Hilfswissenschaft der Chemie abzu-
tun. Auf die Tendenzen, einige Zweige der physikalischen
Chemie als allgemeine Chemie wegen ihrer grundlegenden
Bedeutung für das Verständnis der gesamten Chemie an den
Anfang der Ausbildung in der Chemie zu stellen, ist bereits
hingewiesen worden (s. Abschnitt 2.1.).

Inzwischen hat sich die physikalische Chemie bereits in
zahlreiche Forschungszweige aufgeteilt, wie Thermodynamik,
Gaskinetik, Elektrochemie, Atom- und Molekularphysik, Kolloidchemie und Katalyse. Maßgebend auch für den Spezia-

listen sollte jedoch immer die Beziehung seiner Arbeitsrichtung zum Ganzen sein, hier also zur gesamten physikalischen Chemie und zur Chemie selbst. In der nachfolgenden Auswahl von Literaturbeispielen sollen daher Bücher, die die gesamte physikalische Chemie behandeln, am Anfang stehen; darauf folgt Literatur aller Art über Einzelgebiete der physikalischen Chemie. Werke mit überwiegend praktischer Zielsetzung und Werke über Geräte und sonstige Hilfsmittel der physikalisch-chemischen Forschung werden dabei wegen ihrer großen Bedeutung in besonderen Abschnitten am Schluß zusammengefaßt.

Lehrbücher und umfassende Übersichten

BRDIČKA, R.: Grundlagen der physikalischen Chemie. 12. Aufl. Berlin 1974. 1 046 S.

EUCKEN, A.; WICKE, E.: Grundriß der physikalischen Chemie. 11. Aufl. Leipzig 1974. 740 S.

GERASIMOV, JA. I.; OREVING, V. P.; EREMIN, E. N.: Kurs fizičeskoj chimii. 6. Aufl. Bd. 1–2. Moskau 1963–1966.

GLASSTONE, S.; LEWIS, D.: Elements of Physical Chemistry. 2. Aufl. New York 1960. 758 S.

Grundzüge der physikalischen Chemie. Hrsg.: R. HAASE. Bd 1–10. Darmstadt 1972 ff.

JOST, W.; TROE, J..: Kurzes Lehrbuch der physikalischen Chemie. 18. Aufl. Darmstadt 1973. 493 S. (begründet von H. ULICH).

Physical Chemistry. Hrsg.: H. EYRING, D. HENDERSON, W. JOST. New York 1967 ff. (10 Bde., davon 6 erschienen).

SCHÄFER, K.: Physikalische Chemie. 2. Aufl. Berlin/Heidelberg/New York 1964. 432 S.

SCHULZE, Q.: Allgemeine und physikalische Chemie. Bd. 1–3. 6. Aufl. Berlin 1964–1968. 446 S.

SCHWABE, K.: Physikalische Chemie. Bd. 1–3. Berlin 1972 bis 1973. (Bd. 1: Physikalische Chemie; Bd. 2: Elektrochemie; Bd. 3: Aufgabensammlung.)

Chemische Thermodynamik

DENBIGH, K.: Prinzipien des chemischen Gleichgewichts. Eine Thermodynamik für Chemiker und Chemie-Ingenieure. 2. Aufl. Darmstadt 1974. 397 S.

GODNEV, I. N.: Berechnung thermodynamischer Funktionen
   aus Moleküldaten. Berlin 1963. 351 S.
KORTÜM, G.: Einführung in die chemische Thermodynamik.
   6. Aufl. Weinheim/Bergstr. 1972. 474 S.
PRIGOGINE, I.; DEFAY, R.: Chemische Thermodynamik.
   Leipzig 1962. 548 S.
SUVOROV, A. V.: Termodinamičeskaja chimija paroobraz-
   nogo sostojanija. Leningrad 1970. 208 S.

Kinetik und Katalyse

FROST, A. A.; PEARSON, R. G.: Kinetik und Mechanismen
   homogener chemischer Reaktionen. Weinheim/Bergstr. 1964.
   388 S. (Nachdruck 1973).
Handbuch der Katalyse. Hrsg.: M. SCHWAB. Bd. 1–7. Mün-
   chen 1940–1957. (Bd. 1: Allgemeines und Gaskatalyse;
   Bd. 2: Katalyse in Lösungen; Bd. 3: Biokatalyse; Bd. 4–6:
   Heterogene Katalyse; Bd. 7: Katalyse in der organischen
   Chemie.)
PANČENKOV, G. M.; LEBEDEV, B. P.: Chimičeskaja kinetika
   i kataliz. Moskau 1961. 551 S.
SCHWETLICK, K.: Kinetische Methoden zur Untersuchung
   von Reaktionsmechanismen. Berlin 1972. 339 S.
SEMENOV, N. N.: Einige Probleme der chemischen Kinetik
   und Reaktionsfähigkeit. Berlin 1961. 537 S.

Elektrochemie

ANTROPOV, L. I.: Teoretičeskaja elektrochimija. Moskau
   1965. 512 S.
FORKER, W.: Elektrochemische Kinetik. Berlin 1966. 176 S.
KORTÜM, G.: Lehrbuch der Elektrochemie. 5. Aufl. Wein-
   heim/Bergstr. 1972. 631 S.

Statistik, Atomistik

FINKELNBURG, W.: Einführung in die Atomphysik. 11./12.
   Aufl. Berlin/Heidelberg/New York 1967. 525 S.
SCHRÖDINGER, E.: Statistische Thermodynamik. Leipzig
   1952. 106 S.
TOLMAN, R. C.: The Principles of Statistical Mechanics.
   Oxford 1950. 682 S.

Magnetochemie, Quantenchemie

DAVTJAN, O. K.: Kvantovaja chimija. Moskau 1972. 782 S.

HABERDITZL, W.: Bausteine der Materie und chemische Bindung. Berlin 1972. 255 S.

HABERDITZL, W.: Magnetochemie. Berlin 1968. 196 S.

HANNA, M. W.: Quantenmechanik in der Chemie. 1. Aufl. Darmstadt 1975. ca. 300 S.

PREUSS, H.: Quantenchemie für Chemiker. 2. Aufl. Weinheim/Bergstr. 1972. 158 S.

Quantenchemie. Ein Lehrgang. Bd. 1: ZÜLICKE, L.: Grundlagen und allgemeine Methoden. Berlin 1973. 517 S. (weitere Bände in Vorbereitung).

TAYLOR, P. L.: Quantum Approach to the Solid State. London 1970. 304 S.

VESELOV, M. G.: Elementarnaja kvantovaja teorija atomov i molekul. 2. Aufl. Moskau 1962. 216 S.

Praktikumsanleitungen

DEHN, E.: Einfache Versuche zur allgemeinen und physikalischen Chemie. Berlin 1962. 272 S.

EUCKEN, A.; SUHRMANN, R.: Physikalisch-chemische Praktikumsaufgaben. 7. Aufl. Leipzig 1968. 370 S.

FÖRSTERLING, H.-D.; KUHN, H.: Physikalische Chemie in Experimenten. Weinheim/Bergstr. 1971. 505 S.

Physikalisch-chemisches Grundpraktikum. 2. Aufl. Berlin 1975. 180 S. (vorzugsweise für die Fachlehrerausbildung).

WOLF, K. L.; TRIESCHMANN, H. G.: Praktische Einführung in die physikalische Chemie. 3. Aufl. Leipzig 1954. 255 S.

Zu diesen Büchern, deren Charakter von speziellen Lehrbüchern über Monographien zu umfassenden Handbüchern reicht, treten wie üblich Reihen von Monographien, wie die im Dr. D. Steinkopff Verlag, Darmstadt, seit 1957 von W. JOST herausgegebenen *Fortschritte der physikalischen Chemie,* sowie spezielle Zeitschriften, wie die *Zeitschrift für Physikalische Chemie,* die sowohl Originalarbeiten als auch Monographien enthalten. Zu erwähnen ist ferner noch die russischsprachige Reihe *Sovremennye problemy fizičeskoj chimii,* Moskau 1968 ff., von der bisher 3 Bände erschienen sind.

4.3. Lebensmittelchemie

Lehrbücher

HEIMANN, W.: Grundzüge der Lebensmittelchemie. 2. Aufl. Dresden 1972 (Lizenzausgabe Darmstadt). 620 S.

SCHORMÜLLER, J.: Lehrbuch der Lebensmittelchemie. 2. Aufl. Berlin/Heidelberg/New York 1974. 700 S.

Handbücher

Handbuch der Lebensmittelchemie. Hrsg.: J. SCHORMÜLLER u. a. Bd. 1–9 in 11 Teilen. Berlin/Heidelberg/New York 1965–1970.

JACOBS, M. B.: The Chemistry and Technology of Food and Food Products. Bd. 1–3. 2. Aufl. New York 1951.

LANG, K.: Biochemie der Ernährung. 3. Aufl. Darmstadt 1974. 676 S.

Monographien

EINHORN, O.; KÖTER, H.; MEISCHAK, G.: Obst und Gemüse. Leipzig 1972. 280 S.

GINSBURG, A. S.: Infrarottechnik und Lebensmittelproduktion. Leipzig 1973. 416 S.

HEISS, R.: Haltbarkeit und Sorptionsverhalten wasserarmer Lebensmittel. Berlin/Heidelberg/New York 1968. 171 S.

HENNIG, R.: Fischwaren. Leipzig 1972. 204 S.

Wissenschaftliche Veröffentlichungen der Deutschen Gesellschaft für Ernährung. Hrsg.: N. ZÖLLNER. Darmstadt 1958 ff. (begründet von K. LANG; bisher 24 Bände).

Labor- und Praktikumsbücher

BEYTHIEN, A.; DIEMAIR, W.: Laboratoriumsbuch für den Lebensmittelchemiker. 8. Aufl. Dresden/Leipzig 1963 (Lizenzausgabe: München 1970). 804 S.

RAUSCHER, K.; ENGST, R.; FREIMUTH, M.: Untersuchung von Lebensmitteln. Leipzig 1972. 990 S.

VOLLHASE, E.; THYMIAN, E.: Ausgewählte Verfahren zur Untersuchung von Lebensmitteln und Bedarfsgegenständen. Jena 1951. 716 S.

Auf Reihen voneinander unabhängiger Monographien soll wieder nur hingewiesen werden; als Beispiele mögen dienen: die vom Akademie-Verlag Berlin seit 1953 herausgegebene Reihe *Grundlagen und Fortschritte der Lebensmitteluntersuchung* und die McGRAW-HILL *Series in Food Technology*.

4.4. Biowissenschaften

4.4.1. Biochemie und physiologische Chemie

Lehrbücher

BALDWIN, E.: Das Wesen der Biochemie. 2. Aufl. Stuttgart 1973. 119 S.

BARTLEY, W.; BIRT, L. M.; BANKS, P.: Biochemie. Eine Einführung für Mediziner. Weinheim/Bergstr. 1970. 319 S.

EDELBACHER, S.; LEUTHARDT, F.: Lehrbuch der physiologischen Chemie. 15. Aufl. Berlin 1963. 912 S.

HOFMANN, E.: Dynamische Biochemie. Bd. 1–4. 2. Aufl. Berlin 1971–1972. 780 S.

KARLSON, P.: Kurzes Lehrbuch der Biochemie für Mediziner und Naturwissenschaftler. 9. Aufl. Stuttgart 1974. 412 S.

RAPOPORT, S. M.: Medizinische Biochemie. 5. Aufl. Berlin 1969. 1 052 S.

SAJONSKI, H.; SMOLLICH, A.: Zelle und Gewebe. Eine Einführung für Mediziner und Naturwissenschaftler. 2. Aufl. Leipzig 1973. 251 S. (Lizenzausgabe: Darmstadt 1972.)

SCHMIDKUNZ, H.; NEUFAHRT, A.: Lehrprogramm Biochemie. Bd. 1–2. 2. Aufl. Weinheim/Bergstr. 1972. 724 S. (programmiertes Lehrmaterial).

STRAUB, F. B.: Biochemie. 2. Aufl. Berlin 1963. 746 S.

Handbücher

HOPPE-SEYLER, F.; THIERFELDER, H.: Handbuch der physiologisch- und pathologisch-chemischen Analyse. Hrsg.: K. LANG, E. LEHNARTZ. Bd. 1–6 in 9 Teilen. 10. Aufl. Berlin/Heidelberg/New York 1953–1966.

Physiologische Chemie. Hrsg.: B. FLASCHENTRÄGER, E. LEHNARTZ. Bd. 1–2 in 6 Teilen. Berlin/Heidelberg/New York 1951–1966.

Monographien

Biologičeskie svojstva chimičeskich soedinenii. Hrsg.: A. L. MNDŽOJAN. Jerewan 1962. 247 S.

BRESLER, S. E.: Vvedenie v molekuljarnuju biologiju. Moskau 1963. 519 S.

METZNER, H.: Biochemie der Pflanzen. Stuttgart 1973. 352 S.

PRESCOTT, S. C.; DUNN, G.: Industrielle Mikrobiologie. Jena 1959. 783 S.

Proteins-Structure and Function. Hrsg.: M. FUNATSU u. a. Bd. 1–2. New York 1973. 640 S.

ROTZSCH, W.: Einführung in die funktionelle Biochemie der Zelle. Leipzig 1970. 290 S.

SEXTON, W. A.: Chemische Konstitution und biologische Wirkung. Weinheim/Bergstr. 1958. 439 S.

Labor- und Praktikumsbücher

GRÄSER, H.: Biochemisches Praktikum. Berlin 1971 (Lizenzausgabe: Braunschweig). 207 S.

JANKE, A.; DIKSCHEIT, R.: Handbuch der mikrobiologischen Laboratoriumstechnik. 3. Aufl. Dresden 1971. 503 S.

Laboratoriumstechnik für Biochemiker. Hrsg.: B. KEIL, D. SÓRMOVA. Leipzig 1965. 925 S.

MATTENHEIMER, H.: Mikromethoden für das klinisch-chemische und biochemische Laboratorium. 2. Aufl. Berlin 1966. 223 S.

Die beiden Reihen von Vorschriftensammlungen *Biochemical Preparations* und *Substances naturelles de synthese* sind bereits im Abschnitt 3.2.1. aufgeführt worden; zu erwähnen sind hier noch zwei Reihen von Fortschrittberichten, nämlich *Uspechi biologičeskoj chimii*, Moskau 1950 ff., von der bisher 7 Bände, und *Progress in Biophysics and Biophysical Chemistry*, London 1950 ff., von der bisher 23 Bände erschienen sind.

4.4.2. Pharmazie und Toxikologie

AHRENS, G.: Die Giftprüfung. 9. Aufl. Leipzig 1971. 214 S.

BÜTTNER, F.: Giftkunde, Giftgesetz. Vorbereitung zur Giftprüfung. 12. Aufl. Leipzig 1971, 185 S.

Deutsches Arzneibuch. 7. Ausg. Gültig für die DDR. Hrsg.
vom Minister für Gesundheitswesen. Lieferung 1–9. Berlin 1964–1972 (Kurzzitiertitel: DAB 7; erscheint in Lose-
Blatt-Form; in Jahresabständen erscheinen ergänzende Lose-
Blatt-Lieferungen).[1])

Deutsches Arzneibuch. Amtliche 7. Ausg. f. d. BRD. Stuttgart
1968. 1 048 S. (DAB 7 BRD).

HAUSCHILD, F.: Pharmakologie und Grundlagen der Toxikologie. 4. Aufl. Leipzig 1972. 1 168 S.

HUNNIUS, G.: Pharmazeutisches Wörterbuch. 4. Aufl. Berlin
1966. 857 S.

MORITZ, O.: Einführung in die allgemeine Pharmakognosie.
3. Aufl. Jena 1953. 424 S. (Lizenzausgabe: Stuttgart 1962).

SCHNEKENBURGER, J.: Grundzüge der pharmazeutischen
Chemie. Darmstadt 1975. ca 300 S.

Die toxikologisch-chemische Analyse. Hrsg. K. MÜLLER.
Dresden (Lizenzausgabe: Darmstadt) 1975. ca. 340 S.

4.4.3. Botanik und Zoologie

Brockhaus ABC Biologie. 2. Aufl. Leipzig 1967 (Lizenzausgabe: Fachlexikon ABC Biologie. Frankfurt/Main 1972).
916 S.

FREYE, H.-A.: Kompendium der Zoologie. 4. Aufl. Jena 1971.
334 S.

Handbuch der Zoologie. Bd. 1–8 in 29 Teilen. Berlin 1928 ff.

JESSEN, H.: Botanisches Lexikon in Frage und Antwort. 5.
Aufl. Hannover 1964. 253 S.

Lehrbuch der Botanik für Hochschulen. Von V. E. STRAS-
BURGER u. a. Hrsg.: D. V. DENFFER. 30. Aufl. Jena 1974.
842 S.

H. MIETHES Taschenbuch der Botanik Hrsg.: W. MEVIUS.
Teil 1–2. 17. bzw. 12. Aufl. Leipzig (Lizenzausgabe: Stuttgart) 1961–1963. 486 S.

WURMBACH, H.: Lehrbuch der Zoologie. Bd. 1–2. Jena
(Lizenzausgabe: Stuttgart) 1968–1970. 910 S.

---

[1]) Ab 1.1.1976 ist die 2. DDR-Ausgabe verbindlich (Kurzzitiertitel: AB 2. – DDR), die Ende 1975 komplett vorliegt.

4.4.4. Medizin

Medizinische Literatur wird der Chemiker im allgemeinen
nur zur Klärung von Fachausdrücken und auf arbeitshygienischem Gebiet heranziehen. Die Behandlung weitergehender
Fragen setzt eine Spezialausbildung (zumindest in Physiologie oder klinischer Chemie) voraus. Nach Möglichkeit sollten jedoch Mediziner, die Interesse für chemische Probleme
besitzen, zur Unterstützung herangezogen werden. Für den
erstgenannten Zweck können folgende Fachbücher nützlich
sein:

KOELSCH, F.: Handbuch der Berufserkrankungen. Hrsg.: E.
  KERSTEN. 4. Aufl. Jena 1972. 901 S. (2 Teile).
PSCHYREMBEL, W.: Klinisches Wörterbuch. 251. Aufl. Berlin 1972. 1 348 S.
RODENACKER, G.: Die chemischen Gewebekrankheiten und
  ihre Behandlung. 4. Aufl. Leipzig 1953. 214 S.
Wörterbuch der Medizin. Hrsg.: M. ZETKIN, H. SCHAL
  DACH. Bd. 1–3. 5. Aufl. Berlin (Lizenzausgabe: Stuttgart)
  1974. 1 600 S.

Für Grenzprobleme können weiterhin von Wert sein:

HANSEN, G.: Gerichtliche Medizin. Leipzig 1954. 240 S.
HINSBERG, K.; LANG, K.: Medizinische Chemie. 3. Aufl.
  München/Berlin 1957. 1 149 S.

4.5. Nichtchemische Naturwissenschaften

Durch die heute bestehenden Wechselbeziehungen zwischen
den verschiedenen naturwissenschaftlichen Disziplinen haben
die nichtchemischen Naturwissenschaften auch dort für die
Arbeit des Chemikers Bedeutung, wo sie sich nicht direkt mit
der Chemie überschneiden. Insbesondere ist es zum besseren
Verständnis der Grenzgebiete zweckmäßig, die Grundlagen
der entsprechenden nichtchemischen Disziplinen wenigstens
teilweise zu beherrschen oder nachzuschlagen. Nachstehend
sollen daher für die wichtigsten Zweige der Naturwissenschaft
alphabetische Nachschlagewerke (soweit vorhanden) und ein

bis zwei Lehrbücher angeführt werden. Hinweise auf weitere Literatur können – wenn nötig – im allgemeinen diesen Büchern entnommen werden.

Physik

Brockhaus ABC Physik. Hrsg.: R. LENK, W. GELLERT. Bd. 1–2. Leipzig 1972. 1 783 S.

FLEISCHMANN, R.: Einführung in die Physik. Weinheim/ Bergstr. 1973. 680 S.

HINZPETER, A.: Physik als Hilfswissenschaft. 2. Aufl. Teil 1–6. Göttingen 1973 ff. ca. 800 S.

KOHLRAUSCH, F.: Praktische Physik. Bd. 1–3. 22. Aufl., bearbeitet von G. LAUTZ u. R. TAUBERT. Stuttgart 1968 (Lizenzausgabe: Leipzig 1953, 19. Aufl.). 1 524 S.

LANDAU, L. D.; LIFSCHITZ, E. M.: Lehrbuch der theoretischen Physik. Bd. 1–8. 4.–7. Aufl. Berlin 1970–1971.

SCHALLREUTHER, W.: Einführung in die Physik. Bd. 1–2. 7. Aufl. Leipzig 1970. 1 010 S.

WESTPHAL, W. H.: Kleines Lehrbuch der Physik. 6.–8. Aufl. Berlin/Heidelberg/New York 1967. 1 010 S.

Mineralogie, Kristallographie, Kristallchemie

CORRENS, C. W.: Einführung in die Mineralogie. 2. Aufl. Berlin/Heidelberg/New York 1968. 391 S.

KLEBER, W.: Einführung in die Kristallchemie. Leipzig 1963. 128 S.

KLEBER, W.: Einführung in die Kristallographie. 8. Aufl. Berlin 1965. 418 S.

KLOCKMANNS Lehrbuch der Mineralogie. Hrsg.: P. RAMDOHR, H. STRUNZ. 15. Aufl. Stuttgart 1967. 820 S.

SCHÜLLER, A.: Die Eigenschaften der Minerale. Bd. 1–2. 6. Aufl. Berlin 1965. 802 S.

Geochemie, Geologie

CARLSON, A. S.: Economic Geography of Industrial Materials. New York 1956. 1 494 S.

KETTNER, R.: Allgemeine Geologie. Bd. 1–4. Berlin 1958 bis 1961. 1 601 S.

RÖSLER, H.-J.; LANGE, H.: Geochemische Tabellen. Leipzig
1965. 328 S.
SÄRCHINGER, H.: Geologie und Gesteinskunde. 5. Aufl.
Berlin 1958. 353 S.
SAUKOW, A. A.: Geochemie. Berlin 1953. 311 S.

4.6. Mathematik, mathematische Statistik

Die große und noch immer nicht genügend gewürdigte Rolle
der Mathematik in der Chemie hat zur Entstehung zahlreicher Lehrbücher der Mathematik für Chemiker geführt. Diese
gehen gewöhnlich bis zu einfachen Differentialgleichungen,
berücksichtigen aber die Wahrscheinlichkeitsrechnung und die
mathematische Statistik, die neuerdings in der Chemie große
Bedeutung gewonnen haben, im allgemeinen nicht. Es sollen
daher auch einige Werke angegeben werden, die sich speziell
mit diesen Gebieten beschäftigen.

ALEXITS, G.; FENYÖ, St.: Mathematik für Chemiker. Leipzig 1962. 449 S.
BATUNER, L. M.; POSIN, M. E.: Matematičeskie metody v
chimičeskoj technike. 6. Aufl. Leningrad 1971. 824 S.
HASELOFF, O. W.; HOFFMANN, H.-J.: Kleines Lehrbuch
der Statistik. 4. Aufl. Berlin 1970. 410 S.
Kleine Enzyklopädie der Mathematik. Hrsg.: W. GELLERT
u. a. 8. Aufl. Leipzig 1973. 739 S.
KOLLER, S.: Neue graphische Tafeln zur Beurteilung stati-
stischer Zahlen. 4. Aufl. Darmstadt 1969. 166 S.
MARGENAU, H.; MURPHY, G.: Die Mathematik für Physik
und Chemie. Bd. 1–2. 2. Aufl. Leipzig 1966 (1. Aufl. 1964;
Lizenzausgabe: Frankfurt a. M./Zürich 1965–1967).
MATHIAK, K.; STINGL, P.: Gruppentheorie für Chemiker,
Physikochemiker, Mineralogen. 2. Aufl. Braunschweig (Li-
zenzausgabe: Berlin) 1970. 199 S.
RASCH, D.: Elementare Einführung in die mathematische
Statistik. Berlin 1973. 486 S.
SIRK, H.; DRAEGER, M.: Mathematik für Naturwissenschaft-
ler. 12. Aufl. Dresden (Lizenzausgabe: Darmstadt) 1972.
399 S.

SIRK, H.; RANG, O.: Einführung in die Vektorrechnung für Naturwissenschaftler, Chemiker und Ingenieure. 3. Aufl. Darmstadt 1974. 240 S.

SMIRNOV, N. V.; DUNIN-BARKOVSKIJ, I. V.: Mathematische Statistik in der Technik. Berlin 1973. 479 S.

ZACHMANN, G.: Mathematik für Chemiker. 2. Aufl. Weinheim/Bergstr. 1974. 593 S.

4.7. Rechtsfragen in der betrieblichen Praxis

Außer mit dem bereits behandelten Patentrecht (s. Abschnitt 3.5.4.) kommt der Chemiker vor allem im Betrieb mit zahlreichen, äußerst mannigfaltigen Rechtsfragen in Berührung. Diese stellen natürlich kein „Sonderrecht für die chemische Industrie" dar, sondern umfassen Teile allgemeiner Rechtsdisziplinen, wie Wirtschafts-, Arbeits-, Staats- und Strafrecht, in jeweils einigen speziellen Bereichen, die auf die Praxis des Chemiebetriebes zutreffen. Dazu gehören z. B. Fragen des Betriebs- und Vertragsrechts bzw. die rechtlichen Grundsätze der sozialistischen Leitung ebenso wie gesetzliche Vorschriften über den Umgang mit Explosivstoffen, Unfallverhütung, Umweltschutz (s. Abschnitt 3.4.8.) und Standardisierung (s. Abschnitt 3.4.6.).

Da die Rechtsnormen und die Gesetze von den gesellschaftlichen Verhältnissen in dem betreffenden Staat abhängen, ist es nicht möglich, Aussagen über sie zu machen, die allgemeiner Anwendung in mehreren Staaten fähig sind. Überhaupt ist dieses Gebiet derart schwierig, daß – wie schon bei Patentwesen und Medizin ausgeführt – von dem Versuch, wichtigere Fragen als Chemiker allein entscheiden zu wollen, nur dringend abgeraten werden kann. Dies wird wohl auch niemals notwendig sein, da die meisten Betriebe über fest angestellte Justitiare verfügen, die auf Grund ihrer Erfahrung meist auch eine gewisse Kenntnis der besonderen gesetzlichen Situation eines chemischen Betriebes haben, und selbst dort, wo dies nicht der Fall ist, ein Rechtsanwalt mühelos zugezogen werden kann. Es kann sich für den Chemiker also nur darum handeln, diese juristischen Fachkräfte vom fachlichen Standpunkt des Chemikers her zu beraten. Dazu ist allerdings die Kenntnis der wichtigsten gesetzlichen Vorschriften sowie Verständnis für die juristische Betrachtungsweise von Sachverhalten sehr wünschenswert.

Vor allem den letztgenannten Gesichtspunkt behandelt in einer auch für den Chemiker sehr nützlichen Form das Buch *Rechtsnormen für Ingenieure* von G. GRUNDMANN, 5. Aufl., Leipzig 1971, 135 S. Gesetzestexte der DDR, die für den Chemiker von unmittelbarer Bedeutung sind, sind in der *Gesetzessammlung für den Chemiker*, herausgegeben von K. BRUNNE, Berlin 1961, 1 187 S., zusammengefaßt, die sich allerdings nicht mehr auf dem neuesten Stand befindet. Jedoch erleichtert das Wissen um ältere gesetzliche Bestimmungen die Suche nach neueren (in den Jahresregistern der Gesetzblätter der DDR bzw. den jährlichen Textausgaben, die unter dem Titel *Das geltende Recht* im Staatsverlag Berlin erscheinen). Fragen des Vertragsrechtes sind u. a. in der Loseblattsammlung *Handbuch des allgemeinen Vertragssystems*, Berlin 1955, und Monographien, wie SPITZNER, O., *Wirtschaftsverträge – sozialistische Wirtschaftsleitung*, Berlin 1965, 634 S., und HEUER, H.-J.; KLINGER, G.; PANZER, W.; PFLICKE, G., *Sozialistisches Wirtschaftsrecht – Instrument der Wirtschaftsführung*, Berlin 1971, 289 S., behandelt. Arbeitsrechtliche Fragen regelt das *Gesetzbuch der Arbeit*, dessen Textausgabe [95] wie viele andere wichtige Gesetzessammlungen (u. a. Hoch- und Fachschulrecht, Erfinder- und Patentrecht, Arbeitsschutz) im Staatsverlag Berlin erschienen ist. Daneben sind vor allem bei arbeitsrechtlichen Fragen der geltende Rahmenkollektivvertrag der IG Chemie (bzw. der Gewerkschaft Wissenschaft) und der Betriebskollektivvertrag sowie die Arbeitsordnung des Betriebes zu beachten. Sie sind über die Betriebsgewerkschaftsleitung erhältlich. Zusammenfassend kommentiert werden alle diese Bestimmungen in dem von J. MICHAS herausgegebenen Band *Arbeitsrecht der DDR*, 2. Aufl., Berlin 1970, 764 S.

In der Bundesrepublik Deutschland ist die Gesetzgebung weit weniger einheitlich geregelt, so daß außer den Bundesgesetzen zur Beurteilung eines Rechtsbestandes auch die Ge-

setze der Länder, teilweise auch Verordnungen und Anord-
nungen der örtlichen Behörden (z. B. Gewerbeinspektion und
Polizei) berücksichtigt werden müssen. Diese Problematik ist
am Beispiel des Unfallschutzes bereits behandelt worden (s.
Abschnitt 3.4.8.). Ähnlich ist die Situation aber auch auf den
meisten anderen Gebieten, so beim Arbeits- und Tarifrecht,
das in seinen Grundzügen auf das BGB zurückgeht (insbes.
§§ 145–151), im einzelnen aber durch zahlreiche spezielle
Gesetze und Verordnungen sowie die Tarifverträge der Ge-
werkschaften geregelt wird, oder beim Betriebsrecht, das u. a.
auf dem Betriebsverfassungsgesetz [96], dem Personalvertre-
tungsgesetz [97] und Ergänzungsgesetzen beruht. Es ist daher
hier besonders notwendig, entsprechende Kommentare mit
heranzuziehen, z. B.:

BOLDT, G.: Der Arbeitsvertrag nach dem Recht der Mitglied-
staaten der EWG. Freudenstadt 1966. 786 S.

KARAKATJANIS, A.: Die kollektivrechtliche Gestaltung des
Arbeitsverhältnisses und ihre Grenzen. Heidelberg 1969.
149 S.

NEULOH, O.: Die deutsche Betriebsverfassung und ihre
Sozialformen bis zur Mitbestimmung. Tübingen 1956. 307 S.

In den meisten anderen nichtsozialistischen Staaten besteht
eine ähnliche Rechtsstruktur. Eine Ausnahme bilden die Staaten mit kasuistischem Recht[1]), wie z. B. Großbritannien. Die
in der Bundesrepublik Deutschland gültigen Gebührensätze
für Honorararbeiten chemischer Art enthält das *Leistungsver-
zeichnis für chemische Arbeiten*, Hrsg.: Gesellschaft Deutscher
Chemiker, 10. Aufl., Weinheim/Bergstr. 1967, 144 S.

---

[1]) von lat. casus = Fall; eine Methode der Rechtsfindung, die
jeden Fall in seiner Besonderheit zu entscheiden sucht. Sie
geht daher nicht von allgemeingültigen Gesetzen (kodifizier-
tes Recht), sondern von früheren Entscheidungen in ähnlich
gelagerten Fällen (Präzedenzfällen) aus.

4.8. Operationsforschung, Organisations- und Leitungswissenschaft

Die allgemeinen Bestrebungen zur Rationalisierung der Arbeit werden in zunehmendem Maße auch auf geistige Arbeitsprozesse ausgedehnt, soweit diese einer mathematischen Modellierung bzw. einer Algorithmierung [1]) zugänglich sind. So entstanden die für die wissenschaftliche Leitungstätigkeit grundlegend wichtigen Gebiete der *Organisationswissenschaft* bzw. der (ihr übergeordneten) *Operationsforschung* (russ. operacionnyj analiz, engl. operations research), die auch in der Chemie eine wichtige Rolle spielen. Bei ihrer Anwendung darf man jedoch nicht übersehen, daß diese Arbeitsmethoden den Verantwortlichen keine Entscheidungen abnehmen, sondern lediglich ein Hilfsmittel zur Entscheidungsfindung darstellen, und daß sie in unterschiedlichen Gesellschaftssystemen auch zu unterschiedlichen Auswirkungen führen können. Ein Sondergebiet der Operationsforschung ist die (systematische) *Heuristik,* die sich mit der Algorithmierung von Problembearbeitungsprozessen in Forschung und Entwicklung befaßt. Besonders diese Disziplin kann dem Chemiker wertvolle Dienste leisten, wenn er sich davor hütet, ihre Leistungsfähigkeit zu überschätzen. Nachstehend werden daher einige Beispiele von Schriften zu diesem Problemkreis aufgeführt:

BAUMOL, W. J.: Economic Theory and Operations Analysis. 3. Aufl. Englewood Cliffs 1972. 626 S.

BUNKE, O.: Operationsforschung und mathematische Statistik. Teil 1—2. Berlin 1968—1970. 211 S.

CHURCHMAN, C. W.; ACKOFF, R. L.; ARNOFF, E. L.: Operations Research. 4. Aufl. Berlin 1966. 588 S.

ČUEV, JU. V.; SPECHOVA, G. P.: Techničeskie zadači issledovanija operacii. Moskau 1971. 244 S.

FISCHER, H.: Modelldenken und Operationsforschung als Führungsaufgabe. 3. Aufl. Berlin 1969. 118 S.

---

[1])   schematisches Verfahren zur Lösung von Aufgaben, bei dem jeder Schritt in allgemeiner Form vorgeschrieben ist

FROHN, G.: Rationell leiten. 4. Aufl. Berlin 1968. 188 S.
Grundlagen der wissenschaftlichen Arbeitsorganisation.
Hrsg.: J. N. DUBROVSKI. 2. Aufl. Berlin 1974. 304 S.
HENN, R.; KÜNZI, H. P.: Einführung in die Unternehmens-
forschung. Berlin/Heidelberg/New York 1968. 355 S. (2
Teile).
LAUENSTEIN, G.; TEMPEL, H.: Betriebliche Matrizenmo-
delle – Probleme bei ihrer Aufstellung und Anwendung in
der Grundstoffindustrie. Leipzig 1969. 148 S.
MÜLLER, J.: Systematische Heuristik. Berlin 1970. 232 S.
Operationsforschung. Hrsg.: W. DÜCK, M. BLIEFERNICH.
Bd. 1–3. Berlin 1971–1972. 1 434 S. (Nachdruck 1972 bis
1973).
SASIENI, M.; YASPAN, A.; FRIEDMAN, L.: Methoden und
Probleme der Unternehmensforschung. Berlin/Würzburg
1968. 388 S.
STRAUSS, H.-G.: Angewandte Operationsforschung. Leipzig
1970. 126 S.

4.9. Wirtschaftsfragen, Wirtschaftsstatistik, Marktforschung

Die chemische Industrie hat sich in den letzten 100 Jahren
aus kleinsten Anfängen zu einer wirtschaftlichen Macht entwickelt, die neben dem Maschinenbau und der Metallurgie
das Leben und die Wirtschaft der Industriestaaten wesentlich
mitbestimmt. Die Beschäftigung mit wirtschaftlichen Problemen ist daher für den Chemiker eine Notwendigkeit, zumal
es ihm leichter fallen sollte, die wirtschaftlichen Zusammenhänge in der Chemie zu verstehen, als einem Wirtschaftsfach-
mann, die chemischen Grundlagen und Erfordernisse der Chemiewirtschaft zu begreifen. Kostenanschläge und Vorschläge
über Rohstoffquellen gehören genauso zum Aufgabenbereich
des Chemikers wie die Materialprüfung. Da einige Bücher
zur Betriebswirtschaftslehre der chemischen Industrie bereits
im Abschnitt 3.4.7. besprochen worden sind, soll auf diesen
Teil des Problems hier nur hingewiesen werden. Besonders

erwähnt werden sollen jedoch nochmals die Werke von KÖL-
BEL und SCHULZE. Zur Ergänzung werden nachstehend
einige Werke über Marktforschung, Wirtschaftskunde und
Wirtschaftsstatistik aufgeführt.

BÖLLHOFF, F.: Die wirtschaftliche Bedeutung der chemischen
Industrie in sektoraler und regionaler Hinsicht. Hamburg
1968. 142 S.

BORSCHBERG, E.: Produktive Marktforschung. Zürich 1963.
380 S.

Chemical Marketing Research. Hrsg.: N. H. GIRAGOSIAN.
New York 1967. 375 S.

Die chemische Industrie und ihre Helfer. Darmstadt 1973.
622 S.

Die chemische Industrie der Schweiz und ihre Nebenprodukte.
Bd. 1–2. 13. Aufl. Zürich 1970. 311 S.

ELLISON, S.: Tafeln und Tabellen für Wirtschaft und Industrie. München 1964. 211 S.

Firmenhandbuch der chemischen Industrie 1973–1975. Düsseldorf 1973. 520 S.

KÖLBEL, H.; SCHULZE, J.: Der Absatz in der chemischen
Industrie. Berlin/Heidelberg/New York 1970. 732 S.

METZNER, A.: Die chemische Industrie der Welt. Bd. 1–2.
Düsseldorf 1973. 1 135 S.

Statistische Angaben über Wirtschaft und Industrie findet
man in den statistischen Jahrbüchern der betreffenden Staaten
und in folgenden Werken:

Chemiewirtschaft in Zahlen. 6. Aufl. Düsseldorf/Wien 1964.
89 S.

Jahrbuch der chemischen Industrie. Solothurn 1953 ff. (jährlich).

Über bemerkenswerte wirtschaftliche Vorgänge unterrichtet
die chemische Fachpresse, z. B. die Zeitschriften *Chemische
Technik, Chemiker-Zeitung, Chemie-Ingenieur-Technik,* die
österreichische *Chemie-Rundschau* und *Chemical and Engineering News.* Die in der Bundesrepublik Deutschland zahlreich und unter den verschiedensten Namen erscheinenden
Industrie-Informationsblätter haben meist nur geringen prak-

tischen Wert. Der CAS gibt wöchentlich einen chemiewirt-
schaftlichen Informationsdienst unter dem Titel *Chemical
Industry Notes* heraus, der auch in maschinenlesbarer Form
erhältlich ist.

Bezugsquellen für Chemikalien, chemische Apparate, Anlagen usw. enthalten – neben RÖMPPs *Chemie-Lexikon* und
einigen englischsprachigen Nachschlagewerken, wie dem *Condensed Chemical Dictionary*, die bereits im Abschnitt 2.2.
behandelt wurden – u. a. das vom Leipziger Messeamt veröffentlichte Ausstellerverzeichnis *Wer liefert was*, Leipzig (zu
jeder Messe) sowie das gleichnamige, in Hamburg erscheinende Bezugsquellenverzeichnis, 26. (West-) Ausg., 1974,
1 272 S., und das *ABC European (Export) Production*, Darm-
stadt/Berlin/Wien/Lausanne 1973, Bd. 1–2. Liefermöglichkei-
ten für etwa 6 300 organische Verbindungen von USA-Fir-
men und multinationalen Konzernen führt das von der Synthetic Organic Chemical Manufacturers Association (SOCMA)
herausgegebene *Socma Handbook*, Washington 1965, 960 S.,
auf. Auch einige Zeitschriften – z. B. jede Ausgabe der *Angewandten Chemie* – haben Bezugsquellenverzeichnisse für
Erzeugnisse, die für die chemische Industrie und Forschung
von Wichtigkeit sind.

5. Einführung in das Bibliothekswesen und einige Aspekte der Informatik[1]

Im Prinzip ist es für einen Chemiker nach Abschluß seiner Ausbildung durchaus statthaft, bei der Lösung literarischer Probleme fremde Hilfe in Anspruch zu nehmen. Nur in seltenen Fällen werden ihm jedoch in Gestalt von besonders geschultem Bibliothekspersonal oder einer Dokumentationsgruppe Hilfskräfte zur Verfügung stehen, die einerseits hinreichende chemische Kenntnisse und andererseits genügend Zeit besitzen, um sich gerade seinen Problemen widmen zu können. Er muß sich deshalb bemühen, die ihm zur Verfügung stehende Instituts- oder Werksbibliothek so gut wie möglich kennenzulernen, um seine Aufgaben auf die vorstehend beschriebene Weise selbst lösen zu können. Reicht der Bestand der ihm vertrauten Bibliothek jedoch einmal nicht dazu aus und muß er sich an eine benachbarte größere Bibliothek wenden, so kann er dort noch viel weniger erwarten, andere mit der Lösung der ihn interessierenden Probleme betrauen zu können. Es ist daher für ihn von großem Vorteil, wenn er die allgemeinen Grundlagen des Aufbaus und der Benutzung von Bibliotheken so weit kennt, daß er sich im Notfall auch in fremden Bibliotheken allein zurechtfinden kann.

Im Gegensatz zur wirksamen Nutzung von Bibliotheken, die jedem Wissenschaftler vertraut sein sollte, verlangt die Durchführung größerer Informationsaufgaben spezielle Fachkenntnisse, die ein Chemiker nicht unbedingt zu besitzen braucht. Jedoch ist es zweckmäßig, wenn er imstande ist, sich eine eigene Handloch- oder Stellkartei anzulegen und die

---

[1]   Zum Begriff Informatik vgl. Fußnote 2, S. 14.

gebräuchlichsten Klassifikationssysteme kennt. Deshalb sollen in diesem Zusammenhang auch die Schnellinformations- und Dokumentationsdienste behandelt werden, weil die genannten Prinzipien bei ihnen eine Rolle spielen. Über die maschinelle Informationsverarbeitung schließlich sollte der Nutzer so weit unterrichtet sein, daß er weiß, welche Leistungen er von ihr erwarten darf und welche Voraussetzungen dafür erbracht werden müssen. Diesen Zwecken soll das folgende Kapitel dienen.

5.1. Bibliotheken, ihre Anlage und ihre Benutzung

KUNZE [98] führt die Anforderungen, die von den Benutzern einer Bibliothek an deren Personal gestellt werden, auf folgende 4 Grundformen zurück:

a) bibliographische Ergänzung von Titeln und Literaturstellen
b) Ermittlung der Veröffentlichungen von bestimmten Verfassern oder zu einem bestimmten Thema
c) Feststellung bestimmter Tatsachen aus der Literatur
d) Nachweis des Standortes von Büchern oder Zeitschriften in Bibliotheken (Fundortnachweis).

Von diesen Aufgaben wird der Chemiker die Ermittlung von Veröffentlichungen bestimmter Art (b) und die Feststellung bestimmter Tatsachen aus der Literatur (c) in der Regel selbst und mit Hilfe der ihm an seinem Arbeitsort zugänglichen Bibliothek durchführen können. Die beiden anderen Aufgaben (a bzw. d) setzen jedoch bibliothekarische Spezialkenntnisse voraus und stehen außerdem in engem Zusammenhang mit der Beschaffung schwer zugänglicher Literatur in großen Bibliotheken oder durch Fernleihe, die der Benutzer einer Bibliothek aus verwaltungstechnischen Gründen nicht allein vornehmen kann. Auf sie soll daher in den nachstehenden Abschnitten vor allem eingegangen werden.

Der Bibliotheksfachmann unterteilt die Bibliotheken zunächst nach ihrer Aufgabe in allgemeinbildende Bibliotheken und wissenschaftliche Bibliotheken. Die letzteren, die hier allein interessieren, werden nach ihren Sammelgebieten in wissenschaftliche Allgemeinbibliotheken und wissenschaftliche Fachbibliotheken eingeteilt. Hierbei werden unter *wissenschaftlichen Allgemeinbibliotheken* solche Einrichtungen verstanden, die Veröffentlichungen aus mehreren (nicht unbedingt allen) Fachgebieten systematisch sammeln. Dazu gehören die Hochschul- und Landesbibliotheken[1]) und die mit einem universellen Buchbestand ausgestatteten sowie meist mit besonderen bibliothekarischen Leitungsaufgaben betrauten Staatsbibliotheken. Als *wissenschaftliche Fachbibliotheken* werden Spezialbibliotheken für bestimmte Fächer bezeichnet, wie die Seminar-, Instituts- und Sektionsbibliotheken der Universitäten, Hoch- und Fachhochschulen und der wissenschaftlichen Gesellschaften, die wissenschaftlichen Betriebsbibliotheken der Industrie und die Behörden- und Verwaltungsbibliotheken der staatlichen Verwaltungsstellen. Sie sammeln und erschließen im allgemeinen nur Veröffentlichungen auf einem einzigen Fachgebiet.

Außer in ihren Sammelgebieten unterscheiden sich diese beiden Formen von Bibliotheken noch durch ihre Gebrauchsöffentlichkeit sowie häufig durch die Zugänglichkeit und die Art der Aufstellung ihrer Bücher. Wissenschaftliche Allgemeinbibliotheken sind nach Erledigung bestimmter Formalitäten jedem Erwachsenen zugänglich; wissenschaftliche Fachbibliotheken dürfen ohne besondere Genehmigung im allgemeinen nur von einem bestimmten Personenkreis benutzt werden (Mitarbeiter des Instituts oder Werkes, Mitglieder der Gesellschaft usw.). Außerdem besteht in wissenschaftlichen Allgemeinbibliotheken gewöhnlich die Möglichkeit, Bücher sowohl auszuleihen als auch am Ort in besonderen Arbeitsräumen einzusehen (eine Ausnahme bilden die sog. Präsenzbibliotheken, die prinzipiell keine Bücher ausleihen; dazu gehören z. B. die Deutsche Bücherei Leipzig, die Deutsche Bibliothek in Frankfurt/Main und die Österreichische Nationalbibliothek Wien), während die Mehrzahl der wissenschaft-

---

[1])   In der DDR wurden diese in letzter Zeit in Wissenschaftliche Allgemeinbibliotheken der Bezirke umgewandelt (außer Sächsische Landesbibliothek Dresden).

lichen Fachbibliotheken Bücher nicht an Privatpersonen ent-
leiht. Von der Ausleihe völlig ausgenommen sind im allgemeinen Bücher mit Sonderaufstellung und besonders seltene
Stücke (sog. Rara). Zu den ersteren gehören die Bücher aus
den sog. „Handapparaten" der Lesesäle und Katalogräume,
zu den zweiten die Bücher, die in den letzten 100 Jahren nicht
mehr verlegt wurden, sowie fast alle Zeitschriftenbände, Dissertationen, die nicht im Druck erschienen sind, Handschrif-
ten usw.

Weitere Unterschiede in den Benutzungsordnungen der
Bibliotheken werden durch die Zahl der Bücher hervorgeru-
fen, die aufgestellt sind und verwaltet werden müssen. Können sie innerhalb der Bibliotheksräume nach Sachgruppen geordnet (systematisch) aufgestellt werden, so kann man sie
entweder selbst aus den Regalen entnehmen (Freihandbibliothek) oder beim Bibliothekar mündlich bestellen. Macht ihre
große Zahl jedoch eine Aufbewahrung in einem räumlich von
der eigentlichen Bibliothek getrennten Magazin oder eine
Aufstellung nach Format und laufender Nummer oder Eingangsdatum (mechanisch) notwendig, dann muß die gesuchte
Veröffentlichung schriftlich auf einem vorgedruckten Leihschein bestellt werden. Dies ist bei wissenschaftlichen Allgemeinbibliotheken fast immer der Fall. Die Erledigung einer
Bestellung beansprucht je nach Größe und technischer Ausrüstung einer Bibliothek wenige Minuten bis 24 Stunden.
Möglichkeiten zur Beschleunigung dieses Vorganges bestehen
für den Benutzer nur selten.

Zur besseren Orientierung stellen alle Bibliotheken ihren
Benutzern *Kataloge* zur Verfügung. Das sind nur in seltenen
Fällen broschierte Verzeichnisse des Bücherbestandes, son-
dern im allgemeinen Karteien, die aus historischen Gründen
allerdings noch Zettelkataloge heißen. Nur einige ältere Biblio-
theken führen noch Bandkataloge, die meist aus einzelnen
Blättern bestehen; diese werden entweder in eine Art von
Album eingeklebt oder durch Klemmrücken bzw. seitliche
Schraubverschlüsse zusammengehalten.

Wichtiger als die äußere Form der Kataloge ist jedoch ihr
inhaltlicher Aufbau. Dies gilt besonders für Bibliotheken,
die keine Freihandentnahme von Büchern aus den Regalen

zulassen. Sie erwarten für die Ausleihe – gleichgültig ob für den Lesesaal oder nach Hause – die Angabe der genauen Standortbezeichnung, der sogenannten *Signatur*. Außerdem ist in solchen Bibliotheken der Katalog neben dem Handapparat alles, was der Benutzer von den vorhandenen Büchern zunächst zu sehen bekommt. Nach ihrem inhaltlichen Aufbau unterscheidet man den Standortkatalog, den alphabetischen Katalog, den Schlagwortkatalog, den systematischen Katalog und den Kreuzkatalog. Je nach Größe und Zielsetzung der Bibliothek kann der eine oder andere dieser Kataloge auch fehlen bzw. es können weitere Spezialkataloge – z. B. ein Personenkatalog – existieren; selbst die kleinste Bibliothek muß aber, wenn sie gut geleitet ist, einen alphabetischen und einen systematischen Katalog bzw. einen aus beiden resultierenden Kreuzkatalog besitzen.

Der *alphabetische Katalog* (abgekürzt AK) ist nach dem Namen der Verfasser geordnet; seine Ordnung entspricht daher im wesentlichen der der Autorenregister (vgl. Abschnitt 3.5.5.). Werke mit mehr als drei Verfassern werden unter dem Sachtitel aufgenommen; die früher verbreitete Einordnung unter dem Herausgeber findet sich nur noch vereinzelt in älteren Katalogen kleiner Bibliotheken. Außerdem werden in manchen Bibliotheken alle Schriften, die mehr als 3 Autoren haben oder den Verfasser nicht klar erkennen lassen, zusätzlich im sogenannten *Anonymenkatalog* erfaßt. Dieser enthält also insbesondere alle Zeitschriften, die meisten Sammelwerke, Reihen und Verlegersammlungen. Sie werden dort nach ihren Titeln eingeordnet, wobei heute vorwiegend die mechanische Wortfolge[1] angewandt wird, d. h., die Titel werden so in der Reihenfolge ihrer Wörter alphabetisch geordnet, die auch im Buch auf dem Titelblatt erscheint. Nur wird meist der bestimmte, häufig auch der unbestimmte Artikel weggelassen; auch Flickwörter läßt man meist aus; z. B.: Eine neue Methode zur Chlorbestimmung → Neue Methode Chlorbestimmung. In Katalogen verschiedener Bibliotheken findet man die Titel noch in der von den „Preußischen Instruktio-

---

[1]   Zur Problematik der Titelaufnahme vgl. u. a.: Einheitliche Katalogisierung. Hrsg.: W. BERGMANN. Leipzig 1964. 34 S.

nen" von 1899 vorgeschriebenen Form (das trifft auch für
große Bibliotheken zu, in denen nach dem Neubeginn der
Kataloge nach der mechanischen Wortfolge die alten Kataloge nicht umgearbeitet werden können), nach der im allgemeinen das erste nicht in attributivem oder adverbiellem Verhältnis stehende Substantiv oder substantivisch gebrauchte
Wort (Substantivum regens) ohne Rücksicht auf seinen Fall
zum Ordnungswort wird. Die weitere Ordnung regelt sich
nach den übrigen wesentlichen Wörtern in ihrer im Titel gegebenen Reihenfolge ohne Berücksichtigung der Artikel [99].
Dabei ist jedoch die grammatikalische Abhängigkeit zu beachten, d. h., ist das nächste in Betracht kommende Wort von
einem nachfolgenden abhängig, so wird es hinter dieses gesetzt, z. B.: Wasserlösliche grenzflächenaktive Stoffe → Stoffe
wasserlösliche grenzflächenaktive; Zur Kenntnis der Kontaktinsektizide → Kenntnis Kontaktinsektizide; aber: Einführung in die anorganische Chemie → Einführung Chemie anorganische; LIEBIGs Ansichten zur Agrikulturchemie → Ansichten Liebig Agrikulturchemie.

In besonders großen Bibliotheken wird gelegentlich noch
ein zeitlich begrenzter oder empfehlender Auszug des alphabetischen Kataloges aufgestellt. Dieser meist *Benutzerkatalog*
(BK) genannte Katalog sagt also nichts über das Nichtvor-
handensein bestimmter Werke aus.

Der *Schlagwortkatalog* (SWK) entspricht weitgehend einem
Sachregister. Die auf Leitkarten (s. Abschnitt 5.3.) oder im
Kopf der Titelkarten angebrachten Schlagwörter sind im allgemeinen eng gefaßt und werden normalerweise aus dem Inhalt des Buches gebildet, seltener dem Titel entnommen (Stichwörter); bei ähnlichen oder gleichen Begriffen erfolgt Quer-
verweis, z. B. „Abfallverwertung vgl. Industrieabfallverwer-
tung". Enthält der Begriff mehrere Schlagwörter, so werden
nach Möglichkeit auch mehrere Karten eingestellt, z. B. für
„Dampfdruck von Lösungsmitteln" unter „Dampfdruck" und
„Lösungsmittel". Häufig werden Schlagwortkataloge als Aus-
wahlkataloge geführt, d. h., sie enthalten dann nur die wichtige neuere und neueste Literatur bzw. Werke, deren Benutzung besonders empfohlen wird.

Der *systematische Katalog* (SK, SyK) oder Realkatalog enthält die Titelkarten in systematischer Ordnung, wobei er von einer sehr groben Einteilung, z. B. nach Einzelwissenschaften, zu immer engeren Gruppen und Untergruppen fortschreitet. Die Orientierung innerhalb des Kataloges erfolgt auch hier durch Leitkarten. Statt nach Sachgruppen wird die Katalogisierung in einigen Bibliotheken nach verschlüsselten Systemen durchgeführt, die z. T. gleichzeitig als Signaturen dienen können. Von ihnen haben sich die Dezimalklassifikation (s. Abschnitt 5.5.) und das System der amerikanischen Kongreßbibliothek (Washington) [100] am weitesten durchgesetzt.

Dem Schlagwort- bzw. dem systematischen Katalog sind oft noch Spezialkataloge angegliedert, wie ein *Personenkatalog*, der Literatur über einzelne Personen oder berühmte Familien nachweist, oder ein Fachwörterbuchkatalog.

Der *Kreuzkatalog* schließlich enthält Autorennamen und Titel in durchgehend alphabetischer Ordnung.[1]

Der *Standortkatalog* erfaßt die vorhandenen Veröffentlichungen in der Ordnung ihrer Aufstellung, d. h., bei systematischer Aufstellung ist er mit dem systematischen Katalog identisch, bei mechanischer Aufstellung ist er nicht für den Benutzer, sondern nur für den Bibliothekar von Wert, weil er dann den Bestand in der Reihenfolge der Signaturen enthält, die der Benutzer ja erst ermitteln will.

Eine eingehende Beschreibung der mit der Katalogisierung verbundenen Probleme findet sich außer bei H. KUNZE, *Grundzüge der Bibliothekslehre*, 3. Aufl., Leipzig 1966, S. 303 ff., in dem *Lehrbuch der Sachkatalogisierung* von H. ROLOFF, 2. Aufl., Leipzig 1954, 136 S., sowie in den *Regeln für die alphabetische Katalogisierung in wissenschaftlichen Bibliotheken*, 4. Nachdruck, Leipzig 1965, 179 S., und in RUSCH, G., Einführung in die Titelaufnahme, Bd. 1–2, 4. Aufl., Leipzig 1972, 277 S.[2]

---

[1]   Vgl. hierzu das Kreuzregister (Abschnitt 3.5.5.).

[2]   In der DDR ist ab 1975 ein neues Regelwerk verbindlich, das auf Grund internationaler Vereinbarungen entstanden ist; es steht bisher nur als Manuskriptdruck zur Verfügung: Regeln für die Alphabetische Katalogisierung. Hrsg. vom Bibliotheksverband der DDR, Berlin 1969 ff.

Schon aus dem Vorstehenden geht hervor, daß es sich für den Chemiker in einer Fachbibliothek, insbesondere wenn sie Freihandbibliothek ist, viel bequemer arbeitet als in einer wissenschaftlichen Allgemeinbibliothek. Trotzdem läßt sich ein Aufsuchen solcher Bibliotheken nicht vermeiden, da sie im allgemeinen besser mit bibliographischen Hilfsmitteln ausgestattet sind, wie sie gerade zur Titelergänzung oder zum Fundortnachweis benötigt werden. Diese befinden sich im allgemeinen im Handapparat, d. h. unter denjenigen Büchern, die als Hilfsbücher und Nachschlagewerke für die Benutzer in systematischer Aufstellung in den Katalogräumen und Lesesälen zur Freihandbenutzung stehen. Diese Bücher habei meist neben ihrer Hauptsignatur noch eine Standortsignatur, die bei großem Umfang des Handapparates einem besonderen Katalog entnommen werden muß.

Sind ein benötigtes Buch oder ein Zeitschriftenband trotz aller Bemühungen nicht aufzufinden, dann können sie durch Fernleihbestellung angefordert werden. Dazu ist ein besonderer Leihschein notwendig, der nur ausgegeben wird, wenn das Buch in der betreffenden Bibliothek nicht vorhanden ist. Es muß also zunächst eine normale Bestellung aufgegeben werden, natürlich ohne Signatur, da das Buch ja in den Katalogen nicht verzeichnet ist. Um Schwierigkeiten vorzubeugen, empfiehlt es sich, die Quelle, in welcher das Buch bzw. der Artikel zitiert wurde, mit anzugeben. Bei Autoren muß der (ausgeschriebene) Vorname, bei Zeitschriftenaufsätzen müssen Heftnummer und Seitenzahl mit angegeben werden.

5.2. Bibliographien (Tertiärliteratur)

Unter *Bibliographie* (russ. bibliografija, engl. bibliography) versteht man im bibliothekarischen Sprachgebrauch jede Zusammenstellung von Büchern oder anderen Publikationen.[1] So

---

[1] Der Unterschied zum Katalog besteht darin, daß in der Bibliographie die Publikation normalerweise unabhängig von ihrem Standort verzeichnet wird.

gesehen stellen also die Literaturhinweise in RÖMPPs *Che-mie-Lexikon* (s. Abschnitt 2.2.) oder das Literaturverzeich-nis einer Monographie chemische Bibliographien dar. (Vom Bibliothekar werden solche Literaturverzeichnisse auch als „versteckte Bibliographien" bezeichnet, weil ihr Vorhanden-sein nicht aus dem Titel hervorgeht.) Sie bilden tatsächlich den Hauptanteil der chemischen Bibliographien, weil bei der schnellen Entwicklung der Naturwissenschaften jede Biblio-graphie, die nicht ständig ergänzt wird oder gleichzeitig noch anderen Zwecken dient, schnell ihren Wert verliert. Man darf daher nicht erstaunt sein, wenn die vom Bibliothekar so hoch geschätzten „Bibliographien der Bibliographien" dem Na-turwissenschaftler nicht allzuviel Nutzen bringen. Trotzdem seien hier einige genannt, da sie sich auf anderen Gebieten oft als nützlich erweisen:

BESTERMANN, Th.: A World Bibliography of Bibliogra-phies. 3. Aufl. Bd. 1–4. Genf 1955–1956.

The Bibliographic Index. New York 1937 ff. (jährlich; nach Sachgebieten geordnet).

Bibliographie deutscher Bibliographien. Hrsg.: Deutsche Bü-cherei Leipzig (erscheint jährlich).

BOHATTA, H.; HODES, F.: Internationale Bibliographie der Bibliographien. Frankfurt/Main 1950. 652 S.

Schließlich enthält das *Handbuch der technischen Dokumen-tation und Bibliographie,* Hrsg.: K.-O. SAUR, in seinem 3. Teil eine *Internationale Bibliographie der Fachbibliogra-phien,* deren Teil A die im Zeitraum der letzten Ausgabe er-schienenen nichtperiodischen Bibliographien (im weitesten Sinne) aufführt, während Teil B die wichtigsten periodischen Bibliographien enthält. Beide Teile sind nach Fachgebieten geordnet. Die derzeit letzte ist die 9. Ausgabe, München 1969.

Die *Chemical Abstracts* geben seit 1958 jährlich eine *Biblio-graphy of Reviews in Chemistry* heraus, die als Bibliographie versteckter Bibliographien anzusehen ist.

Als Beispiele für typische Fachbibliographien auf chemi-schem Gebiet seien genannt:

Index to Reviews, Symposia Volumes, and Monographs in Organic Chemistry 1940 bis 1960. Hrsg.: N. KHARASCH.

London/New York 1962. 345 S.; Ergänzungsband 1961 bis 1964. Hrsg.: N. KHARASCH, W. WOLF. London/New York 1967. 326 S.

Literature Data for IR, Raman, NMR Spectroscopy of Si, Ge, Sn, and Pb Organic Compounds. Hrsg.: K. LICHT, P. REICH. Berlin 1971. 623 S.

SCHLESINGER, H.: Organisch-präparative Chemie. Garmisch-Partenkirchen 1961. 90 S.

Auf die *Bibliographie der deutschen Hochschulschriften zur Chemie* ist bereits im Abschnitt 3.5.7. hingewiesen worden. Bibliographien über Themen der analytischen Chemie erscheinen in regelmäßigen Abständen in der Zeitschrift *Analytical Chemistry* (z. B. 37 (1966) 5).

Versteckte Bibliographien auf chemischem Gebiet stellt man am besten mit Hilfe der Referateorgane fest, die auf besonders umfangreiche Literaturzusammenstellungen hinweisen. Seit 1961 wird von der Deutschen Bücherei Leipzig außerdem monatlich ein *Bulletin wichtiger Literaturzusammenstellungen* veröffentlicht.

Als außerordentlich nützlich erweisen sich sogenannte Literaturführer, da sie systematische Gesichtspunkte der chemischen Literatur über die bloße Aufzählung stellen und dadurch eine gewisse Dauer erlangen. Von diesen sind besonders zu nennen:

CRANE, E. J.; PATTERSON, A. A.; MARR, E. B.: A Guide to the Literature of Chemistry. 2. Aufl. New York/London 1957. 397 S.

DYSON, G. M.: Chemical Literature. 2. Aufl. London 1958. 157 S.

MELLON, M. G.: Chemical Publications, their Nature and Use. 4. Aufl. New York/London 1965. 324 S.

TERENT'EV, A. P.; JANOVSKAJA, L. A.: Chimičeskaja literatura i pol'sovanie eju. 2. Aufl. Moskau 1967. 326 S.

The Use of Chemical Literature. Hrsg.: R. T. BOTTLE. 3. Aufl. London 1974. 294 S.

Schließlich sei ausnahmsweise noch ein Werk in einer weniger verbreiteten Sprache genannt, weil es ein besonders umfangreiches Verzeichnis der verschiedensten Publikationen in südost- und osteuropäischen Sprachen enthält. Es ist dies *Chémická Literatura* von O. HANC u. a., Prag 1961, 474 S.

Nachdem die ersten Bücher der genannten Art auf dem Ge biet der Chemie schon vor über 40 Jahren veröffentlicht wur den [102], sind jetzt auch auf anderen Gebieten der Natur wissenschaft und Technik Literaturführer erschienen, die z. T. auch für den Chemiker interessante Hinweise enthalten dazu gehören:

FRY, R. M.; MOHRHARDT, F. E.: A Guide to Information Sources in Space Science and Technology. New York 1963 579 S.

PARKE, N. G.: Guide to Literature in Mathematics and Physics. 2. Aufl. New York/London 1958. 436 S.

The Use of Biological Literature. Hrsg.: R. T. BOTTLE, H. K WYATT. 2. Aufl. London 1972. 230 S.

Sind darüber hinaus weitere bibliographische Informatio nen notwendig, so müssen sie den ständig erscheinenden Bibliographien entnommen werden. Dazu gehören besonders die Nationalbibliographien, wie die von der Deutschen Büche rei Leipzig herausgegebene *Deutsche Nationalbibliographie* auf deren Reihe B schon im Zusammenhang mit dem nich im Buchhandel erhältlichen Schrifttum hingewiesen wurde (s. Abschnitt 3.5.7.). Die Reihe A berichtet über die im Buch handel erhältlichen Neuerscheinungen, und die Reihe C er faßt die Dissertations- und Habilitationsschriften. Reihe A erscheint wöchentlich, Reihe B zweiwöchentlich und Reihe C monatlich. Alle Hefte haben Kreuzregister, die vierteljährlich kumuliert werden. Damit werden die Titel sämtlicher in deut scher Sprache erscheinenden Veröffentlichungen erfaßt. Die Titel sind auch, nach Sachgebieten geordnet, auf Karteikarten als sogenannte *Leipziger Titeldrucke* erhältlich. Alle Titel der Reihe A und eine Auswahl der Reihe B werden jährlich durch das *Jahresverzeichnis des Deutschen Schrifttums*[1], die der

---

[1]   1968 ff. unter dem Titel: *Jahresverzeichnis der Verlagsschrif ten und einer Auswahl der außerhalb des Buchhandels er schienenen Veröffentlichungen der DDR, der BRD und West berlins sowie der deutschsprachigen Werke anderer Länder*

Reihe A außerdem aller 5 Jahre durch das *Deutsche Bücher-verzeichnis* zusammengefaßt. Diese Verzeichnisse werden ebenfalls von der Deutschen Bücherei Leipzig herausgegeben.

In der Bundesrepublik Deutschland erscheinen eine mit dem Jahre 1945 beginnende, von der Deutschen Bibliothek in Frankfurt/Main herausgegebene *Deutsche Bibliographie* sowie tägliche (als Beilage zur Frankfurter Ausgabe des *Börsenblattes für den Deutschen Buchhandel*), wöchentliche und halb-jährliche Verzeichnisse der neu erschienenen Bücher und in der Schweiz die *Schweizerische Nationalbibliographie* (1951 ff., 1948–1950: *Schweizer Bücherverzeichnis*), die von der Schwei-zerischen Landesbibliothek Bern herausgegeben wird. Da-neben existiert noch eine *Österreichische Bibliographie*, die von der Österreichischen Nationalbibliothek Wien bearbeitet wird.

Mit den Bibliographien verwandt sind die sogenannten *Kompendienkataloge*, die sämtliche zu einem bestimmten Stichtag im Handel befindlichen Bücher aufführen. In der DDR werden sie vom Leipziger Kommissions- und Groß-buchhandel (LKG) in Gemeinschaft mit der Hauptverwaltung Verlage und Buchhandel des Ministeriums für Kultur – ge-trennt nach Fachrichtungen – herausgegeben und etwa aller 5 Jahre aufgelegt. Die derzeit neueste Ausgabe ist der 136 Seiten starke *Literaturkatalog 1973 Chemie*. Der Kompen-dienkatalog der Bundesrepublik Deutschland, *Führer durch die technische Literatur*, wird von der Fr. Weidemanns Buch-handlung (H. WITT), Hannover, herausgegeben. Er erscheint jährlich in einer Gesamtausgabe und Teilausgaben für die verschiedenen Fachgebiete; die Chemie bildet mit der chemi-schen Technik und den verwandten Industrien das Fach-gebiet 5.

Ein neues, stets aktuelles Informationsmittel in der Bun-desrepublik Deutschland ist das *Verzeichnis lieferbarer Bü-cher* (VLB), welches auf EDV-Basis erstellt und auf dem je-weils neuesten Stand gehalten wird. Es wird im Verlag der Buchhändler-Vereinigung GmbH Frankfurt/Main jährlich im Auftrag des Börsenvereins des Deutschen Buchhandels her-ausgegeben. Die jüngste Ausgabe (1974/75) besteht aus 2 großformatigen Bänden Bücherverzeichnis (zus. 2 444 S.), abgeschlossen durch ein Abkürzungs- und Verlagsverzeichnis, sowie 2 Registerbänden mit Stichwort- und Titelregister (1 941 S.) und einem numerischen ISBN-Register[1] (399 S.). Auf die Bibliographien für Zeitschriften bzw. Zeitschriftenartikel ist bereits hingewiesen worden (vgl. Abschnitt 3.5.3.).

5.3. Probleme der Literaturaufbereitung (Dokumentation)

Die Probleme der Literaturaufbereitung beginnen bereits mit der Auswahl der aufzunehmenden Publikationen.[2] Während jedoch die mit der Beurteilung der sogenannten Dokumentierwürdigkeit einer Veröffentlichung für die zentrale Informationsaufbereitung verbundenen Fragen äußerst vielschichtig sind[3] und zu heftigen Diskussionen geführt haben, kann der Naturwissenschaftler für seine persönlichen Zwecke die Entscheidung weitgehend nach eigenem Ermessen fällen. Interessenten seien auf die umfangreiche Literatur verwiesen [103].

Die Aufbereitung der Literatur für persönliche Zwecke erfolgt im allgemeinen durch Ausfüllen einer *Karteikarte*. Diese muß mindestens die Merkmale, nach denen sie bzw. das Dokument eingeordnet werden soll (s. Abschnitt 5.5.), sowie die ausführlichen und vollständigen bibliographischen Angaben für das Dokument (entsprechend den in Abschnitt 5.1. beschriebenen Regeln für die Titelaufnahme) enthalten. Es empfiehlt sich jedoch sehr, auch die wesentliche Aussage des Dokumentes (über die Ordnungsmerkmale hinaus) festzuhalten. Dies läßt sich immer in wesentlich kürzerer Form durch-

---

[1]   ISBN = Internationale Standard-Buch-Nummer (s. S. 222).

[2]   In der Informatik werden alle auswertbaren Literaturquellen Dokumente genannt.

[3]   Es sei hier nur auf die Frage der Parteilichkeit in der Informationsarbeit verwiesen (vgl. z. B. DIETRICH, H.; ZEKALLE, R., Informatik **17** (1970) 4, S. 2).

führen als im Dokument selbst. Im Extremfall kann man sich
bereits mit dem Titel begnügen, da dieser häufig bereits wesentliche Aussagen über den Inhalt enthält[1]); meist müssen
diese Aussagen aber noch durch Anmerkungen (Annotationen)
oder auch ein Referat[2]) ergänzt werden.

Die beiden klassischen Formen des Referates sind das de-
skriptive Referat, in dem die Reihenfolge der Inhaltsschwer-
punkte des Dokumentes beibehalten wird, und das analytische
Referat, das eine eigene, ggf. vom Dokument abweichende
sachlich-logische Gliederung aufweist. Besonders das letztgenannte ermöglicht eine ausgezeichnete Einschätzung der
Originalarbeit, ist aber wegen des hohen Arbeitsaufwandes
für seine Anfertigung in seiner Verbreitung stark zurück-
gegangen. Dafür sind neue Formen für Referate entwickelt
worden, die für spezielle Zwecke gute Dienste leisten können. Von diesen sollen hier das Positions- und das Strukturreferat kurz beschrieben werden. Bei dem ersten werden die
Komponenten des Inhalts nach bestimmten Gesichtspunkten
und in festgelegter Reihenfolge geordnet (z. B. wissenschaftliches Fachgebiet – Aufgabenstellung – Untersuchungsobjekt
– Arbeitsmethode – Ergebnisse). Erscheinen diese Komponenten zusätzlich auch noch an *bestimmten* Stellen der Karteikarte (wobei diesen Stellen eine festgelegte Bedeutung zugeordnet ist), dann spricht man von einem Strukturreferat
[104]. Man kann diese Art des Referierens als eine Darstellung der Information in Matrixform auffassen, die es erlaubt, außer den vorkommenden Begriffen auch noch deren
wechselseitige Beziehungen wiederzugeben.[3]) Über Anzahl
und Bedeutung der Positionen bzw. Strukturmerkmale lassen

---

[1]) Eine Ausnahme bilden die Patentschriften, deren Titel lediglich die Oberbegriffe angeben sollen (vgl. Bekanntm.
AfEP DDR (1963) 8, S. 1).

[2]) von lat. referre = berichten

[3]) Damit rückt sie in die Nähe der Informationsdarstellung mit
Hilfe der Prädikatenlogik (REBALL, S., Dokumentation/In-
formation [Ilmenau] (1968) 10, S. 43) bzw. des Informations-
recherchesystems „Bit" („atomarer Satz"; vgl. FEITSCHER,
W., Dokumentation/Information [Ilmenau] (1970) 14, S. 39).

sich keine allgemeingültigen Regeln aufstellen; sie werden vielmehr gewöhnlich in verschiedenen Fachgebieten voneinander abweichen.[1]) Sind sie aber einmal formuliert, dann müssen sie als Norm behandelt werden.

Für die Mechanisierung von Dokumentationsarbeiten sind einige Sonderformen von Referaten entwickelt worden (z. B. die „Telegraphic Abstracts"), ihre Anwendung ist jedoch bisher überwiegend auf Sonderfälle beschränkt. Eine Prüfung weiterer Anwendungsmöglichkeiten (z. B. in Kombination mit Sichtlochkarten; s. Abschnitt 5.6.) erscheint daher wünschenswert.

Die einfachste Form der Aufbereitung von Dokumentationsmaterial ist die *Stellkartei* (russ. kartoteka, engl. card-index oder file; meist einfach als Kartei bezeichnet). Sie hat den Vorteil, daß sie leicht zu ergänzen ist und nach mehreren Systemen geordnet werden kann. Nach ihrer Aufstellung unterscheidet man Steil- oder Stehkarteien (in Kästen) und Flachkarteien (in Mappen); gestaffelte Aufstellung (Hoch- oder Breitstaffel) findet in der Dokumentation kaum Anwendung. Die Kästen für Stehkarteien enthalten häufig Schwingbügel oder andere Vorrichtungen zum leichteren Umlegen der Karten sowie Sicherungsstangen, die in Löcher im Kartenfuß eingreifen und ein unbefugtes Herausnehmen der Karten erschweren sollen. Man unterscheidet Leitkarten[2]), die das Auffinden bestimmter Gruppen von Karten erleichtern sollen, und Grundkarten, die die eigentlichen Informationen enthalten. Diese Grundkarten sind gewöhnlich als Einzelkarten, seltener als Doppel- oder Taschenkarten ausgeführt. Müssen sie auf beiden Seiten beschrieben werden, so geschieht dies auf der Rückseite von unten nach oben, so daß die Karte gelesen werden kann, ohne sie aus dem Kasten zu entfernen.

---

[1])   Ein Beispiel für die Gesellschaftswissenschaften bringt FELD-MANN, H. J., Informatik **20** (1973) 5, S. 15.

[2])   Karten aus starrem, häufig dunkelfarbigem Material, die einen angeschnittenen Tab (s. Fußnote 2, S. 211) mit dem Kennzeichen für die Gruppe, aber gewöhnlich keine weiteren Informationen aufweisen.

Nur große Gruppen von Grundkarten sollten durch Farben gekennzeichnet werden.

Innerhalb einer Gruppe von Karten kann eine Unterteilung oder die Kennzeichnung einzelner Karten durch Reiter [1]) oder durch Kerben erfolgen. Für Spezialzwecke können vorgedruckte Karteikarten mit Tableiste [2]) und Feldeinteilung zweckmäßig sein, die von Betrieben, die auf die Anfertigung von Vordrucken spezialisiert sind, auf Bestellung nach Muster angefertigt werden. Weitere Angaben über das Arbeiten mit Karteien findet man in folgenden Büchern:

FRANK, O.: Grundlagen der Ordnungstechnik. 3. Aufl. Stuttgart 1965. 124 S.

PORSTMANN, W.: Karteikunde. 4. Aufl. Berlin 1950. 269 S.

Rationeller Einsatz von Karteien und Tafeln. Hrsg.: Institut für Verwaltungsorganisation und Bürotechnik. Leipzig 1974. ca. 100 S.

Anstelle des Anlegens einer Karteikarte kann man auch einen *Mikrofilm* des Originals ablegen. Besser als die bekannten Mikrofilmstreifen eignen sich dazu sog. *Mikrofiches,* das sind Blattfilmnegative (meist im Format A 6), seltener auch deren Positivkopien, die Mikroaufnahmen von (je nach Verkleinerungsgrad) 6 bis 60 Textseiten sowie gewöhnlich eine mit bloßem Auge lesbare Kopfleiste (mit Titel und bibliographischen Angaben) enthalten. Mikrofiches werden vorwiegend mit Hilfe von Lesegeräten ausgewertet; bei Bedarf kann man jedoch entweder auf einem silberfreien Filmmaterial (Diazo-Mikrofilm) ebenfalls negative Kontaktkopien in gleicher Größe anfertigen oder nach verschiedenen Verfahren positive Kopien einzelner Textseiten in Originalgröße

---

[1]) Bewegliche Signalelemente, die auf Karteikarten aufgeklemmt werden; die häufigsten Arten sind Fensterreiter, in die ein Kennzeichen (Zettel) auswechselbar eingeklemmt wird, und (verschiedenfarbige) Zackenreiter.

[2]) Tab (Kunstwort) = charakteristischer Vorsprung („Nase") an Karteikarten, der ein Signal trägt oder selbst als Signal dient; Tableiste = Vordruck für Tabs über die ganze Breite der Karte, beim Ausfüllen der Leiste werden alle Tabs außer dem zutreffenden abgeschnitten.

herstellen. Zweckmäßigerweise wird auf den Fiches ein Code-feld vorgesehen, das ein leichtes (und gegebenenfalls auto-matisiertes) Einordnen in den Speicher und Wiederfinden er-möglicht [105]. In steigendem Maße werden Mikrofiches als Mittel zur kommerziellen Informationsverbreitung eingesetzt, z. B. für Patentschriften[1]), als Ergänzung für Schnellinfor-mationsdienste (s. Abschnitt 5.7.) und bei Zeitschriften mit Depotsystem (s. Abschnitt 3.5.3.). Käufliche Mikrofiches ent-halten meist noch einen Code des Herstellers.

Die Verwendung von Mikrofilmen in Rollenform als Infor-mationsträger ist dann zweckmäßig, wenn man über Such-geräte verfügt, die eine bestimmte Abbildung nach einem vor-gegebenen Code automatisch einstellen können [106]; auch dann muß man jedoch berücksichtigen, daß rollenförmige In-formationsträger keinen wahlfreien, sondern nur einen se-quentiellen Zugriff erlauben.[2])

In den USA sind in gewissem Umfang auch sog. Mikro-drucke (microprints) im Gebrauch. Das sind Karteikarten, die wie die Mikrofiches eine mit bloßem Auge lesbare Kopfleiste und verkleinerte Wiedergaben der Textseiten des Dokumen-tes enthalten; sie zeigen jedoch ein positives Bild auf un-durchsichtigem Träger (Papier). Ihr Vorteil liegt in ihrem niedrigen Preis, da sie durch Druckverfahren hergestellt wer-den können; sie werden mit Hilfe von Reflex-Kopier- und -Lesegeräten benutzt.

Werden direkt lesbare Kopien eines Dokumentes benötigt, dann bedient man sich vorteilhaft der verschiedenen Büro-kopierverfahren (insbesondere Silbersalz-Diffusion, Thermo-graphie, elektrostatische Übertragungskopie und elektrostati-

---

[1]) Zum Beispiel stellt das US-Patentamt schon seit mehreren Jahren den Nutzern auf Wunsch Patentschriften in Form von Mikrofiches zu, und das AfEP der DDR beginnt ab 1. 1. 1976 mit der Ausgabe von DDR-Patentschriften als Mi-krofiches (lt. Mitteilung des AfEP der DDR, Juli 1974).

[2]) Bei wahlfreiem Zugriff ist jeder Speicherplatz unmittelbar, bei sequentiellem Zugriff nur über alle anderen Speicher-plätze (durch Abspielen des ganzen Filmes) erreichbar; vgl. PREISLER, W., Informatik 19 (1972) 2, S. 19.

sche Direktkopie). Zur Wahl des geeigneten Verfahrens ist
für den Nutzer vor allem wichtig zu wissen, ob die Kopie
alle von ihm benötigten Einzelheiten wiedergibt, ob sie so
schnell wie nötig angefertigt werden kann, ob sie billig ist
und ob das Verfahren so problemlos ist, daß es gegebenenfalls von ihm (dem Nutzer) selbst angewendet werden kann.
Hierzu muß festgestellt werden, daß kein bisher bekanntes
Verfahren alle diese Vorteile aufweist. Die Thermographie
z. B. ist äußerst schnell und problemlos, aber vergleichsweise
teuer; die Kopien geben außerdem nicht alle Details der Vor-
lage wieder. Die elektrostatischen Kopierverfahren sind billig und ziemlich schnell, aber nicht ganz so problemlos; sie
geben Halbtöne und größere, gefärbte Flächen nicht einwandfrei wieder, außerdem sind die Geräte verhältnismäßig teuer,
so daß sie sich nur bei zentralem Einsatz schnell amortisie-
ren. Die Silbersalz-Diffusion liefert die qualitativ besten Kopien, sie ist aber relativ teuer und kompliziert. Wer sich eingehender mit diesen Verfahren beschäftigen will, sei auf die
einschlägige Fachliteratur verwiesen [107].

5.4. Übersetzen und Übersetzungen, Wörterbücher, Sprachhilfsmittel

Nach einer Statistik des VINITI und des ZIID [108] ver-
teilten sich im Jahre 1971 die referierten chemischen Veröffentlichungen auf die wichtigsten Sprachen wie folgt:

Englisch	43,0 %
Russisch	24,7 %
Deutsch	8,8 %
Französisch	5,7 %
Japanisch	10,3 %

Daraus ergibt sich, daß das Lesen fremdsprachiger Fach-
texte für den deutschsprachigen Chemiker zu den ständigen
Arbeitsaufgaben gehört. Das ist jedoch nicht nur für den
Naturwissenschaftler, sondern auch für den sprachlich Versier-
ten (wenn er nicht Spezialist für wissenschaftliche Überset-

zungen ist) mit einigen nicht allgemein bekannten Problemen verbunden, auf die hier kurz eingegangen werden soll.

Die Fachsprachen bestehen aus einer Vielzahl von Fachausdrücken (Termini [1])) und allgemeinsprachlichen Anteilen, die aber stilistische Besonderheiten (z. B. im Satzbau) aufweisen können.[2]) Bei der Übersetzung aus der Fachsprache eines Sprachgebietes in die eines anderen sind daher die Unterschiede in den Allgemeinsprachen, in der Terminologie und in der regional unterschiedlichen Verteilung beider[3]) zu beachten. Wichtig für die Übersetzung von naturwissenschaftlichen Fachtexten ist nicht die Wiedergabe sprachlicher Feinheiten, sondern die vollständige und begrifflich genaue Wiedergabe der im Text enthaltenen Informationen. Wörtliche Übersetzung einer Textstelle, die man dem Sinne nach nicht verstanden hat, führt häufig zu falscher oder völlig unverständlicher Wiedergabe. Dies gilt besonders dann, wenn für die Übersetzung nur allgemeinsprachliche Wörterbücher zur Verfügung stehen, die die in der Fachsprache metaphorisch[4]) oder mehrdeutig gebrauchten Wörter nicht erfassen. In solchen Fällen hilft man sich, indem man sich über den unklaren Sachverhalt in Lehrbüchern oder Nachschlagewerken in der betreffenden Sprache informiert. Ist die Aussage der gesamten Textstelle klar, dann folgt der Sinn von mehrdeutigen Wörtern aus dem Zusammenhang mit den umgebenden Informationen (dem Kontext). Man kann also nicht „Wort für Wort", sondern nur größere Passagen gleichzeitig übersetzen.

Die Fachterminologie bietet darüber hinaus noch Schwierigkeiten, weil (insbesondere spezielle) naturwissenschaftlich-

---

[1])   Als Terminus oder Fachausdruck soll nachfolgend (in Umkehrung von DIN 2330) die Benennung eines Begriffes bezeichnet werden, der in einem bestimmten Wissens- oder Fachgebiet definiert ist (s. Abschn. 5.5.).

[2])   nach JUMPELT, R. W.: Die Übersetzung naturwissenschaftlicher und technischer Literatur. Berlin 1961. S. 29.

[3])   Das heißt, Begriffe, die in einem Sprachgebiet mit Hilfe der Allgemeinsprache bezeichnet werden, werden häufig in einem anderen durch Fachtermini ausgedrückt.

[4])   bildlich (z. B. Kühl„mantel" eines Reaktionsgefäßes)

technische Sachverhalte komplex sind und daher häufig auch nicht durch ein einzelnes Wort, sondern nur durch eine Wortkombination (einen Mehrwort-Terminus) wiedergegeben werden können [109]. In vielen Fällen hilft auch hier ein Fachwörterbuch; wenn nicht, verfährt man wie vorstehend. Bei der Benutzung von Fachwörterbüchern ist zu beachten, daß diese gewöhnlich nicht alle im Text vorkommenden Wörter der Allgemeinsprache enthalten. Man kann für die nicht aufgenommenen Wörter jedoch voraussetzen, daß sie in der Fachsprache mit der gleichen Bedeutung gebraucht werden wie in der Umgangssprache, und sie daher jedem modernen allgemeinsprachlichen Wörterbuch entnehmen.

Folgende Fachwörterbücher umfassen den Wortschatz der Chemie und chemischen Technik:

LEHMANN, G.: Technisches Wörterbuch französisch-deutsch. 2. Aufl. Saarbrücken 1958. 764 S.

LEIBIGER, O. W. und I.: German-English and English-German Dictionary for Scientists. 4. Aufl. Ann Arbor, Michigan 1953. 741 S.

Technik-Wörterbuch Chemie und Chemische Technik Russisch-Deutsch. Hrsg.: H. GROSS. 2. Aufl. Berlin 1967. 656 S.

VRIES, L. DE; KOLB, H.: Wörterbuch der Chemie und der chemischen Verfahrenstechnik (englisch-deutsch). Bd. 1–2. Weinheim/Bergstr. 1970–1971. 1498 S.

Ist ein Fachwörterbuch ins Deutsche nicht zugänglich[1]), so kann im Notfall ein entsprechendes Buch ins Englische herangezogen werden, z. B.:

CALLAHAM, L. I.: Russian-English Chemical and Polytechnical Dictionary. 2. Aufl. New York 1962. 852 S.

GOLDBERG, M.: Spanish-English Chemical and Medical Dictionary. New York 1952, 692 S.

Für einige Teilgebiete der Chemie und chemischen Technik existieren (meist mehrsprachige) Spezialwörterbücher, z. B.:

---

[1]) Eine Bibliographie der Fachwörterbücher enthält: SAUR, K. G.: Technik und Wirtschaft in fremden Sprachen. 4. Ausg. München-Pullach 1969. 633 S. (Handbuch der technischen Dokumentation und Bibliographie. Bd. 6).

BÊNÊ, G. J.; BEELER, R.; GOLUB, M.: Nuclear Physics and Atomic Energy (englisch-deutsch-französisch-russisch). Amsterdam 1960. 213 S.

DORIAN, A. F.: Six-language Dictionary of Plastics and Rubber Technology (engl.-franz.-dt.-ital.-span.-niederl.). London 1965. 808 S.

Auch für das Gesamtgebiet der Chemie gibt es einige mehrsprachige Wörterbücher; sie sind jedoch weniger empfehlenswert als die zweisprachigen, da sie umständlicher zu handhaben und (in bezug auf ein Sprachpaar) auch weniger umfangreich sind. Beispiele sind:

Chimičeskij slovar' na 4 jazykach (engl.-dt.-poln.-russ.). Warschau 1962. 724 S.

CLASON, W. E.: Elsevier's Dictionary of Chemical Engineering (engl.-franz.-span.-ital.-niederl.-dt.). Bd. 1–2. Amsterdam 1968. 1187 S.

FOUCHIER, J.; BILLET, T.: Dictionnaire de chimie (franz.-engl.-dt.). 2. Aufl. Baden-Baden 1961. 1 295 S.

Um die vorstehend beschriebenen Schwierigkeiten beim Übersetzen unterschiedlich gebildeter bzw. mehrteiliger Termini zu verringern, enthalten einige fachsprachliche Nachschlagewerke die Fachwörter nicht alphabetisch, sondern in zweisprachigen Texten. Werke dieser Art sind:

FROMHERZ, H.; KING, A.: Englische und deutsche chemische Fachausdrücke. Ein Leitfaden der Chemie in englischer und deutscher Sprache. 5. Aufl. Weinheim/Bergstr. 1968. 588 S.

FROMHERZ, H.; KING, A.: Französische und deutsche chemische Fachausdrücke. Ein Leitfaden der Chemie in französischer und deutscher Sprache. Weinheim/Bergstr. 1969. 568 S.

Andere Bücher beschäftigen sich mit besonderen Problemen der Fachsprache, wie z. B.:

FREEMAN, H. G.: Das englische Fachwort. 7. Aufl. Essen 1955. 498 S.

HORNUNG, W. und M.: Die Übersetzung wissenschaftlicher

Literatur aus dem Russischen ins Deutsche. Leipzig 1974. 220 S.

Abschließend werden noch einige allgemeinsprachliche Wörterbücher wichtiger Sprachen als Beispiele aufgeführt:

LOCHOWIZ, A. B.: Russisch-deutsches Wörterbuch. 2. Aufl. Leipzig 1961. 631 S.

MACCHI, V.: Italienisch-deutsches Wörterbuch. Leipzig 1963. 514 S.

ROSE-INNES, A.: Beginners' Dictionary of Chinese-Japanese Characters and Compounds. 4. Aufl. Tokio 1963. 507 S.

SLABY, R. J.; GROSSMANN, R.: Wörterbuch der spanischen und deutschen Sprache. Bd. 1–2. 5. Aufl. Wiesbaden 1955. 2 056 S.

Zur Vermeidung von Doppelarbeit werden Übersetzungen, insbesondere solche, die nicht für den Druck vorgesehen sind, an einer zentralen Stelle hinterlegt. In der DDR sind dies für Patentschriften die Abt. Information des AfEP, 108 Berlin, Kronenstr. 30–32, für sonstige Übersetzungen der Zentrale Übersetzungsnachweis des ZIID, 117 Berlin, Köpenicker Str. 325. Honoraraufträge für Übersetzungen sind vor ihrer Vergabe bei diesen Stellen zu melden [110]. Liegt bereits eine Übersetzung vor, so wird sie von ihnen gegen eine geringe Gebühr zur Verfügung gestellt; anderenfalls ist eine Kopie der angefertigten Übersetzung dorthin einzusenden. Der Zentrale Übersetzungsnachweis gibt ab 1974 einen *Informationsdienst Übersetzungen* (aperiodisch – auf Microfiche) heraus, der mit Hilfe eines 4stelligen Rubrikators in 33 Fachgebiete gegliedert ist. Ähnliche Aufgaben (besonders für russischsprachige Literatur) erfüllen z. B. in der BRD die Auswertungsstelle für russische Literatur bei der Universitätsbibliothek und TIB Hannover, in den USA das Special Libraries Association (SLA) Translation Center, Chicago (John Crear Library), und in Großbritannien die National Lending Library in London. Die letztgenannte versendet Übersetzungen als Microfiches und gibt ein monatliches Register der eingegangenen Übersetzungen, das *NLL Translation Bulletin*, heraus [111].

Vor allem in den USA werden einige fremdsprachige wissenschaftlich-technische Zeitschriften sofort nach ihrem Erscheinen ins Englische übersetzt und veröffentlicht („cover to cover"-Übersetzungen). Nach BURMAN [111] waren dies im Jahre 1969 insgesamt 123 Zeitschriften, von denen 94 für Chemiker von Interesse waren. 92 % der Übersetzungen stammten aus dem Russischen, der Rest aus dem Japanischen und Deutschen. Die von VINITI seit 1956 mit über 60 Serien herausgegebene *Ekspress-Informacija* [112] bringt vorwiegend gekürzte Übersetzungen von Autorreferaten, Patentansprüchen und kürzeren Artikeln ausländischer Fachzeitschriften, wodurch eine Veröffentlichung bereits einen Monat nach Erscheinen des Originals möglich wird. Sie stellt damit einen Schnellinformationsdienst dar (s. Abschnitt 5.7.).

In neuester Zeit werden einige Fachzeitschriften in mehreren Sprachen gleichzeitig herausgegeben, so die *Angewandte Chemie* deutsch und englisch, die *Endeavour* englisch, deutsch und französisch.

Kann man jedoch auf solche Möglichkeiten nicht zurückgreifen, so bleibt nur, die Arbeit durch ein Übersetzungsbüro oder einen privaten Übersetzer übersetzen zu lassen oder diese Arbeit selbst in Angriff zu nehmen. Die letztgenannte Möglichkeit ist vorzuziehen, weil auch nach Meinung erfahrener Übersetzer spezielle Fachkenntnisse (die bei Mitarbeitern eines Übersetzungsbüros nicht unbedingt vorausgesetzt werden können) wichtiger sind als perfekte Beherrschung der Fremdsprache.

5.5. Ordnungs- und Klassifikationssysteme

> Die Menschheit zerfällt in zwei Teile:
> der erste drückt sich falsch aus,
> und der zweite mißversteht es.
>
> Roda Roda

Ob ein bestimmtes Objekt in einer Sammlung mit vertretbarem Aufwand wiedergefunden werden kann, wird davon abhängen, ob alle einschlägigen Objekte (z. B. Dokumente) einem bestimmten Platz in der Sammlung eindeutig zugeordnet wer-

den können. Das ist möglich, wenn die (äußeren oder inhaltlichen) Merkmale der Objekte so zueinander in Beziehung
gesetzt werden, daß ein *Ordnungssystem* entsteht, auf das
sich alle Nutzer der Sammlung einigen können. Äußere Merkmale eines Dokuments sind z. B. Format, Eingangsdatum
bzw. Eingangsnummer, Verfassernamen; als inhaltliche
Merkmale dienen entweder die den Hauptsachverhalt (den
„Gegenstand" des Dokumentes) charakterisierenden Begriffe
oder die diesen Begriffen entsprechenden Symbole (in der
Regel deren Bezeichnungen bzw. Namen, also Wörter, seltener Zahlen oder sonstige Zeichen).

An dieser Stelle müssen einige hier vorkommende Begriffe in
ihrer Bedeutung abgegrenzt werden.

Der *Begriff* ist eine gedankliche Abstraktion, in der die wesentlichsten Eigenschaften, Merkmale und Beziehungen der Gegenstände und Erscheinungen widergespiegelt werden [113]. Er
wird symbolisiert durch seine *Benennung* oder Bezeichnung. Der
sprachliche Träger der Benennung ist das Wort; es ist gleichzeitig der kleinste selbständige Teil der Sprache. Ist es in einem
bestimmten Wissens- oder Fachgebiet definiert, so wird es als
Fachwort oder *Terminus* bezeichnet. Ordnungs- oder Suchwörter
dienen der Kennzeichnung (*Indexierung*) von Dokumenten bzw.
deren Inhaltskomponenten. Sie werden in die aus dem sachlichen
Inhalt abgeleiteten *Schlagwörter* und die dem Titel entnomme-
nen *Stichwörter* unterteilt. Ein Terminus, der innerhalb eines
Ordnungssystems (insbesondere eines Thesaurus, s. weiter unten) normiert ist, wird als *Deskriptor* [114] bezeichnet.

Die Ordnungselemente werden nach Gründen der Zweckmäßigkeit ausgewählt. Äußere Merkmale („formale Ordnung") spielen allerdings in der Dokumentation nur eine geringe Rolle; eine der wenigen Ausnahmen ist die alphabetische Ordnung von Verfassernamen.[1]) Ordnungssysteme,
die als inhaltliche Merkmale die Bezeichnungen von Begriffen benutzen (ohne auch deren innere Beziehungen wiederzugeben), nennt man *verbale* oder *ahierarchische Systeme;*
bei einer Ordnung nach der Verwandtschaft der Begriffe

---

[1])   Hierfür gilt TGL 0-5007 (bzw. DIN 5007)! Zusätzliche Pro-
        bleme beim Verschlüsseln behandelt u. a. JONKER, F., Amer.
        Doc. **11** (1960), S. 305.

spricht man von *Klassifikationssystemen.*[1]) Vorherrschend ist dabei die *hierarchische*[2]) Klassifikation, d. h. ein System, bei dem alle Ordnungselemente zu einem oder mehreren Oberbegriffen direkt oder über Zwischenstufen in Beziehung stehen. Von einem Oberbegriff aus gesehen bietet das System also das Bild einer Stufenpyramide bzw. eines sich (nach unten) immer weiter verzweigenden Baumes (bzw. Graphen[3])).

Die verbreitetste Art verbaler Systeme sind die *Unitermsysteme* [115], die dadurch entstehen, daß alle Stich- oder Schlagwörter in einfache, d. h. nur aus einem Stamm bestehende Sachwörter aufgelöst werden. So entstehen alphabetische Listen von Wörtern, die begrifflich gleichwertig sind. Zur Wiedergabe komplexer Sachverhalte werden mehrere dieser Uniterms kombiniert; z. B. könnte der Sachverhalt „Nachweis von Nickel in Sonderstählen" durch die Kombination „Nachweis – Nickel – Stahl – speziell" wiedergegeben werden. Wie das Beispiel zeigt, bleiben die Beziehungen zwischen den Uniterms dabei völlig unberücksichtigt; jedoch werden bestimmte Synonyma bevorzugt. Unitermsysteme werden häufig in Verbindung mit Sichtlochkarten, seltener auch mit einer einfachen Stellkartei angewendet, die dann neben den Textkarten noch einen Satz Termkarten aufweisen muß.

Auch diejenigen Schlagwortsysteme, die nicht als Unitermsysteme im strengen Sinne bezeichnet werden können, sind ahierarchisch; die Verwendung von Synonymen wird aber fast immer in der Weise geregelt, daß nur eins zur Verwen-

---

[1]) Sie lassen sich mit Hilfe der mathematischen Logik, der Mengenlehre und der Graphentheorie (s. Fußnote 3, diese Seite) theoretisch erfassen; vgl. hierzu die Literatur dieser Disziplinen sowie *Die Klassifikation der Wissenschaften als philosophisches Problem*, Hrsg.: R. ROCHHAUSEN, Berlin 1968, S. 47–66, und Abschnitt 1.2. dieses Buches.

[2]) von griech. hieros = heilig und arché = Grundsatz, Ordnung

[3]) von griech. graphein = schreiben; eine Figur, die aus einer endlichen Zahl von durch Linien („Kanten") verbundenen Punkten („Ecken") besteht; vgl. hierzu: WALTER, H.; VOSS, H.-J.: Über Kreise in Graphen. Berlin 1974. 271 S.

dung zugelassen und von den anderen auf dieses verwiesen wird.

Zu den *Klassifikationssystemen* gehören neben der Internationalen und der (alten) Deutschen Patentklassifikation, die bereits erwähnt wurden (vgl. Abschnitt 3.5.4.), insbesondere die verschiedenen Arten der *Dezimalklassifikation* (abgekürzt DK). Das erste nach dem Prinzip der Zehnerteilung geordnete Klassifikationssystem wurde im Jahre 1876 von dem amerikanischen Bibliothekar DEWEY für die Katalogisierung in Bibliotheken entwickelt; für diesen Zweck wird sie in vielen Bibliotheken Großbritanniens und der USA noch heute benutzt. Die verbreitetste Form ist jedoch die Internationale Dezimalklassifikation, deren erste Ausgabe 1905 vom Institut International de Bibliographie in Brüssel herausgegeben und seitdem ständig weiterentwickelt wurde. Sie wird in mehr als 50 Ländern für die verschiedensten Zwecke der Dokumentation und des Bibliothekswesens verwendet.

Das Prinzip der DK beruht darauf, daß das gesamte menschliche Wissen in 10 Haupt- oder Grundklassen eingeteilt wird, die mit den Ziffern 0 bis 9 bezeichnet werden:

0 = Allgemeines
1 = Philosophie
2 = Religion
3 = Sozialwissenschaften, Recht, Verwaltung
4 = (z. Z. nicht belegt)
5 = Mathematik und Naturwissenschaften
6 = Angewandte Wissenschaften, Medizin, Technik
7 = Schöne Künste
8 = Sprachwissenschaft, Schöne Literatur, Literaturwissenschaft
9 = Geschichte und Geographie.

Diese Hauptklassen wurden nun so oft als nötig in 10 (oder weniger) Untereinheiten unterteilt. Beispielsweise haben die Naturwissenschaften die Hauptklassennummer 5, Chemie die Nummer 54, theoretische Chemie die Nummer 541, physikalische Chemie die Nummer 541.1 und Elektrochemie die Nummer 541.13. Die meist drei- bis sechsstelligen Grundzahlen werden nach der Internationalen DK zur Darstellung komplexer Sachverhalte mit sogenannten allgemeinen Anhängezahlen versehen, die Sprache, Publikationsart, Ort oder Volk, Zeit und Gesichtspunkt angeben und durch besondere Zeichen kenntlich gemacht werden. Die Ziffernreihe 541.1=2 (07)„1956" würde zum Beispiel ein Lehrbuch der physikalischen Chemie bezeichnen, das im Jahre 1956 in englischer Sprache erschienen ist; hierbei bezeichnet das Symbol „=" die Anhängezahl „Sprache" (Englisch =2), das Symbol „(0)" die Publikationsart (Lehrbuch 07) und das Symbol „0000" die Zeit. Einander beigeordnete Begriffe werden durch Pluszeichen verbunden; diese Kombinationen sind auch umkehrbar, z. B. 662 + 669 oder 669 + 662 Bergbau und Hüttenkunde. Zur Darstellung von Beziehungen zwischen Begriffen werden deren Haupt-DK-Zahlen durch Doppelpunkt verbunden, z. B. 002 Dokumentation, 543 analytische Chemie, 002:543 Dokumentation der analytischen Chemie. Solche Kombinationen sind nicht umkehrbar. Außerdem existieren für Begriffe, die sich in einem bestimmten Fachgebiet häufig wiederholen, noch sogenannte besondere Anhängezahlen, die durch das Symbol „.0" gekennzeichnet werden.

Die den Begriffen entsprechenden Zahlen werden Tafeln entnommen, die auf der in Brüssel von 1927 bis 1933 herausgegebenen (französischen) DK-Gesamtausgabe beruhen. Ihr entspricht die 2. *Deutsche Gesamtausgabe*, Berlin/Köln 1958ff. Für den praktischen Gebrauch existieren daneben die *DK-Handausgabe*, die ca. 25 %, und die *DK-Kurzausgabe*, die ca. 10 % der in der Gesamtausgabe enthaltenen Begriffe umfaßt. Außerdem sind die Haupt- bzw. ersten Unterklassen zuzüglich einer Auswahl von Begriffen aus den Randgebieten als sog. *DK-Fachausgaben* erhältlich. Weitere Angaben sind der umfangreichen Spezialliteratur zu entnehmen, für die folgende Titel als Beispiele dienen sollen:

FILL, K.: Einführung in das Wesen der Dezimalklassifikation. 2. Aufl. Berlin/Köln 1960. 44 S.

FRANK, O.: Handbuch der Klassifizierungstechnik (FID-Publ. 298). Stuttgart 1947–1962 (12 Hefte, insbesondere Heft 1 und 12).

HERMANN, K.: Praktische Anwendung der Dezimalklassifikation (FID-Publ. 308). 5. Aufl. Leipzig 1965. 111 S.

Nach ähnlichen Prinzipien sind u. a. die „Bibliothekarisch-bibliographische Klassifikation" (BBK) der UdSSR [116] und die Klassifikation der Kongreßbibliothek in Washington aufgebaut, auf die hier jedoch nicht weiter eingegangen werden soll.

Zur computergerechten Erfassung der gesamten Weltliteratur für rasch greifbare bibliographische Verzeichnisse, die stets auf dem neuesten Stand sind (z. B. VLB, Abschn. 5.2.) wurden 2 einander ergänzende, jedoch voneinander unabhängige Systeme geschaffen: die International Standard Serials Number (ISSN) zur Kennzeichnung von Zeitschriften, Serien und Reihenwerken, und die International Standard Book Number (ISBN) zur unverwechselbaren Kennzeichnung von Einzelpublikationen. Die ISSN enthält gegenwärtig gewöhnlich eine Buchstabenkombination und eine achtstellige Ziffernkombination; die Bandzahl der Publikation innerhalb der Serie wird im allgemeinen zur raschen Identifizierung in runden Klammern nachgestellt. Die ISBN besteht aus einer neunstelligen Ziffernkombination plus einer Kontrollziffer für die EDV. Die erste Ziffer zeigt den Kontinent an (z. B. 3 für Europa), die folgende Ziffergruppe ist die Kennziffer des Verlages, in dem die Publikation erschienen ist, und die abschließende Ziffergruppe bezeichnet die Kennziffer der Publikation im Programm des entsprechenden Verlages. Insbesondere im Bestell- und Bibliothekswesen werden beide Systeme künftig eine zunehmende zeitsparende Rolle spielen (in der Bundesrepublik Deutschland z. B. ist es inzwischen Pflicht geworden, die ISBN auf der Impressumseite, die ISSN entsprechend den internationalen Normen auf der 1. Umschlagseite jedes Zeitschriftenheftes aufzuführen, ebenso in allen Gesamt- und Teilverzeichnissen).[1]

---

[1] In der DDR wird das ISSN- bzw. ISBN-System noch nicht verwendet. Alle Verlagserzeugnisse werden sachlich durch eine vierstellige LSV-Nummer (Literatursystematik für Verlagserzeugnisse) klassifiziert und haben eine siebenstellige Bestellnummer. Beide Angaben sind im Impressum eingedruckt. Zeitschriften tragen einen 5ziffrigen Index.

Eine Zwischenstellung zwischen hierarchischen und ahierarchischen Systemen nehmen die Thesauri ein. Ein *Thesaurus* [1]) ist eine thematisch begrenzte Liste von Wörtern mit Aussagen über einige zwischen diesen Wörtern bestehenden Beziehungen (Synonyma, Ober- und Unterbegriffe) sowie normativen Angaben über ihre Verwendung als Deskriptoren [117]. Meist umfaßt er außer dem alphabetischen („Begriffsliste") noch einen systematischen Teil, der eine grobe hierarchische Übersicht liefert. Thesauri sind als Hilfsmittel zur Festlegung der Deskriptoren bei der inhaltlichen Kennzeichnung von Dokumenten und der Informationsrecherche [2]) heute unentbehrlich.

Natürlich können nicht alle in einer Wissenschaft gebrauchten Termini in einem einzigen Werk dargestellt werden. Man kann sie daher zweckmäßigerweise in einen *Grundthesaurus*, der überwiegend Wörter der Umgangssprache enthält, die in mehr als einem Fachgebiet mit gleicher Bedeutung verwendet werden, mehrere darauf abgestimmte *Fachthesauri*, die praktisch ausschließlich auf Wörter ihres Gebietes begrenzt sind, und entsprechende *Arbeitsthesauri* für einzelne Fachgebiete aufteilen, die neben den Wörtern ihres Gebietes (ähnlich wie DK-Fachausgaben) noch ausgewählte Wörter aus den Randgebieten und dem Grundthesaurus aufweisen. [3])

Besonders auf dem Gebiet der Naturwissenschaften und der Technik wurden (teils aus sprachlichen, teils aus systematischen Gründen) zahlreiche Thesauri nebeneinander entwickelt, von denen einige, die für Chemiker von besonderem Interesse sein sollten, mit ihren Sachgebieten und Sprachen nachstehend aufgeführt werden. [1])

---

[1])   Von griech. thesauros = Schatz, Schatzkammer; ab 13. Jh. für systematische Wörterbücher gebraucht.

[2])   von franz. rechercher = aufsuchen, nachforschen

[3])   Diese insbesondere von G. BAUER (u. a. in ZIID-Z. 14 (1967) 3, S. 72) vertretene Systematik hat in Fachkreisen nicht nur Zustimmung gefunden; sie erscheint dem Verfasser aber für viele Zwecke vorteilhaft.

[4])   Ein Teil der Thesauri ist in ihrem Aufbau bei MICHAJLOV, A. I; ČERNYJ, A. I.; GILJAREVSKIJ, R.S.: Informatik – Grundlagen. Berlin 1970, S. 428–461, näher beschrieben.

AED- (Atomenergie-Dokumentation) Thesaurus. Hrsg.: Gmelin-Institut. Teil 1–3. Frankfurt/Main 1963 (Atomenergie; engl.).

Alphabetisches Deskriptorenverzeichnis Chemie und chemische Industrie. Hrsg.: ZIID. Bd. 1–2. Berlin 1974 (Chemie und chemische Technik; deutsch).

Chemical Engineering Thesaurus. Hrsg.: American Institute of Chemical Engineers. Teil 1–2. New York 1961 (Chemie und chemische Technik; engl.).

EURATOM-Thesaurus. Hrsg.: EURATOM Center of Information and Documentation. Teil 1–2. 2. Aufl. Brüssel 1966 bis 1967 (Kerntechnik und verwandte Gebiete; engl.).

Fachthesaurus Schwarzmetallurgie. Hrsg.: Zentralinstitut für Metallurgie. Berlin 1970 (Schwarzmetallurgie; deutsch).

NE-Metall-Thesaurus. Von P. HERRMANN u. a. Teil 1–4. Freiberg 1971 (Nichteisenmetalle; deutsch).

Subject Authority List. Hrsg.: American Petroleum Institute, Central Abstracting Service. Teil 1–2. 2. Aufl. New York 1966 (Petrolchemie; engl.).

Thesaurus Naturwissenschaft und Technik. Systematischer Teil. Hrsg.: ZIID. Bd. 1–4. 2. Ausgabe. Berlin 1974 (Naturwissenschaft und Technik; deutsch).

Thesaurus of ASTIA Descriptors. Hrsg.: US Armed Services Technical Information Agency (ASTIA). Teil 1–3. 2. Aufl. Arlington 1962 (Naturwissenschaft und Technik im Militärwesen; engl.).

Thesaurus of Engineering Terms. Hrsg.: Engineers Joint Council. Teil 1–2. New York 1964 (Technik; engl.).

In der eingangs beschriebenen Form sind Thesauri allerdings nicht zur Beschreibung komplexer Sachverhalte geeignet, weil sie keine Möglichkeiten zur Wiedergabe der wechselseitigen Beziehungen zwischen den Begriffen besitzen. Dies wird erst durch die Entwicklung von grammatikalischen Regeln erreicht, welche diese Beziehungen eindeutig kennzeichnen. Durch die Einbeziehung einer derartigen Syntax[1]) wird

---

[1]) Lehre vom Satzbau (von griech. syn = zusammen und taxis = Ordnung, Regel)

der Thesaurus fähig zu detaillierten Aussagen; er wird zur Informations-Recherchesprache (IRSp; russ. informacionno-poiskovyj jazyk, engl. index language oder retrieval language). Unter einer IRSp soll dabei nach MICHAJLOV u. Mitarb. [118] eine spezialisierte künstliche Sprache verstanden werden, die dazu bestimmt ist, den semantischen [1] Hauptinhalt von Dokumenten und/oder Anfragen auszudrücken und damit das Auffinden derjenigen Dokumente zu ermöglichen, die einer bestimmten Anfrage entsprechen.

Eine Thesaurus-Syntax kann z. B. aus Verbindungs- und Funktionsanzeigern (Relatoren; engl. links und roles) bestehen [119], wobei ein Verbindungsanzeiger (Interfix) aussagt, in Verbindung mit welchen anderen Deskriptoren ein bestimmter Deskriptor gesucht bzw. nicht gesucht werden soll. Zum Beispiel könnte man die Suchfrage „Dissoziation von Silbernitrat in wasserfreier Flußsäure" auch durch folgenden Satz wiedergeben: „Suche alle Dokumente, die gleichzeitig die Deskriptoren Dissoziation, Silbernitrat und Fluorwasserstoff enthalten, aber nur, wenn der Deskriptor Wasser abwesend ist." Funktionsanzeiger können in der Chemie z. B. angeben, ob ein bestimmter Stoff als Ausgangs-, End- oder Nebenprodukt, Katalysator, Lösungsmittel o. ä. auftritt. Meist werden beide Arten von Relatoren gemeinsam verwendet [117, 120].

Eine andere Möglichkeit zur Wiedergabe von Begriffskombinationen ist der Aufbau eines mehrdimensionalen Ordnungssystems.[2] In der Praxis wird meist eine unter dem Namen *Facettenklassifikation* bekannte Form verwendet, die im wesentlichen auf Arbeiten von VICKERY [121] beruht.

---

[1]   Lehre von der Bedeutung der Worte (von griech. semainein = meinen, bedeuten)

[2]   Das erste System dieser Art, das aber in seiner ursprünglichen Form anscheinend bisher nicht praktisch angewendet wird, wurde 1933 von dem indischen Bibliothekswissenschaftler S. R. RANGANATHAN unter dem Namen „Kolonklassifikation" (engl. colon = Doppelpunkt) entwickelt; vgl. RANGANATHAN, S. R.: Colon Classification. 6. Aufl. London 1960.

Dabei werden gleichartige Begriffe (z. B. für Stoffe, Eigenschaften, Prozesse usw.) innerhalb eines Fachgebietes in sog. Kategorien zusammengefaßt, deren weitere Unterteilung nach Gesichtspunkten erfolgt, die für das jeweilige Fachgebiet spezifisch sind. Die so entstehenden Gruppen von Begriffen (Unterkategorien) werden als Facetten bezeichnet; sie können noch eine gewisse hierarchische Unterteilung enthalten. Zum Beispiel kann man den komplexen Sachverhalt „Polymerisation von Acrylnitril in Dimethylsulfoxid mit Ammoniumperoxodisulfat als Katalysator" dadurch ausdrücken, daß man den Begriff „Polymerisation" aus der Facette „Reaktionen", den Begriff „Acrylnitril" aus der Facette „Ausgangssubstanzen", den Begriff „Dimethylsulfoxid" aus der Facette „Lösungsmittel und Weichmacher" und den Begriff „Ammoniumperoxodisulfat" aus der Facette „Reagenzien" kombiniert; nun kann man ihn mit Hilfe der für die Facetten und Begriffe stehenden Symbole kennzeichnen.

Nach ähnlichen Prinzipien arbeitet das unter dem Namen GREMAS (Genealogisches Recherchieren durch Magnetbandspeicherung) bekannte System zur Recherche nach organischen Verbindungen bestimmter Struktur [122]. Im Grunde wird bereits bei der Kombination von Haupt- und Hilfstafeln der DK die gleiche Methodik angewandt.

Die Aufstellung und Anwendung einer Facettenklassifikation ist sehr kompliziert, was ihre Anwendung durch Personen ohne Spezialkenntnisse der Informatik sehr erschwert. Methodisch einfach, aber dafür arbeitsaufwendiger ist die Anordnung der Teilbegriffe einer Begriffskombination in ihrer logischen Abfolge (Begriffskette). Mit Hilfe solcher Begriffsketten können komplizierte Dokumentationsaufgaben mit einer einfachen Stellkartei gelöst werden [123].

Wie MEYER [124] nachweist, hat der hohe Aufwand, der mit der vollständigen Wiedergabe der Begriffsbeziehungen verbunden ist, um so mehr Berechtigung, je kleiner und spezieller das Gebiet ist, auf dem dokumentiert wird, während für große Sachgebiete verbale Ordnungssysteme wie das Unitermsystem durchaus Vorteile haben können. Hierarchische und ahierarchische Ordnungssysteme sind also zueinander komplementär und in ihrer reinsten Form nur in Grenzfällen vorteilhaft; in der Praxis müssen entsprechend der Art und dem Umfang des zu dokumentierenden Sachgebietes sinnvolle Zwischenstufen entwickelt und angewendet werden.

5.6. Lochkarten und Schlüsselsysteme

Ist zu erwarten, daß eine private Literatur- oder Datensammlung einen größeren Umfang annehmen wird, dann sollte man sich dazu entschließen, statt einer gewöhnlichen Stellkartei *Handlochkarten* (russ. perforirovannye karty; engl. punched cards) zu benutzen. Darunter versteht man Karten, die mechanisch (durch Lochen, Schlitzen oder Kerben) so verändert werden, daß sie mit einfachen mechanischen Hilfsmitteln (z. B. Sortiernadeln) ausgewertet werden können. Sie sind die derzeit wichtigsten Hilfsmittel zur teilmechanisierten Literaturauswertung, vor allem wegen ihrer vergleichsweise niedrigen Kosten. Daneben gibt es noch Maschinenlochkarten, auf die hier jedoch nur am Rande eingegangen werden soll.

Bei den Handlochkarten unterscheidet man nach den Möglichkeiten ihrer Auswertung Nadel- und Sichtlochkarten; die ersten werden nach der Form ihrer Löcher in Kerb- und Schlitzlochkarten unterteilt. Das Anbringen der Löcher erfolgt nach einem bestimmten Schlüssel oder Code, durch den die Lochstellen einzeln oder gruppenweise den Begriffen des betreffenden Arbeitsgebietes zugeordnet werden.

Die *Sichtlochkarten* sind Karteikarten mit einem Gitternetz (ähnlich dem Millimeterpapier-Aufdruck), die im allgemeinen vom Anwender mit Hilfe eines Kartenlochers, einer Bohrvorrichtung oder einer Handstanze gelocht werden. Vorzugsweise werden sie in Verbindung mit einer Liste von Deskriptoren (Schlagwörter oder Uniterms) in der Weise eingesetzt, daß jede Sichtlochkarte einem Deskriptor und jede Lochstelle auf der Karte einem Objekt (Dokument, Referatekarte) entspricht, das zu dem Deskriptor in Beziehung steht. Bei der Recherche legt man die Sichtlochkarten mit den gewünschten Deskriptoren genau übereinander. Es bleiben nur diejenigen

Löcher durchsichtig, die Objekten mit allen gesuchten Deskriptoren entsprechen. Dadurch können auch komplizierte Sachverhalte erfaßt werden. Prinzipiell ist es auch möglich, Sichtlochkarten (z. B. nach dem 1.2.4.7.-Schlüssel, s. unten) zu codieren [125].

In der DDR werden Sichtlochkarten vom VEB Bürotechnik, Abt. Organisationsmittel (Leipzig) in den Formaten A 4 (7 000 Rasterfelder) und A 5 (3 500 Rasterfelder) hergestellt. In anderen Ländern sind die verschiedensten Arten von Sichtlochkarten erhältlich. Besonders bekannt sind in Westeuropa die Cordonnier-Karten (mit 12 500 Lochstellen an den Kreuzungspunkten des Rasters), in den USA die Matrex-Karten.

Im Prinzip kann man Sichtlochkarten auch mit photoelektrischen Maschinen auswerten. Nadel- und vor allem Maschinenlochkarten können nach der gleichen Methode behandelt werden wie Sichtlochkarten; sie sind dabei allerdings wesentlich schwerfälliger als diese.

Kerblochkarten tragen im allgemeinen am Rande eine Doppelreihe von Löchern; häufig ist jedes Lochpaar durch Zahlen oder Buchstaben gekennzeichnet. Bei der Anlage einer neuen Karte wird der entsprechende Sachverhalt dadurch wiedergegeben, daß der Rand entsprechend dem Code mit einer Kerbzange bis zum ersten oder zweiten Loch ausgekerbt wird. Beim Sortieren werden lange Nadeln durch diejenigen Löcher des Kartenstapels gesteckt, die den gesuchten Ordnungsmerkmalen entsprechen; wird der Stapel dann angehoben, so fallen die zutreffenden Karten heraus. Zur leichteren Sortierung dienen Sortiermaschinen, die entweder nur einen Nadelrahmen oder außerdem eine Rüttelvorrichtung enthalten. Ein besonderer Vorteil des Kerblochverfahrens ist es, daß die Karten nicht in einer bestimmten Reihenfolge geordnet zu werden brauchen. Nachteilig ist, daß die Karten am Rande leicht beschädigt werden; auch sollte man keine Ausschnitte aus Dokumentationsdiensten, Zeitschriften oder ähnlichem auf die Karten aufkleben, weil sie dann beim Sortieren meist hängenbleiben. Da für jedes Dokument eine Karte angelegt wird, steigt die Suchzeit mit der Größe der Dokumentensammlung, da dann die gesamte Kartei nacheinander in handhabbaren Teilen (maximal 400 Karten) genadelt werden muß.

Diesen Nachteil haben auch die *Schlitzlochkarten* (vgl. Abschnitt 3.3.3.). Sie enthalten gewöhnlich in ihrer unteren Hälfte mehrere Reihen ausgestanzter Löcher und werden durch Heraustrennen der Stege zwischen 2 (oder mehreren) dieser Löcher markiert. Nach dem Nadeln der den gesuchten Merkmalen entsprechenden Lochstellen werden die Karten in einem Sortiergerät vertikal oder horizontal gegeneinander verschoben. Durch einen weiteren Nadelungsvorgang werden dann die gesuchten Karten von den übrigen getrennt.

Maschinenlochkarten werden mit besonderen Tastenlochern, die nach entsprechender Einstellung alle Löcher auf einmal stanzen, oder mit Zeichenlochern, welche die Karten nach Markierungen abtasten, die mit Bleistift oder einer Spezialtinte vorgenommen wurden und daher elektrisch leiten, hergestellt. Im Gegensatz zu Rand- und Schlitzlochkarten enthalten Maschinenlochkarten gewöhnlich keine Beschriftung, sondern die ganze Information ist durch Lochung festgehalten und muß im Bedarfsfalle erst in Klarschrift rückübersetzt werden. Für Sonderzwecke sind allerdings auch Maschinenlochkarten mit gegeneinander versetzten Text- und Lochzeilen entwickelt worden [126]. Maschinenlochkarten verlangen also einen Satz zusammengehöriger Loch-, Prüf-, Misch-, Sortier- und Ausgabevorrichtungen. Trotzdem sind Maschinenlochkarten bei großen Kartenmengen häufig billiger als Nadellochkarten und stets billiger als das Sortieren von Hand. Schließlich kann eine einzige Lochkartenmaschine bis zu 60 000 Karten in der Stunde sortieren. Die bekanntesten Maschinenlochkartenverfahren sind das IBM- und das Powers-Verfahren. Auf technische Einzelheiten dieser und anderer Systeme kann hier nicht eingegangen werden.

Während über Maschinenlochkarten ständig zahlreiche neue Publikationen erscheinen, die teilweise auf Erzeugnisse einer bestimmten Firma ausgerichtet sind, hat es auf dem Gebiet der Handlochkartentechnik in letzter Zeit keine umwälzenden Neuerungen gegeben, so daß man bevorzugt auf einige bewährte, ältere Standardwerke zurückgreift. Von diesen seien hier genannt:

CLAUS, F.: Möglichkeiten und Grenzen der Handlochkartenverfahren für das Speichern und Wiederauffinden von Informationen. Berlin 1967. 160 S.

HAAKE, F.: Einführung in die Informations- und Dokumentationstechnik unter besonderer Berücksichtigung der Lochkarten. 5. Aufl. Berlin 1965. 104 S.

Handbuch der Lochkarten-Organisation. Hrsg.: Ausschuß für wirtschaftliche Verwaltung. Bd. 1–2. 4. bzw. 2. Aufl. Frankfurt/Main 1962. 743 S.

SCHEELE, M.: Die Lochkartenverfahren in Forschung und Dokumentation. 2. Aufl. Stuttgart 1960. 256 S.

Punched Cards. Hrsg.: R. S. CASEY u. a. 2. Aufl. New York/London 1958. 674 S.

In Verbindung mit Lochkarten ist bereits wiederholt auf *Schlüsselsysteme* hingewiesen worden. An sich sind Systeme von Festlegungen über den Sinngehalt von Symbolen oder Zeichen Voraussetzung für jede Darstellung von Informationen, da diese selbst immateriell sind. Auch Sprache und Schrift sind eigentlich Schlüsselsysteme, da sie die Bedeutung von Symbolen (Wörter), d. h. ihre Beziehung zu dem Objekt (Sache bzw. Begriff), das sie symbolisieren, darstellen. Nachstehend sollen jedoch unter Schlüsseln oder Codes nur Systeme von Symbolen verstanden werden, die von der gebräuchlichen Form der Darstellung von Begriffen bzw. Informationen abweichen, speziell, soweit sie sich zur Verwendung bei Nadellochkarten eignen. Eine Notwendigkeit zur Entwicklung solcher Darstellungsformen ergibt sich bei der Dokumentation durch die Forderung nach Kürze. Obgleich eine Aufstellung derartiger Schlüssel eingehende Kenntnisse der Informatik, möglichst auch der mathematischen Logik voraussetzt, wird sie in der Naturwissenschaft und Technik wohl kaum ohne Mitarbeit der Nutzer zu erreichen sein. Die nachfolgenden Ausführungen sollen nur der Vermittlung eines Minimums an Grundkenntnissen und Verständnis für die Problematik des Verschlüsselns dienen, um eine solche Mitarbeit zu ermöglichen.

Die Beziehung vom Deskriptor zum Dokument kann entweder durch Analyse der Texte oder durch Kombination der

Deskriptoren (z. B. an Hand eines Verzeichnisses) hergestellt werden. Mathematisch läßt sich diese Situation durch eine Matrix ausdrücken, die in den Zeilen die Stichworte, in den Spalten die Dokumente aufführt. Die Ausarbeitung eines Schlüssels ist dann gleichbedeutend mit der Aufgabe, diese Matrix horizontal oder vertikal in geeigneter Form zu komprimieren [127].

In der praktischen Dokumentation ist Verschlüsselung jedoch kein Selbstzweck, sondern sie ist abhängig von den vorhandenen Gegebenheiten, bei Lochkarten also z. B. von der Anzahl der verfügbaren Lochstellen und der zu verschlüsselnden Deskriptoren. So ist beispielsweise bei n verfügbaren und k zur Darstellung eines Deskriptors benötigten Lochstellen die Menge M der darstellenden Deskriptoren gleich

$$M = \binom{n}{k} \; k = \frac{n(n-1)(n-2) \ldots (n-k+1)}{1 \cdot 2 \cdot 3 \cdot \ldots \cdot k} \; k, \text{ bei 6 verfüg-}$$

baren und 2 benötigten Lochstellen also gleich 30. Je kleiner man k wählt, desto größer kann also M sein. Außerdem muß die Eindeutigkeit des Schlüsselsystems gewährleistet sein, und Möglichkeiten für etwa später notwendig werdende Erweiterungen müssen schon am Anfang berücksichtigt werden. Diese Überlegungen bestimmen weitgehend die Wahl des Schlüsselsystems.

Im Prinzip kann man die Schlüsselsysteme nach ihrer Beziehung zu dem auf dem Codeträger (z. B. der Lochkarte) anzubringenden Merkmal in Positionsschlüssel und freie Schlüssel, nach ihrer Beziehung zum Dokument in Direkt- und Kombinationsschlüssel einteilen. Bei Positionsschlüsseln ergibt sich die Bedeutung eines Schlüsselzeichens aus der Art der Merkmale und der Lage der Schlüsselfelder auf dem Träger (z. B. ist eine auf einem bestimmten Feld einer Nadellochkarte verschlüsselte Zahl eine Jahreszahl), während bei freien Schlüsseln die Position keinen Einfluß auf die Bedeutung hat. Bei Direktschlüsseln entspricht ein Merkmal, bei Kombinationsschlüsseln eine Kombination von Merkmalen einem Deskriptor oder einem Dokument, direkt verschlüsselt sind z. B. Dokumente auf Sichtlochkarten.

Da sich Positions- und Kombinationsschlüssel häufig überschneiden, hat man sich jedoch daran gewöhnt, diese den anderen Schlüsselsystemen überzuordnen, obgleich sie mit ihnen nicht durch eine einfache, sondern durch eine übereinandergreifende Hierarchie verbunden sind [127, 128]. Solche Überschneidungen sind die Exklusiv- und die Überlagerungsschlüssel. Exklusivschlüssel können angewandt werden, wenn Gruppen sich gegenseitig ausschließender Begriffe vorliegen (z. B. entspricht in einer Stoffwertekartei jedem Stoff nur ein Siedepunkt bei Normaldruck). Bereits beim Schmelzpunkt ist eine solche Verschlüsselung jedoch nicht möglich, weil beim Vorliegen verschiedener Modifikationen mehrere Schmelzpunkte für einen Stoff auftreten können. Wegen dieser Einschränkung werden Exklusivschlüssel nur selten verwendet.

Überlagerungsschlüssel sind positionsgebundene Kombinationsschlüssel, die eine festgelegte Höchstzahl von Deskriptoren besitzen. Sie gestatten besonders kurze Kombinationen und werden daher häufig verwendet; jedoch fallen bei der Selektion in gewissem Maße nicht zutreffende Dokumente (Rechercheballast) mit an, weil sich die Schlüsselzeichen zu nicht der Frage entsprechenden Kombinationen überlagern können.

Eine detaillierte Beschreibung einzelner Schlüsselsysteme würde den Rahmen dieses Buches sprengen, zumal häufig, besonders bei Kerblochkarten, mehrere Systeme nebeneinander verwendet werden (z. B. Direktschlüssel für funktionelle Gruppen, Überlagerungsschlüssel für Autorennamen usw.). Die Karte wird dazu gewöhnlich in Unterfelder aufgeteilt. Je nach der Art der Karte und der zu lösenden Aufgabe unterscheiden sich die dabei angewandten Methoden sehr stark. Es sollen lediglich einige häufig gebrauchte Schlüsselsysteme für Kerblochkarten aufgezählt und einige Arbeiten aufgeführt werden, die sich speziell mit Problemen der Chemie befassen.

Bei der Direktverschlüsselung auf Kerblochkarten [129] wird jedem Loch ein bestimmter Begriff zugeordnet. Bei einreihigen Karten können zwei Begriffe, die sich gegenseitig ausschließen, dem gleichen Loch zugeordnet werden; z. B. kann Kerben eines bestimmten Loches „Metall", Nichtkerben

dieses Loches „Nichtmetall" bedeuten. Bei zweizeiligen Kerblochkarten ist zu beachten, daß auf ein Lochpaar nur Begriffe kommen dürfen, die einander übergeordnet sind, da
eine tiefe Kerbung die flache Kerbe mit aufreißt, so daß diese
Karten beim Nadeln der flachen Kerbe mit anfallen. Durch
geschicktes Verschlüsseln kann man diesen Nachteil kompen-
sieren; beispielsweise kann in einer Mineralkartei eine Tiefkerbung „Analyse", eine Flachkerbung an der gleichen Stelle
„quantitative Analyse" bedeuten. Es besteht dann die Möglichkeit, durch Trennen der Karten zu „quantitative Analyse"
von den Karten zu „Analyse" überhaupt (Nadeln der tiefen
Kerbe; „negative Selektion") auch die Karten zu erhalten, die
sich nur auf qualitative Analyse beziehen.

Besonders häufige Kombinationsschlüssel sind die additi-
ven Zahlenschlüssel, insbesondere der 1.2.4.7-Schlüssel. Dabei werden innerhalb eines Feldes von vier Lochpaaren die
Grundzahlen 1, 2, 4 und 7 durch direkte Tiefkerbung des
ersten, zweiten, dritten oder vierten Lochpaares, die übrigen
Zahlen durch Addition von Flachkerbungen (z. B. 5 = 1 flach
+ 4 flach) markiert. Die Null wird durch Flachkerben des
dritten und vierten Lochpaares, also bei den Grundzahlen 4
und 7, angegeben. Mit Hilfe mehrerer derartiger Felder lassen sich mehrstellige Zahlen ausdrücken; dadurch wird z. B.
das Verschlüsseln von DK-Zahlen prinzipiell möglich [130].
Die interessantesten Kerblochschlüssel entstehen jedoch durch
Kombination von tiefen und flachen Kerben. Da man bei
ihrer Benutzung im allgemeinen dreieckige oder rechteckige
Hilfsschablonen anwendet, bezeichnet man sie als Dreieck-
bzw. Rechteckschlüssel. Bei Anwendung eines Dreieckschlüs-
sels ist es z. B. möglich, mit nur 6 Lochpaaren das ganze Alphabet einschließlich der Umlaute, St und Sch auszudrücken.
Auch eine begrenzte Menge von Zahlen (z. B. die Tage eines
Monats) können nach diesem System verschlüsselt werden.
Die Anwendung von Dreieckschlüsseln zusammen mit der DK
bei Kerblochkarten beschreibt u. a. G. WIECHMANN [131].
Ein Rechteckschlüssel für Kerblochkarten wird von F. CLAUS
angegeben [132].

Bei der Ausarbeitung spezieller Schlüssel lasse man sich
möglichst von einem Fachmann beraten. Die vorstehenden

Ausführungen sollen nur eine Vorauswahl unter den vorhandenen Möglichkeiten erleichtern. Nähere Hinweise bieten die oben zitierten Werke über Handlochkarten; z. T. werden auch Karten mit eingedruckten Hilfsmarkierungen angeboten. Die Verwendung eines Überlagerungsschlüssels für die Aufstellung einer Stoffwertekartei nach DK beschreiben OFFERMANN und BURKHARDT [133]. Auch Systeme für spezielle Anwendungen auf dem Gebiet der Chemie sind wiederholt beschrieben worden [134, 135, 136]. Zu erwähnen wäre schließlich noch ein Versuch zur Aufstellung eines allgemein anwendbaren Schlüssels für Kerblochkarten [137]; wenn eine solche „Universallösung" auch von vornherein im Spezialfall gewisse Nachteile aufweisen muß, so kann sie doch zur Anregung für entsprechende eigene Arbeiten dienen.

5.7. Schnellinformations- und Dokumentationsdienste

Von den beiden Idealforderungen der Informationsarbeit – Schnelligkeit und Vollständigkeit – können die dem Chemiker allgemein zugänglichen Dokumentationseinrichtungen z. Z. nur eine erfüllen. Wegen der Notwendigkeit einer möglichst hohen Effektivität der Informationsarbeit für Forschung und Produktion kann das nur die Schnelligkeit sein [138]. Zahlreiche Anzeichen sprechen dafür, daß sowohl die Spezialisierung der Referateorgane als auch die Verkürzung der Referate – im Extremfall bis zur Beschränkung auf die Wiedergabe des Titels – z. Z. noch ständig zunehmen.[1]) Dazu

---

[1]) Der schwerwiegende Nachteil dieses Trends ist ein Verlust an Informationstiefe und -breite (durch Verzicht auf das analytische Referat und Beschränkung auf Schlüsselzeitschriften, denen dadurch eine Art von Monopolstellung eingeräumt wird (vgl. auch Abschnitt 3.5.3. sowie PREISLER, W., Informatik 17 (1970) 4, S. 29). Die gegenteilige Einschätzung der Situation durch J. KOBLITZ (Informatik 20 (1973) 4, S. 44) ist möglicherweise auf abweichende Definition grundsätzlicher Termini zurückzuführen.

gehören z. B. die Einstellung der *British Abstracts* und des *Chemischen Zentralblattes* und die Aufteilung der *Chemical Abstracts* in Sektionen sowie die Zunahme von Zeitschriften für Kurzinformationen der genannten Art, deren Anzahl von 2 im Jahre 1949 auf 28 im Jahre 1966 gestiegen ist [139] und sich inzwischen noch weiter erhöht hat.

Nachfolgend sollen unter *Schnellinformationsdiensten* vorzugsweise Publikationen verstanden werden, die mit einer Bearbeitungsfrist von 2 bis 12 Monaten (ab Veröffentlichung des Originals) in Heftform erscheinen und überwiegend keine analytischen Referate enthalten. Als *Dokumentationsdienste* sollen Veröffentlichungen bezeichnet werden, die für die Verwendung als Hilfsmittel bei der Informationsrecherche besonders aufbereitet sind (insbesondere als Handloch- oder Stellkarten oder als Zitatenregister) [140]. Die nachstehende Zusammenstellung erhebt keinen Anspruch auf Vollständigkeit.

Vom Vsesojuznyi institut dlja naučnoj i techničeskoj informacii Moskau (VINITI) wird in Zusammenarbeit mit dem Zentralinstitut für Information und Dokumentation der DDR ab 1970 eine *Schnellinformation Chemie* (SJ) herausgegeben, die den Schnellinformationsdienst *Zignal'-Informacija* abgelöst hat. Sie enthält die Titel aller vom *Referativnyj Žurnal, Serija Chimija*, erfaßten Publikationen, wobei Titel in Englisch, Russisch, Deutsch und Französisch original übernommen, Titel in anderen Sprachen ins Russische übersetzt werden, und ist in folgende 39 Serien gegliedert, die einzeln bezogen werden können: Allgemeine und theoretische organische Chemie; Aminosäuren, Eiweiß, Nucleinsäuren; Analytische Chemie, Laborausrüstungen; Anorganische Chemie, Komplexverbindungen, Radiochemie; Biochemie der Mikroorganismen; Biochemie der Pflanzen; Biochemie der Tiere; Biochemische Pharmakologie; Biochemische Untersuchungsmethoden; Chemie des Wassers; Chemiefasern, Textilien, Leder, Rauchwaren; Elektrochemie, elektrochemische Industrie; Enzymologie; Fette, Öle, Waschmittel und Duftstoffe; Grundlagen der chemischen Technologie; Hochmolekulare Verbindungen; Industrielle organische Synthese und Farbstoffsynthese; Kinetik, Katalyse, Fotochemie, Strahlenchemie; Korrosion und Korrosionsschutz; Kristallchemie und Kristallographie, Festkörperchemie; Lacke, Farben, organische Überzüge; Lebensmittelindustrie, Gärungs- und Zuckerindustrie; Medizinische Biochemie; Molekülstruktur und chemische Bindung, Gase, Flüssigkeiten, amorphe Stoffe; Naturkautschuk, Gummi; Naturstoffe und ihre synthetischen Analoga; Oberflächenerscheinungen, Kolloidchemie; Pestizide; Plaste und Ionenaustauscher; Präparative organische Chemie; Sicherheitstechnik; Silikatstoffe (Silikate); Struktur und Eigenschaften hochmolekularer Verbindungen; Synthetische und natürliche Arzneimittel; Technische Biochemie und Biochemie der Nahrung; Technologie der anorganischen Stoffe; Thermodynamik, Thermochemie, Gleichgewichte, Lösungen; Verarbeitung von festen fossilen Brennstoffen, Erdöl, Gasen und Holz; Zellulose, Papierprodukte. Jährlich erschienen je 24 Hefte mit Autorenregistern.

Ebenfalls in Zusammenarbeit mit dem VINITI wird vom ZIID und der Zentralstelle für Information und Dokumentation der chemischen Industrie (ZIC), 1197 Berlin-Johannisthal, Straße am Flugplatz 6, der (Schnell-)Referatedienst *Chemische Verfahrenstechnik* herausgegeben. Er bringt monatlich etwa 300 durch Schlagwörter erweiterte Titel aus den Gebieten Systemanalyse, Modellierung, Optimierung; Prozeßmeßwerterfassung, Prüf- und Analysenmethoden; Prozeßmeßwertverarbeitung, Reaktionstechnik; Grundoperationen; Abgas und Abwasser; Ökonomie; seit 1975 werden auch Patente ausgewertet. Jedes Heft besitzt ein Autoren- und ein Sachregister; außerdem können Mikrofiches der referierten Originalarbeiten bezogen werden [142]. Ein zweiter Referatedienst *(Organische Chemie)* ist inzwischen eingestellt worden. ZIC gibt außerdem noch eine *Kurzinformation Chemie* mit jährlich 20 Heften heraus, die Arbeiten allgemeinerer Natur bevorzugt. Sie erfaßt die Gebiete Leitung, Forschung, Anorganika, Energie, Erdöl- und Kohleverarbeitung, Petrolchemie, Hochpolymere, Farbstoffe, Anstrichmittel, Pharmazeutika, Technik, Transport und Umweltschutz. Auch hierzu können Mikrofiches der ausgewerteten Artikel bezogen werden.

In der DDR werden darüber hinaus noch von fast allen Großbetrieben und einigen staatlichen Institutionen Schnellinformationsdienste für ihre speziellen Arbeitsgebiete herausgegeben. Von diesen sollen nur folgende erwähnt werden: die vom Zentralinstitut für Isotopen- und Strahlenforschung der Akademie der Wissenschaften der DDR in englischer Sprache als annotierte Titelliste herausgegebenen *Isotope Titles*, die vom Informationsbüro Spektroskopie des Zentralinstituts für physikalische Chemie der Akademie der Wissenschaften der DDR veröffentlichten *Schnellinformationen HF-Spektroskopie, IR- und Ramanspektroskopie und Mössbauer-Spektroskopie*, der *Schnellinformationsdienst* (über Petrolchemie) des VEB Hydrierwerk Zeitz und die *Literatur-Kurzmitteilungen* über Chemische Technologie, Chemieanlagenbau und verwandte Gebiete des VEB Konstruktions- und Ingenieurbüro Chemie (KIB) Leipzig. Weitere Informationsmittel und die Anschriften ihrer Herausgeber enthält der vom ZIID herausgegebene *Katalog Informationsmittel aus dem Informationssystem Wissenschaft und Technik der DDR*, Berlin 1974, 638 S. Die Publikationen selbst sind zum Teil käuflich (wie die *Isotope Titles*), zum Teil können sie nur innerhalb der DDR vom Herausgeber kostenlos oder durch Tausch bezogen werden. Einige wenige sind auch nur für den innerbetrieblichen Gebrauch bestimmt.

In der Bundesrepublik Deutschland erscheint seit 1970 ein von der Gesellschaft Deutscher Chemiker (GDCh) und der BAYER AG Leverkusen herausgegebener *Chemischer Informationsdienst (Chem. Inform)*, der die Nachfolge des Schnellreferatedienstes des *Chemischen Zentralblattes*, der von 1967 bis 1969 bestand, angetreten hat [143]. Er bringt jährlich etwa 22 000 Kurzreferate von ausgewählten Arbeiten aus der anorganischen, allgemeinen, organischen und elementorganischen Chemie, die aus etwa 400 ebenfalls ausgewählten Zeitschriften stammen, verzichtet also bewußt auf Vollständigkeit. Die Referate werden nach ihrem Hauptsachverhalt in ein Klassifikationssystem eingeordnet, dessen Positionen numeriert sind; ein „Systemnummern-Verzeichnis" am Ende jedes Heftes führt zu jeder Systemnummer die zutreffenden Referate an, wobei die Nummern von Referaten, in denen der betreffende Begriff nicht Hauptsachverhalt ist, durch

einen Stern gekennzeichnet werden. Die Hefte besitzen Sach-
und Formelregister; Strukturformeln sind angegeben [144].

Das GMELIN-Institut in Frankfurt/Main gibt seit 1959
eine *Atomenergie-Dokumentation* (abgekürzt AED-BRD-A
[B, C] heraus. Sie erscheint seit 1962 in zwei Reihen: *A B
Atomic Energy Information Service* (Indexed bibliography,
current reports, conference papers, dissertations, patents);
C Ausgewähltes Schrifttum nach Sachgebieten. Daneben besteht noch eine *Reihe Nuklearmedizin.* Die Dokumentation
umfaßt auch zahlreiche Grenzgebiete der Atomforschung, besonders nach der chemischen Seite hin.

Von der Deutschen Gesellschaft für chemisches Apparatewesen (DECHEMA) Frankfurt/Main wird eine Loseblattsammlung „signalisierender" Referate unter der Bezeichnung
Dechema-Literatur-Schnelldienst herausgegeben. Sie umfaßt
die Gruppen

1. Technisches Verfahren, Apparate und Anlagen
2. Meß- und Regelapparate, Methoden
3. Technisches Zubehör, Betriebsstoffe, Umweltschutz
4. Werkstoffe und Korrosion
5. Laboratoriumstechnik,

die auch einzeln bezogen werden können. Monatlich erscheinen etwa 90 Blätter, für die ca. 350 Zeitschriften ausgewertet werden.

Eine der ältesten Titelzeitschriften sind die seit 1954 von
der Chemical Society London herausgegebenen *Current Chemical Papers.* Sie erscheinen monatlich und enthalten die Titel
sämtlicher Arbeiten aus etwa 600 Zeitschriften in englischer
Übersetzung und nach Sachgebieten geordnet, die zum Teil
noch weiter unterteilt sind. Jedes Heft und jeder Jahrgang
enthalten Autorenregister.

In Europa zunehmend verbreitet sind die *Current Contents,*
die seit 1959 vom Institute for Scientific Information (ISI)
in Philadelphia herausgegeben werden. Sie erscheinen einmal wöchentlich in 3 Serien (Physik, Chemie, Biowissenschaf-
ten) und bringen Titel in Englisch, Französisch, Deutsch, Ita-
lienisch und Spanisch im Original, solche in anderen Sprachen in englischer Übersetzung. Neuerdings enthalten sie auch

die Strukturformeln und ein permutiertes [1]) Stichwortpaar-Register.

Eine für Titelinformationen besonders zweckmäßige Form besitzen die *Chemical Titles*. Diese Zeitschrift wird seit 1960 vom Chemical Abstracts Service (CAS) der American Chemical Society in Washington herausgegeben. Sie besteht aus einem Autorenregister und einem KWIC-Index (vgl. Abschnitt 3.5.5.) der Titel, von denen mit Hilfe von Schlüsselzahlen auf den bibliographischen Teil verwiesen wird. Die Zeitschrift erscheint zweimal monatlich und wertet etwa 700 Fachzeitschriften aus.

Auflistungen der Titel aus den *Chemical Abstracts* erscheinen wöchentlich als *CA Condensates*. Sie erfassen etwa 340 000 Artikel und Patente pro Jahr. Außerdem werden die vollständigen Referate aus 49 besonders wichtigen Zeitschriften als *Basic Journal Abstracts* vorab veröffentlicht. Alle vorstehend genannten Informationsdienste des CAS können auch auf Magnetband bezogen werden.

Ein besonders für den Organiker wichtiges Hilfsmittel stellt der vom ISI seit 1960 herausgegebene *Index Chemicus* dar, der laufend alle in den etwa 200 wichtigsten chemischen Fachzeitschriften veröffentlichten chemischen Verbindungen mit Neuheitsanspruch zusammenfaßt. Er erscheint monatlich und besteht aus 3 Teilen, dem Verzeichnis (engl. „register"), dem Autoren- und dem Formelregister. Das „Register" stellt den eigentlichen Textteil der Zeitschrift dar; es führt die Verbindungen nach einem System auf, dem die Strukturformeln zugrunde liegen (ähnlich Elseviers Encyclopedia; vgl. Abschnitt 3.5.1.). Zu jeder Verbindung werden Summenformel, Strukturformel, Namen, laufende Registriernummer, Literaturzitat mit englischem Titel, Name (transkribiert) und Anschrift des Autors, Einsendungstermin, die der Verbindung vom Autor etwa gegebenen Abkürzungen (römische Zahlen) und die

---

[1])   Von lat per = durch und mutare = vertauschen, verändern; registerartige mehrmalige Erfassung von Wortkombinationen (z. B. Titeln), die mit jedem Stichwort einmal begonnen wird (vgl. KWIC-Register, Abschnitt 3.5.5.).

wichtigsten physikalischen Konstanten angegeben. Vierteljährlich und jährlich werden Formelregister herausgegeben;
außerdem erschien 1968 ein kumulatives Formelregister für
die Jahre 1960 bis 1962.

Eine ähnliche Bedeutung für den Biochemiker haben die
Chemical-Biological Activities, die einen Auszug der entsprechenden Sektion der *Chemical Abstracts* darstellen und alle
Arbeiten anzeigen, die sich mit biologischen Aktivitäten chemischer Stoffe befassen. Sie erscheinen zweimal monatlich in
einer Magnetband- und einer Druckausgabe, die einen Klas-
sifizierungsteil („digest section"), ein KWIC-Register, ein
Formelregister, Verweisregister für Register- und Facetten-
nummern und ein Autorenregister enthält.

Dokumentationsdienste in Form von Stellkarteien werden
in der DDR ebenso wie die Schnellinformationsdienste überwiegend von Großbetrieben herausgegeben; sie können auch
zu den gleichen Bedingungen wie diese bezogen werden.
Nähere Angaben enthält der oben bereits zitierte *Katalog Informationsmittel* des ZIID.[1]) Zur Zeit werden zu folgenden
Themen Dokumentationsdienste herausgegeben, die entweder
die Form von Stellkarteien haben oder auf Verlangen in dieser Form bezogen werden können: Chemieanlagen und -appa-
rate, Erdölverarbeitung, Feinkeramik, Grenzflächenaktive
Stoffe, Paraffine und Wachse, Pflanzenschutzmittel und Schäd-
lingsbekämpfung, Photographische Chemie, Plasthilfsstoffe,
Polymere, Schmierstoffe und Schmierungstechnik. Zu einigen
anderen Dokumentationsdiensten werden Stellkarten mitge-
liefert, oder sie erscheinen in einer Form, die sich in eine
Stellkartei einarbeiten läßt. Fast alle enthalten DK-Zahlen
oder Schlagwörter und sind nur noch als „Reihe" (eine Karte
je Titel) zu beziehen; nur in Ausnahmefällen werden sie
auch als „Satz" (so viele Karten wie Schlagwörter bzw. DK-
Zahlen) abgegeben.

---

[1]) Eine etwas ältere, aber analysierende und speziell Einrichtungen außerhalb der DDR berücksichtigende Zusammenstellung von Informationsdiensten ist: *Informationdienste Chemie und chemische Industrie*. Hrsg.: ZIC. Berlin 1968. 167 S.

Von der Ingenieurwissenschaftlichen Abteilung der BAYER AG Leverkusen wird seit 1953 ein Referatedienst *Verfahrenstechnische Berichte* herausgegeben, der über den Verlag Chemie, Weinheim/Bergstr., wahlweise in Heftform oder als Stellkartei bezogen werden kann. Er umfaßt die Gebiete Verfahrenstechnik, Stoffeigenschaften, Oberflächenschutz, Fördern von Gasen, Flüssigkeiten und Feststoffen, Lagern, Verpacken, Meß- und Regeltechnik, Physik und physikalische Chemie, Elektrotechnik, angewandte Mathematik, Werkstattechnik, Maschinen- und Apparateteile, Energietechnik, Wasserversorgung, Abwasserreinigung, Abluftreinigung, Bauwesen, Heizung und Lüftung, Gesundheits-, Unfall- und Brandschutz und Sonstiges. Die Referate sind nach DK-Zahlen, Kennwörtern, Stoff-, Autoren- und Firmennamen aufgeschlüsselt und enthalten zusätzliche Benutzungshinweise. Für die Jahre 1968 bis 1970 existiert ein vierbändiges Sachregister, ein weiteres Register für die Jahre 1971 bis 1973 ist in Vorbereitung.

Seit 1965 wird im G. Thieme Verlag, Stuttgart, eine Schlitzlochkartei über organische Reaktionen unter dem Namen *Reactiones organicae* herausgegeben (vgl. Abschnitt 3.3.3.). Jährlich erscheinen etwa 500 Karten. Vom Verlag Chemie, Weinheim/Bergstr., werden gemeinsam mit dem Verlag Butterworths, London, 3 besonders für den Analytiker wichtige durch Handlochkarten erschlossene Datensammlungen verlegt, die vom Infrared Absorption Data Joint Committee London und DMS Scientific Advisory Board London herausgegeben werden. Die bedeutendste ist die *DMS-Dokumentation der Molekülspektroskopie*, eine zweizeilige Kerblochkartei, welche die Spektren von ca. 23 500 organischen und 1 500 anorganischen Verbindungen enthält und damit einen vorläufigen Abschluß erreicht hat. Die beiden anderen, der fünfbändige *DMS-Literaturdienst zur IR-, Raman- und Mikrowellen-Spektroskopie* (erschienen 1963 bis 1972) und der dreibändige *DMS-Literaturdienst zur NMR-, EPR- und NQR-Spektroskopie*, besitzen ein Autorenregister in Ringbuchform und ein Register in Form einer Sichtlochkartei. Auch diese Werke sind vorläufig abgeschlossen.

Ein Hilfsmittel besonderer Art ist der vom ISI regelmäßig ab 1964 herausgegebene *Science Citation Index*. Er zitiert zu einer älteren Arbeit alle neueren und neuesten Veröffentlichungen, in denen diese Arbeit als Literaturzitat erscheint.[1] Indem er nicht von einer Fragestellung, sondern bereits von einer Publikation ausgeht, ermöglicht er die vollständige Verfolgung aller mit dieser verbundenen Aspekte und damit das Auffinden von Querverbindungen, die sonst unbekannt bleiben würden. Vierteljährlich erscheint eine Ausgabe, für die 1 800 Zeitschriften (insbesondere sog. Querschnittszeitschriften) ausgewertet werden, außerdem jährlich ein Band, der alle USA-Patente erfaßt. Jede Ausgabe beginnt mit einem Quellenverzeichnis; seit 1967 besitzt das Werk auch ein (durch Computer hergestelltes) Permuterm-Sachregister, das getrennt bezogen werden kann, sowie weitere Hilfsregister. Die Zitate sind nach dem Namen des ersten Autors alphabetisch (und für den gleichen Autor chronologisch) geordnet; darunter stehen die Veröffentlichungen, in denen diese Arbeit zitiert wurde, ebenfalls nach Autoren geordnet, sowie die zugehörigen bibliographischen Angaben. Kennt man also eine ältere Arbeit, die ein interessierendes Gebiet voll erfaßt (es muß nicht immer die älteste einschlägige Publikation überhaupt sein!), so kann man einen großen Teil (allerdings nicht alle!) der neueren Arbeiten über dieses und die angrenzenden Gebiete auffinden.

Seit 1965 besteht außerdem die Möglichkeit, bei der ISI Suchaufträge für diejenigen Zeitschriften zu abonnieren, die zur Herstellung des *Science Citation Index* ausgewertet werden. Abonnenten geben 50 oder mehr Sucheinheiten (items) in Auftrag, die Zitate bestimmter Arbeiten in späteren Veröffentlichungen, aber auch Stichwörter, Institutionen oder Autorennamen darstellen können. Dafür erhalten sie wöchentlich durch Luftpost eine elektronisch ausgedruckte Aus-

---

[1]   Ähnliche Informationsmittel werden bereits seit längerer Zeit von amerikanischen Rechtsanwälten zur Feststellung einschlägiger Gerichtsentscheidungen benutzt (vgl. BOTTLE, R. T., in: The Use of Chemical Literature. 2. Aufl. London 1969, S. 69).

kunft über die von ihnen gestellten Anfragen. Dieser Dienst, der den Namen *Automatic Subject Citation Alert* trägt, ist damit das erste elektronisch arbeitende Informationssystem mit Abonnementsmöglichkeit. Inzwischen werden derartige Recherchen (die sich ausschließlich auf laufende Neuerscheinungen erstrecken!) [1]) auch vom Chemical Abstracts Service sowie (auf Grund eines Austauschabkommens) von der GDCh-Abteilung Chemie-Information und -Dokumentation Berlin (West) mit Hilfe der Magnetbänder der *CA Condensates* (s. oben) durchgeführt [145].

Obgleich seine Leistungen nur den Mitgliedsfirmen zur Verfügung stehen, soll abschließend noch der 1958 gegründete *Dokumentationsring der chemisch-pharmazeutischen Industrie* erwähnt werden, weil er anfangs mit Hilfe von Maschinenlochkarten durchgeführt wurde und dafür interessante Schlüsselsysteme entwickelt hat [146]. Jede der 15 Mitgliedsfirmen bearbeitet einen gleich großen Anteil der Quellen und erhält dafür im Austausch das von den anderen Mitgliedern erarbeitete Material. Inzwischen ist der Dienst weitgehend auf Magnetband umgestellt worden.

Auf die kommerziellen Patentinformationsdienste der Derwent Publications Ltd. London ist bereits hingewiesen worden (s. Abschnitt 3.5.4.).

5.8. Zu Fragen der zweckmäßigen Nutzung von Anlagen und Einrichtungen zur maschinellen Informationsverarbeitung

Die Informationsarbeit, d. h. das Auswerten des dokumentierten Materials zur Beantwortung einer bestimmten Fragestellung, gehört im allgemeinen dann nicht mehr zu den Auf-

---

[1]) Man spricht auch von „selektiver Informationsverbreitung" (SIV; engl. selective dissemination of information = SDI), d. h. laufende Überwachung der Fachliteratur durch Informationsfachleute zu vom Nutzer in Auftrag gegebenen Themen. Zur Zeit geschieht das noch im wesentlichen ohne elektronische Datenverarbeitungsanlagen.

gaben des Chemikers, wenn dazu maschinelle Hilfsmittel herangezogen werden müssen. Es ist jedoch zweckmäßig, über einige dabei auftretende Probleme unterrichtet zu sein, um zu wissen, welche Forderungen man an die maschinelle Literaturauswertung stellen und welche Leistungen man von ihr erwarten darf.

Zunächst ist (auch und gerade beim Einsatz von elektronischen Datenverarbeitungsanlagen, EDVA) die Zweckmäßigkeit des Einsatzes solcher Systeme für den konkreten Fall zu prüfen, um der „Fetischierung der Verwendung speziell technischer Einrichtungen", die „durch ein ungenügendes Verständnis für die wirklichen Probleme der Recherche" zustande kommt [147], zu entgehen. MICHAJLOV u. Mitarb. [147] führen dazu aus: „Die Mechanisierung um ihrer selbst willen nutzt niemandem. Diese Wahrheit ist trivial, doch ignoriert man sie oft. Die Mechanisierung und Automatisierung der Dokumentenrecherche sind nur dann zweckmäßig, wenn sie erlauben, wenigstens eine der folgenden Forderungen zu erfüllen:

a) einen realen ökonomischen Effekt zu erzielen, was bedeutet, daß die Kosten der maschinellen Recherche von Dokumenten unter Berücksichtigung aller Aufwendungen an menschlicher Arbeit und aller Ausgaben für die verwendeten Ausrüstungen geringer als bei der Verwendung nichtmechanisierter IRS (Informationsrecherchesysteme; d. Autor) sein müssen;

b) die Recherchezeit auf ein Minimum zu reduzieren, wenn der Zeitfaktor – nicht die Kosten – die entscheidende Rolle spielt;

c) solche Rechercheaufgaben zu lösen, die mit Hilfe nichtmechanisierter IRS im Prinzip nicht gelöst werden können."

IRS auf der Basis elektronischer Datenverarbeitungsanlagen weisen gegenüber anderen Systemen (z. B. solchen mit Lochkarten) 3 wichtige Vorteile auf:

a) Sie arbeiten genau.
   Der Vergleich der Ordnungselemente der Dokumente mit denen der Anfrage kann ohne merklich höheren Zeitauf-

wand vollständiger durchgeführt und vor der Ausgabe
überprüft werden.
b) Sie arbeiten schnell.
Eine gut organisierte EDVA braucht selbst bei großen Fonds
für eine Recherche nur 20 bis 30 Sekunden Maschinenzeit.
c) Sie haben niedrige Betriebskosten.
Voraussetzung dafür ist allerdings eine rationelle Aus-
lastung der Anlage, die nur bei zentraler Nutzung durch
einen großen Nutzerkreis gewährleistet ist.

Diesen Vorteilen stehen 3 wesentliche Mängel der IRS gegenüber, die unbedingt berücksichtigt werden müssen, wenn
ein nutzbringender Einsatz erreicht werden soll:

a) Sie übertragen weitgehend Fehler und Ungenauigkeiten
des Rechercheprogramms auf das Ergebnis; außerdem treten Schwierigkeiten bei der Beantwortung allgemein ge-
haltener Fragen („question of discovery") auf [148].
b) Ihre Effektivität hängt in starkem Maße von Umfang und
Organisation ihres Speichers ab.
Ist die Einspeicherung von Informationen gerade erst begonnen worden, kann man von dem IRS keine wesentlichen Leistungen erwarten. Ist der Speicherinhalt sehr
umfangreich, so kann die nachfolgende Auswertung des
Rechercheergebnisses (z. B. Rückübersetzung von Infor-
mationsträgern [149], Lesen von Originaldokumenten)
noch sehr viel Zeit verbrauchen. (Übrigens sind deshalb
die meisten modernen IRS zwar ausgezeichnet geeignet
zur Überwachung der laufenden Literatur (SIV; vgl. Fußnote 1, S. 244), aber z. Z. noch nicht zu retrospektiven
Recherchen über einen längeren Zeitraum fähig.)
c) Sie benötigen hohe Investitionskosten.

Im Zusammenhang mit diesen Mängeln muß auf die Organisation von IRS noch etwas näher eingegangen werden.[1]
Zunächst benötigen sie zur umkehrbar eindeutigen Kommu-

---

[1]   vgl. MICHAJLOV, A. I.; ČERNYJ, A. I.; GILJAREVSKIJ, R. S.:
Informatik – Grundlagen. Berlin 1970. S. 473–489; zum besseren Verständnis der Speichertechnik sollte zweckmäßig

nikation eine *Informations-Recherchesprache* (vgl. Abschnitt 5.5.), die eine verdichtete, von Mehrdeutigkeiten freie Informationsübermittlung und -aufzeichnung gestattet. Es ist möglich, aber nicht notwendig, dafür Symbole zu verwenden, die sich von denen der natürlichen Sprache prinzipiell unterscheiden; auch ein Thesaurus kann diese Funktion übernehmen. Es muß aber unbedingt gewährleistet sein, daß Wortschatz und Grammatik der Recherchesprache beim Einspeichern und Abfragen auch von verschiedenen Personen in genau gleicher Weise verwendet wird. Auch muß „Deformation der Fragestellung" [150] vermieden werden.

Bei IRS für große Informationsfonds ist es zweckmäßig, diese auf einen „passiven" Speicher, der die Dokumente selbst als Mikrofiches, Lochkarten oder als in der EDVA gespeicherter Text enthält, und einen „aktiven" Speicher, der nur die Merkmale und Speicheradressen der Dokumente umfaßt, aufzuteilen. Zwischen diesen Speichern sind 2 Arten von Beziehungen möglich: entweder jedem Dokument im passiven Speicher entspricht ein komplettes Recherchebild im aktiven (direkte Organisation) oder alle Dokumente, die in einem Merkmal übereinstimmen, sind im aktiven Speicher unter diesem Merkmal zusammengefaßt (inverse oder lexikalische Organisation). Dies hat Unterschiede im Programmablauf zur Folge, auf die hier nicht näher eingegangen werden kann.

Die inverse Organisation eines IRS hat den Vorteil, daß sie den Rechercheprozeß auf Grund von Zwischenergebnissen zu korrigieren gestattet (Mensch–Maschine–Dialog), was eine schrittweise Annäherung an das gewünschte Rechercheergebnis ermöglicht. Bei direkter Organisation hängt die Effektivität des IRS wesentlich von der verwendeten Grammatik (vgl. Abschnitt 5.5.) ab, während bei inverser Organisation die Verwendung einer Grammatik eher nachteilig wirkt.

Die Zweckmäßigkeit der beiden Organisationssysteme wird zwar vom Verhältnis der Informationsmerkmale zu den eingespeicherten Dokumenten beeinflußt [151], hängt aber letzt-

---

eine Einführung in die elektronische Datenverarbeitung (z. B. Datenverarbeitung – Grundlagen und Einsatzvorbereitung. Berlin 1967) herangezogen werden.

lich von ihrer Optimierung auf die hauptsächlichen Bedürfnisse der Nutzer ab. In der Chemie ergeben sich besondere
Probleme [152] z. B. bei der Bearbeitung von Strukturformeln [153], Reaktionen [154] und Stoffwerten, die je nach
ihrer Häufigkeit den Ausschlag zugunsten des einen oder anderen Systems geben können.

Für das Studium weiterer spezieller Probleme wird auf die
zahlreichen Zeitschriften verwiesen, die sich mit Dokumenta-
tions- und Informationsproblemen beschäftigen, z. B.:

American Documentation, Washington 1950 ff.
Archives, Bibliothèques, Collections, Documentation, Paris
    1951 ff.
Biblos, Wien 1952 ff.
Dokumentation–Fachbibliothek–Werksbücherei, Hannover
    1952 ff.
Informatik (früher: ZIID-Zeitschrift, davor: Dokumentation),
    Berlin (davor: Leipzig) 1953 ff.
Journal of Chemical Documentation, Washington 1960 ff.
Journal of Documentation, London 1945 ff.
Nachrichten für Dokumentation, Frankfurt/Main 1950 ff.
Naučno-techničeskaja informacija, Moskau 1956 ff. (1967 ff.
    in 2 Serien)
Revue de la documentation, La Hage 1934 ff.
Special Libraries, Washington 1910 ff.

Die großen Bedürfnisse der Nutzer haben in der Informa-
tion/Dokumentation der Chemie zu einer starken Zentrali-
sierung und verstärkten internationalen Zusammenarbeit geführt. Besonders deutlich wird das an der zentralen Stellung,
die die Chemieinformation im Informationssystem Wissenschaft und Technik (IWT) der DDR einnimmt, sowie in der
sozialistischen Zusammenarbeit des ZIID mit dem VINITI
[155], in deren Ergebnis z. Z. ein automatisiertes IRS mit der
Bezeichnung SPRESI vorbereitet wird. Dieses IRS wird es
nicht nur ermöglichen, die Dokumentationsarbeit in der Chemie zentral und mit hoher Effektivität durchzuführen, es wird
auch die bedeutenden wissenschaftlichen Potentiale der DDR
und der UdSSR gegenseitig nutzbar machen.

In Westeuropa haben 13 führende Chemiefirmen die Internationale Dokumentationsgesellschaft Chemie m. b. H. (IDC) aufgebaut (Sitz: Frankfurt/Main) [156], und die Abteilung Chemie-Information und -Dokumentation der GDCh arbeitet eng mit dem Chemical Abstracts Service zusammen (vgl. Abschnitt 5.7.).

Auch mit dem Aufbau großer maschineller IRS sind aber keineswegs die Probleme der Informationsarbeit restlos beseitigt. Vielmehr bleibt den Mitarbeitern in der Information/ Dokumentation die Aufgabe, die laufend neu zugehenden Informationen zu annotieren, zu referieren und zu indexieren (oder Maschinen in den Stand zu versetzen, diese Arbeiten selbständig auszuführen). Zur Zeit sind wir allerdings von dem Ideal einer „automatischen Bibliothek" [157], welche die eingehende Literatur durch photoelektrisches Abtasten „liest", nach einem programmierten Schema „referiert" [158], die so erhaltenen Informationen elektromagnetisch speichert und auf Befragen wieder von sich gibt, noch ein gutes Stück entfernt. MICHAJLOV und Mitarb. [159] bemerken hierzu: „Bis heute wurde noch nicht nachgewiesen, daß die semantische Äquivalenz[1] zweier Texte in der natürlichen Sprache mit Hilfe statistischer Methoden festgestellt werden kann, ohne eine bedeutend kompliziertere semantische Analyse dieser Texte vorzunehmen. ... Es wäre falsch, aus dem Gesagten zu schlußfolgern, daß Datenverarbeitungsanlagen solche Aufgabei wie Annotieren, Referieren und Indizieren[2] niemals werden lösen können. ... Aber bis dahin sind noch gründliche Untersuchungen auf dem Gebiet der Psychologie des Denkens, der Linguistik, der mathematischen Logik, der Semiotik usw. erforderlich. Vom heutigen Zeitpunkt aus erscheint es uns am erfolgversprechendsten, optimale Formen des Zusammenwirkens von Mensch und Maschine zu entwickeln, bei denen die Vorzüge beider möglichst vollständig ausgenutzt werden und sich beide auf die beste Art und Weise ergänzen" [160].

---

[1]   Bedeutungsgleichheit
[2]   „Indizieren" wird in letzter Zeit häufiger für „Indexieren" gebraucht.

Analog dazu äußert der Begründer der Kybernetik, Norbert WIENER [1]: „Geben wir dem Menschen, was dem Menschen, und der Maschine, was der Maschine gebührt. Das ist offensichtlich auch die vernünftigste Linie des Verhaltens bei der Organisierung gemeinsamer Aktionen von Mensch und Maschine. Diese Linie ist von den Gedankengängen der Maschinenanbeter ebenso weit entfernt, wie von den Ansichten solcher Leute, die in jeder Benutzung mechanischer Hilfen in der geistigen Tätigkeit Zauberei und Erniedrigung des Menschen sehen."

---

[1]   zitiert nach [159]

6. Anhang

6.1. Protokollführung und Protokollauswertung

Während der Durchführung eines Versuches hat man alle Daten und Beobachtungen in ein *Labortagebuch* einzutragen, z. B. bei Wägungen Leergewicht und Rückwägung des Wägeschiffchens oder Tiegels, bei Destillationen ohne Vakuumanwendung den Luftdruck, bei Synthesen die Größe der Ansätze, Farbänderungen, Temperaturerhöhungen, Ausbeuten usw. sowie insbesondere jede beabsichtigte oder unbeabsichtigte Abweichung von der Versuchsanleitung. Liegt die Versuchsanleitung nicht gedruckt vor, so wird sie ebenfalls in das Labortagebuch eingetragen. Nach beendetem Versuch sollte man aus der Versuchsanleitung und den im Labortagebuch festgehaltenen Beobachtungen ein *Versuchsprotokoll* anfertigen. Bei Durchführung von Praktikumsversuchen ist die Anfertigung solcher Protokolle Pflicht; wünschenswert ist sie jedoch auch bei der selbständigen Durchführung von Untersuchungen, weil man oft erst bei einer geschlossenen Darstellung bemerkt, ob man keine zur Beurteilung des Versuches nötigen Einzeltatsachen anzuführen vergessen hat. Unmittelbar nach dem Versuch lassen sich diese meist noch nachtragen oder evtl. rekonstruieren; nach Wochen oder Monaten kann eine unvollständige Protokollierung unter Umständen die Wiederholung des Versuches nötig machen.

Das Versuchsprotokoll soll etwa folgende Angaben enthalten: verwendete Apparatur, Bezeichnung aller vorkommenden Verbindungen (IUPAC-Nomenklatur, evtl. auch Trivialname), Literaturwerte und gefundene Werte für wichtige physikalische Konstanten (Siedepunkt, Schmelzpunkt, Dichte, Bre-

chungsindex), Größe des Ansatzes bzw. der Einwaage oder
Konzentration der Lösungen (alle Angaben in Gramm und
Mol), Beschreibung des Versuchsablaufes und Meßergebnis
bzw. Ausbeute sowie die dazu führende Berechnung. Nähere
Angaben, besonders für die Protokollierung bei der Herstel-
lung von Literaturpräparaten, finden sich insbesondere im
Organikum [161].

Das Labortagebuch soll ein fest gebundenes Heft mit nu-
merierten Seiten sein; jeder Versuch muß mit dem Datum
des Durchführungstages versehen werden. Häufig erweist
es sich nämlich als notwendig, die Versuchstagebücher als
Belege für die durchgeführten Arbeiten längere Zeit aufzu-
heben. Außerdem kann es besonders in Industriebetrieben
notwendig werden, Labortagebücher einzelner Wissenschaftler
anderen Betriebsangehörigen zur Verfügung zu stellen. Die
damit verbundenen bibliothekarischen Probleme werden u. a.
von L. SHORB [162] und G. L. PEAKES [163] behandelt.

Bis zum Abschluß der laufenden Arbeiten in Form eines
Forschungsberichtes oder einer Veröffentlichung ist das Labortagebuch die wertvollste Unterlage des Wissenschaftlers;
es ist daher vor Beschädigungen zu schützen und insbesondere bei längerer Abwesenheit, möglichst auch über Nacht,
feuersicher aufzubewahren. Auf Geheimhaltungsprobleme, die
evtl. besondere Verschlußmaßnahmen oder die Verschlüsselung bestimmter Arbeitsergebnisse (besonders von Stoffnamen) nötig machen können, sei nur hingewiesen.

6.2. Vorbereitung und Durchführung
eines wissenschaftlichen Vortrages

An den meisten Universitäten und Hochschulen ist es üblich,
jeden Studenten bereits während des Studiums ein- oder
mehrmals über wissenschaftliche Themen vortragen zu lassen. In der Chemie kann er sich dabei entweder auf bestimmte Veröffentlichungen oder auf eine eigene experimentelle Arbeit beziehen. In beiden Fällen stimmen Gliederung und Inhalt des Vortrages mit den Grundsätzen über-

ein, die auch für wissenschaftliche Veröffentlichungen gelten
und die im nächsten Abschnitt behandelt werden. Daß in
einem Vortrag größere stilistische Freiheit herrschen kann als
in einer schriftlichen Arbeit, ist allgemein bekannt; die wichtigsten Stilregeln gelten jedoch für beide in gleichem Maße,
so daß auch darauf hier nicht näher eingegangen werden
soll. Hier zu berücksichtigen sind also nur die Prinzipien, die
einen Vortrag von einer gedruckten Mitteilung unterscheiden.

Die prinzipiellen Unterschiede beruhen darauf, daß die
Zeit und die Mittel, die dem Zuhörer für das Verständnis
eines Vortrages zur Verfügung stehen, vom Redner abhängen, während der Leser zusätzliche Hilfsmittel (z. B. Nachschlagewerke) heranziehen kann und über die Zeit, die er
für das Durcharbeiten einer Schrift aufwenden will, selber
bestimmt. Die gute Vorbereitung eines Vortrages beginnt daher mit der richtigen Abgrenzung des Themas. Es ist oft
zweckmäßig, die zulässige Redezeit zugunsten der Diskussion zu unterschreiten; auf keinen Fall sollte aber die Redezeit überschritten werden. Weitere Voraussetzungen für einen
wirksamen Vortrag sind die hinreichende Klärung aller
Grundlagen und die Definition aller neu auftretenden Begriffe. In noch stärkerem Maße als das geschriebene Wort
verlangt der mündliche Vortrag Klarheit, Einfachheit und
Verständlichkeit. „Verwickelte Dinge kann man nicht simpel
ausdrücken; aber man kann sie einfach ausdrücken" – diesen
Satz von KURT TUCHOLSKY sollte sich jeder Vortragende,
besonders aber jeder Student, zu Herzen nehmen.

Alle diese Anforderungen – richtige Themenabgrenzung,
knappe Redezeit, Verständlichkeit, Anschaulichkeit – lassen
sich im allgemeinen nur verwirklichen, wenn man sich für
den Vortrag ein vollständiges Manuskript anfertigt. An diesem nimmt man eine Kontrolle für die Einhaltung der Redezeit vor, indem man das Manuskript nach der Uhr spricht
oder einfach für die Schreibmaschinenseite von 30 Zeilen etwa
3 Minuten ansetzt. Außerdem kontrolliert man die Vollständigkeit des Inhalts, indem man nachträglich eine Inhaltsangabe anfertigt. Dabei achtet man auch darauf, ob die angeführten Beispiele zum Beweis der aufgestellten Behaup-
tungen ausreichen, und überlegt, welche Anschauungsmittel

(Lichtbilder, Tafelanschrieb, Modelle, Demonstrationsversuche) man zur Verdeutlichung des Inhaltes heranziehen kann.

Bei der Durchführung des Vortrages benutzt man dieses Manuskript jedoch nur als Stütze, falls man nicht sicher genug ist, um mit einem Zettel, der Disposition, Zahlenangaben und etwaige wörtlich zu bringende Zitate enthält, auszukommen. Keinesfalls sollte man sein Manuskript ablesen; schlimmstenfalls kann man es beim ersten Vortrag wörtlich auswendig lernen. Gewöhnlich ist es aber nicht ratsam, nur den Anfang auswendig zu lernen; zu leicht tritt an der Übergangsstelle eine Stockung ein, die zur Verwirrung führen und den ganzen Vortrag gefährden kann.

Beim freien Sprechen sollte man langsam und deutlich, aber nicht einförmig sprechen. Wichtige Ergebnisse verdienen durchaus eine stimmliche Hervorhebung. Auch rhetorische Fragen, erklärende Zwischenbemerkungen usw. können für rednerische Auflockerung sorgen. Die Sätze sollten möglichst kurz sein und keine Füllwörter enthalten. Strukturformeln und Reaktionsgleichungen müssen auch optisch sichtbar gemacht werden; kommen sie mehrmals vor, so gehören sie an die Wandtafel oder auf Rollkarten, so daß jedesmal auf sie verwiesen werden kann. Die Frage, ob man weiterreden solle, wenn man während des Vortrages etwas an die Tafel schreiben muß, ist umstritten; dafür spricht, daß längere Redepausen unschön wirken. Statistiken in Tabellenform können nur dann für Lichtbilder verwendet werden, wenn man den Anwesenden genügend Zeit lassen kann, sie vollständig zu lesen (dafür müssen sie eine ausreichende Projektionsgröße haben!) und kurz zu durchdenken; graphische Darstellungen sind ihnen immer vorzuziehen. Mündlich sollte man nicht mehr als höchstens 3 bis 4 Zahlenwerte anführen.

Die Art des Vortrages soll möglichst fließend sein; je mehr man zu Stockungen neigt, desto langsamer muß man sprechen. Man sollte auch nicht zu laut sprechen, um Reserven für Steigerungen zu haben; außerdem läßt sich bei einem interessanten und gut aufgebauten Vortrag ein unruhiges Auditorium leichter durch leises, aber deutliches Sprechen zur Ruhe zwingen als durch Überschreien. Weitere Hinweise zur Sprechtechnik kann man der einschlägigen Literatur [164, 165] entnehmen.

6.3. Die Abfassung einer wissenschaftlichen Arbeit

Spätestens am Ende seiner Diplomarbeit steht der Chemiker vor der Notwendigkeit, die Ergebnisse eigener Versuche und Überlegungen in schriftlicher Form zusammenzufassen. Selbstverständlich ist diese Aufgabe weit mehr als ein Literaturproblem; da zu jeder wissenschaftlichen Arbeit aber eine Aufstellung und Diskussion der bisher veröffentlichten Arbeiten zum gleichen Thema gehört, spielt gerade bei dem sogenannten „Zusammenschreiben" einer wissenschaftlichen Arbeit die Literaturarbeit eine große Rolle. Diese Seite der Abfassung einer wissenschaftlichen Arbeit sowie alle zu beachtenden Äußerlichkeiten sind in der Broschüre *Wissenschaftliches Arbeiten* von H. KUNZE, 2. Aufl., Berlin 1959, 38 S., behandelt. Wertvolle Hinweise für den inhaltlichen und stilistischen Aufbau finden sich besonders in dem Buch von J. RIECHERT und K. SCHWARZ, *Erfolgreich studieren – sich qualifizieren. Eine Anleitung*, 4. Aufl., Leipzig 1973, 195 S. Trotzdem erscheint es angebracht, nachstehend einige Ratschläge wiederzugeben, die sich vor allem an Chemiker richten.

Naturwissenschaftliche Arbeiten haben in der Regel eine sachlich begründete Aussage und nicht eine bloße Meinung zum Inhalt. Daraus ergibt sich automatisch eine Gliederung in einen theoretischen und einen experimentellen Teil. Der erste enthält zu jedem Punkt der Arbeit eine Übersicht über die bisherigen Auffassungen und Versuchsergebnisse, dann die eigenen Anschauungen, eine Übersicht über die Versuche, die unternommen wurden, um sie zu stützen oder zu beweisen, und die Folgerungen aus deren Ergebnissen.

Existiert auf einem Gebiet sehr viel Literatur, die zwar zu dem behandelten Problem, nicht aber zu dem eingeschlagenen Weg in direkter Beziehung steht, so empfiehlt es sich, diese in einem historisch-einführenden Teil zusammenzufassen.

Machen die eigenen Versuche längere theoretische Ausführungen (Berechnungen usw.) nötig, so können auch diese in einem besonderen Abschnitt zusammengefaßt werden. Wir kommen dadurch zu einer Gliederung, wie sie ähnlich von W. KOCH [166] vorgeschlagen worden ist, nämlich:

1. Problemstellung
2. Das Problem in der Literatur
3. Methode
4. Eigene Untersuchungen, Experimente und Befunde
5. Diskussion der Ergebnisse
6. Zusammenfassung der Ergebnisse
7. Literaturverzeichnis.

Die Einleitung ist dabei möglichst kurz zu halten und sollte neben einem Überblick über den gesamten Problemkomplex und einer genauen Abgrenzung der behandelten Teilprobleme bereits Hinweise auf ihre wissenschaftliche oder technische Bedeutung enthalten. Die Schilderung und Begründung der Methode und die Diskussion der Ergebnisse sollten, wenn möglich, Hinweise auf ähnlich gelagerte Fälle enthalten; je ausgefallener oder origineller die eingeschlagenen Wege sind, desto ausführlicher müssen sie geschildert werden.

Der experimentelle Teil enthält nur Angaben über die durchgeführten Versuche, die so vollständig sein müssen, daß jedes Experiment genau nachgearbeitet werden kann. Vorschriften zur Darstellung von Ausgangsprodukten und Reagenzien, die allgemein bekannt sind, werden nicht aufgenommen; hier genügt ein Hinweis auf die am leichtesten zugängliche Literaturstelle (z. B.: p-Dimethylamino-benzaldehyd wurde nach Org. Synth. 2, 17 hergestellt; das verwendete Produkt wies einen Schmelzpunkt von 73 °C auf). Bei Ausgangsprodukten, die durch den Chemikalienhandel oder von anderen Wissenschaftlern erhalten wurden, gibt man die Herkunft sowie ebenfalls ein Qualitätskriterium (Schmelz- oder Siedepunkt, bei Salzen analytische Daten) an. Auch bei sonstigen Arbeitsvorschriften, die ungeändert übernommen wurden, genügt im allgemeinen ein Literaturzitat; bei irgendwelchen Abänderungen muß jedoch die neue und, wenn nötig, auch die alte Fassung vollständig angegeben werden. Für

jeden dargestellten Stoff werden die erhaltenen und berech-
neten Analysenwerte angegeben; bei Meßwerten müssen die
Fehlergrenzen mit angegeben werden. Weitere Hinweise zu
Fragen der Darstellung und Auswertung (auch statistisch) von
Versuchsergebnissen finden sich bei A. LINDNER, *Planen und
Auswerten von Versuchen*, 2. Aufl., Basel 1959, 182 S. Ergebnisse zahlreicher gleichartiger oder ähnlicher Versuche werden in Tabellenform zusammengestellt, wenn möglich, auch
graphisch dargestellt. Bei solchen Darstellungen erkennt man
auch oft, ob es möglich ist, die auftretenden Gesetzmäßigkeiten in einer Gleichung wiederzugeben.

Daß in einer wissenschaftlichen Arbeit die gesamte benutzte
Literatur angegeben wird, ist selbstverständlich. Sie wird bei
Diplom- und Doktorarbeiten, Broschüren u. ä. in einem Lite-
raturverzeichnis am Schluß der Arbeit zusammengefaßt, bei
Aufsätzen in Fachzeitschriften manchmal auch in Fußnoten
angeführt. Überhaupt muß man bei Aufsätzen für Fachzeit-
schriften dem Stil und Charakter der Zeitschrift weitestmög-
lich Rechnung tragen. Bücher u. ä. werden mit Autor, Titel,
Auflage, Verlagsort und -jahr zitiert (z. B. Müller, E.: Neuere
Anschauungen der organischen Chemie. 2. Aufl. Berlin/Göt-
tingen/Heidelberg 1957), Doktorarbeiten mit Verfasser, Titel,
Hochschule, Hochschulort, Fakultät und Jahr (z. B. Braun, W.:
Versuche zur Darstellung von zinnorganischen Polymeren.
Diss. Univ. Rostock, Math.-nat. Fak. 1962). Werden verschiedene Stellen des gleichen Werkes angeführt, so können sie
entweder mit kleinen lateinischen Buchstaben nach dem
Hauptzitat im Literaturverzeichnis näher bezeichnet werden,
oder man setzt schon im Text hinter die laufende Nummer
des Hauptzitats die Seitenzahl. Zeitschriften werden mit den
Abkürzungen zitiert, die durch TGL 20 969 *Zeitschriftenkurz-
titel* vorgeschrieben sind (entspricht im wesentlichen *Periodica
chimica*).

Die Quellenangabe selbst erfolgte bei Fachzeitschriften in der
Chemie bis vor kurzem in folgender Form: nach dem abge-
kürzten Zeitschriftentitel (zu dem der Erscheinungsort – in
eckigen Klammern – gehört, wenn eine Zeitschrift gleichen
Titels in verschiedenen Orten erscheint) die Serienangabe in

runden Klammern (wenn nötig), die Bandnummer halbfett
oder kursiv bzw. unterstrichen, davon durch Komma getrennt
ohne weiteren Zusatz die Seitenzahl, schließlich in runden
Klammern das Jahr (nur dann halbfett bzw. unterstrichen,
wenn die Bandnummer fehlt), also z. B.: J. prakt. Chemie (4)
10, 31 (1960) bzw. J. chem. Soc. [London] **1947**, 1609. Heute
bürgert sich auch in der Chemie zunehmend folgende in der
Information/Dokumentation übliche und jetzt durch TGL
20 972 [167] vorgeschriebene Anordnung ein: Bandnummer
halbfett bzw. unterstrichen, Jahr in runden Klammern, Heftnummer (alles ohne sonstige Satzzeichen), davon durch
Komma getrennt die Seitenzahl (erste und letzte Seite!) mit
vorgesetztem S., also beispielsweise: J. prakt. Chemie **10**
(1960) 1, S. 31–40. Wörtliche Zitate werden selbstverständlich in Anführungsstriche gesetzt.

Die Sprache einer wissenschaftlichen Abhandlung soll klar,
knapp und dabei anschaulich sein. Dichterische Freiheiten
sind fehl am Platze. Daneben sind – vor allem im experimentellen Teil – die stilistischen Formen zu beachten, die sich im
Laufe der Zeit für chemische Arbeiten herausgebildet haben.
Sie neigen zwar sehr zur sprachlichen Erstarrung und stellen
daher häufig kein sehr gutes Deutsch dar, aber sie haben den
Vorteil großer Zweckmäßigkeit, so daß sie von den meisten
Hochschullehrern gefordert werden. Diese Anforderungen zu
beachten, trotzdem sprachlich einwandfrei zu schreiben und
nicht trocken und langweilig zu werden, sind Aufgaben, die
sich nur schwer miteinander vereinbaren lassen. Sie verlangen einen großen Wortschatz und ein Höchstmaß an Stilgefühl. Eine gute Schule für Knappheit bei gleichzeitiger Vollständigkeit ist das Anfertigen von Referaten über wissenschaftliche Arbeiten; jeder Student, aber auch jeder Chemiker,
der die benötigte Zeit irgend erübrigen kann, sollte sich wenigstens zeitweise damit beschäftigen. Den Wortschatz und
das Stilgefühl schult man am besten durch das Lesen von
Originalarbeiten der Klassiker der Chemie, wie LIEBIG,
WÖHLER oder v. HOFMANN, die meist auch Klassiker des
sprachlichen Ausdrucks waren.

Eine genaue Analyse des Stils in chemischen Abhandlungen
ist Sache gesonderter Untersuchungen, die anscheinend bisher

nur für die englische Sprache existieren [168]. Es soll jedoch wenigstens auf 2 wichtige Besonderheiten des Chemikerstils sowie auf einige sprachliche Fehler, die sich auch in der Umgangssprache finden, hingewiesen werden. Es ist z. B. nicht üblich, in einer wissenschaftlichen Arbeit das Pronomen „ich" zu benutzen; entsprechende Stellen werden mit „man" formuliert oder im Passiv ausgedrückt. Dadurch erhält der Stil eine große Steifheit, die leicht beseitigt werden kann, wenn man häufig das Pronomen „wir" verwendet, auch wenn als Autor der Arbeit nur ein einzelner genannt wird. Dadurch erkennt man an, daß auch an solchen Arbeiten in den Naturwissenschaften praktisch immer mehrere Personen beteiligt sind, nämlich bei Diplom- und Doktorarbeiten der beratende Professor, bei fast allen anderen Arbeiten Laboranten oder andere nicht selbständig arbeitende Mitarbeiter. Sind jedoch ganze Teile der Arbeit (Analysen, Messungen) weitgehend selbständig von anderen durchgeführt worden, dann sollte man dies auch in einer Fußnote oder Schlußbemerkung anerkennen. Sind mehrere Autoren an der Arbeit gleichberechtigt beteiligt, so kann auch die ganze Arbeit in der „wir"-Form geschrieben werden; muß im Text die Rolle eines dieser Autoren besonders betont werden, so tut man das mit der Wendung „einer von uns" und setzt den Namen des Betreffenden in Klammern nach.

Ein häufiger Fehler in wissenschaftlichen Arbeiten ist unbegründeter Wechsel der Zeiten. Im allgemeinen bevorzugt man das Präsens und benutzt zusammengesetzte Zeiten nur dort, wo es zur Kennzeichnung der Reihenfolge unbedingt nötig ist, z. B. in historischen oder Literaturübersichten. Einige Wissenschaftler verwenden das Imperfekt zur Kennzeichnung von Vorgängen, die entweder nur einmal beobachtet werden konnten oder bei Wiederholung nicht stets das gleiche Ergebnis zeigten; jedoch ist das keine feste Regel. Auf alle Fälle sollten vorwiegend Präsens und Imperfekt verwendet und die einmal gewählte Zeit innerhalb eines Abschnitts nicht geändert werden.

Zu den sprachlichen Fehlern, die sich auch in der Umgangssprache finden, in wissenschaftlichen Arbeiten aber beson-

ders häufig sind, gehört vor allem die falsche oder doppelte
Steigerung von zusammengesetzten Adjektiven, wie langwel-
liger statt längerwellig, leichtlöslicher statt leichter löslich
oder gar meistgebrauchtest statt meistgebraucht. Ein weiterer
häufiger Fehler ist die Verwendung von substantiviertem
Verb mit Hilfsverb oder einem zweiten Verbum, wo ein Verb
allein ausreicht. Muß man einen Stoff unbedingt „der Destillation unterwerfen", wenn man ihn auch destillieren kann?
Nicht beachtet wird häufig auch die Regel, daß Adjektive bei
Substantiven ohne Artikel stark dekliniert werden; es heißt
also: „dem Gemisch werden 10 ml konzentrierter Schwefelsäure zugesetzt", nicht etwa „konzentrierte Schwefelsäure".
Schließlich sei noch auf die Häufung von Genitiven aufmerk-
sam gemacht, wie sie sich besonders in Überschriften findet,
z. B. „Sterische Hinderung durch Methylgruppen in β-Stellung
der Molekülkette der Anhydrobasen der Hydroxystyrylderi-
vate des Benzthiazols". Man hilft sich hier am besten durch
Auflösung der Überschrift in einen Ober- und Untertitel, wie:
„Sterische Hinderung bei Anhydrobasen von Hydroxystyryl-
benzthiazolen. Methylgruppen in β-Stellung zur Hydroxysty-
rylgruppe". Wer sich mit solchen Klippen der deutschen Umgangssprache näher beschäftigen · will, wird auch für seine
wissenschaftlichen Arbeiten großen Nutzen daraus ziehen.
Das Standardwerk für eine solche Beschäftigung ist immer
noch das Buch von G. WUSTMANN, *Allerhand Sprachdumm-
heiten,* 13. Aufl., Berlin 1955, 388 S. Dem neuesten Stand entspricht die vorzügliche *Verteidigung der deutschen Sprache*
von F. C. WEISKOPF, 2. Aufl., Berlin 1960, 135 S. Auf Recht-
schreibfragen in der Chemie wurde bereits im Abschnitt 3.5.5.
eingegangen.

Zum Schluß sei noch darauf hingewiesen, daß alle Arten
geistiger Arbeit dem Naturwissenschaftler das gleiche Maß
an Sorgfalt abnötigen wie seine praktische Arbeit. Am deut-
lichsten gehen die Anforderungen, die ein guter Naturwissenschaftler auf allen Gebieten an sich stellen muß, aus einem
Ausspruch von R. WILLSTÄTTER [169] hervor: „Genau so
wenig, wie man einen nur einmal durchgeführten Versuch
veröffentlicht, soll man eine nur einmal geschriebene Arbeit

publizieren." Diese Gewissenhaftigkeit, die ein Kennzeichen
jedes guten Naturwissenschaftlers ist, ist die beste Voraussetzung, die ein künftiger Chemiker für seine spätere Arbeit
auf experimentellem wie auf dem Literaturgebiet mitbringen
kann.

6.4. Tabellen

(siehe S. 262–276)

Tabelle 1
Die wichtigsten bibliographischen Abkürzungen aus dem Russischen und Lateinischen

Russisch		Lateinisch (auch im Englischen und Französischen sowie teilweise in älterer deutscher Fachliteratur)		Deutsch	
Izd.	Izdanie	ed.	editio	Aufl.	Auflage
				Ausg.	Ausgabe
Ž.	Žurnal	J.	(frz., engl. Journal)	Z.	Zeitschrift
T.	Tom	vol.	volumen	Bd.	Band
		t.	tomus		
Č.	Čast'	fasc.	fasciculus	T.	Teil
Vyp.	Vypusk	cap.	capitulum	H.	Heft
Gl.	Glava	p.	pagina	Kap.	Kapitel
Str.	Stranica	pp.	paginae	S.	Seite
					Seiten
sm.	smotri			s.	siehe
sr.	sravni	cmp.	compara (engl. cf. = confer)	vgl.	vergleiche
		ibid.	ibidem	ebd.	ebendort (in der letztgenannten Publikation)
				d. i.	das ist
		i. e.	id est	a. a. O.	am angegebenen Ort (in der letztgenannten Publikation)
		l. c.	locu citato		
		e. g.	exempli gratia	z. B.	zum Beispiel

Tabelle 2

Verschiedene Transliterationsformen und Transkription
russischer Eigennamen aus dem kyrillischen Alphabet

Kyrillisch		Bibliothe-karische Tran-skription[1]	Chemical Ab-stracts[2]	Chemisches Zentral-blatt[2]	Tran-skription nach STEINITZ[3]
А	а	a	a	a	a
Б	б	b	b	b	b
В	в	v	v	w	w
Г	г	g	g	g	g
Д	д	d	d	d	d
Е	е	e	e	⎰e	je
Ё	ё	ē	e	⎱ im Anlaut je	jo
Ж	ж	ž	zh	sh	sh
З	з	z	z	s	s
И	и	i	ï	i	i
	й	j	ï̆	⎧j ⎨nach и nicht ⎩bezeichn.	j nach и nicht gespr.
К	к	k	k	k	k
Л	л	l	l	l	l
М	м	m	m	m	m
Н	н	n	n	n	n
О	о	o	o	o	o
П	п	p	p	p	p
Р	р	r	r	r	r
С	с	s	s	⎧ss ⎨zw. Konson. u. vor ⎩Konson. am Wortanfang s	ss

(Fortsetzung S. 264)

Fortsetzung von Tabelle 2

Kyrillisch		Bibliothe-karische Tran-skription [1])	Chemical Ab-stracts[2])	Chemisches Zentral-blatt[2])	Tran-skription nach STEINITZ[3])
Т	т	t	t	t	t
У	у	u	u	u	u
Ф	ф	f	f	f	f
Х	х	ch[4])	kh	ch	ch
Ц	ц	c	ts	z / nach Vokal tz	z
Ч	ч	č	ch	tsch	tsch
Ш	ш	š	sh	sch	sch
Щ	щ	šč	shch	schtsch	schtsch
	ъ	–	"	nicht be-zeichnet	nicht ge-sprochen
	ы	y	y	y am Wort-ende nicht be-zeichnet	y nicht ge-sprochen
	ь	'	'		
Э	э	ė	e	e	e
Ю	ю	ju	ju	ju	ju
Я	я	ja	ja	ja	ja

---

[1]) Nach TGL 0-1460, übereinstimmend mit DIN 1460; entspricht weitgehend ISO-Empf. R 9 (Okt. 1955).

[2]) Zit. nach: HAIS, I. M.; MACEK, K.: Handbuch der Papier-chromatographie. Jena 1963. Bd. 3, S. VI.

[3]) Sog. DUDEN-Transkription; zit. nach: Der große Duden. 9. Nachdr. der 16. Aufl. Leipzig 1974. S. XXVI–XXIX.

[4]) In ISO-Empf. R 9 steht hier abweichend: h.

Tabelle 3

Zeitschriften mit wechselnden Titeln und unregelmäßigen
Bandnummern (Auswahl)

In Klammern nach den Titeln stehen die nach TGL 20 969 zu verwendenden Abkürzungen.

Allgemeine Chemiker-Zeitung (Allg. Chem.-Ztg.), Köthen
   1 (1877) – 2 (1878); weiter s. „Chemiker-Zeitung".
American Chemical Journal (Amer. chem. J.), Baltimore
   1 (1879) – 20 (1898) jährl., 21 (1899) – 50 (1913) zweimal
   jährl.; weiter s. „Journal of the American Chemical Society".
Angewandte Chemie (Angew. Chemie), Berlin, 1947ff. Weinheim/
Bergstr.
   1 (1887) – 44 (1931) „Zeitschrift für angewandte Chemie";
   45 (1932) – 54 (1941) „Angewandte Chemie";
   55 (1942) – 58 (1945) „Chemie";
   59 (1947) – 60 (1948) „Angewandte Chemie, Ausg. A" (Ausg.
   B vgl. „Chemische Technik");
   61 (1949)ff. „Angewandte Chemie".
Annalen der Chemie und Pharmacie (Ann. Chemie u. Pharm.),
Heidelberg
   33 (1840) – 170 (1873); weiter s. „Liebig's Annalen der Chemie".
Annalen der Pharmacie (Ann. Pharm.), Heidelberg
   1 (1832) – 32 (1840); weiter s. Annalen der Chemie und
   Pharmacie".
Annalen der Physik (Ann. Physik), Halle
   1 (1799) – 63 (1818); weiter s. Annalen der Physik.
Annalen der Physik (Ann. Physik), Berlin, 1877ff. Leipzig
   1 (1795) – 3 (1797) „Neues Journal der Physik";
   1 (1799) – 63 (1818) „Annalen der Physik";
   1 (1819) – (1823) „Annalen der Physik und physikalischen
   Chemie";
   1 (1824) – 160 (1877) dreimal jährl. „Annalen der Physik und
   Chemie";
   1 (1877) – 69 (1899) dreimal jährl. „Annalen der Physik und
   Chemie (Neue Folge)";
   [4] 1 (1900) – 87 (1928) dreimal jährl.; [5] 1 (1929) – 36
   (1939) dreimal jährl.; [5] 37 (1940) – 43 (1943) zweimal jährl.;
   [6] 1 (1947) – 20 (1957) zweimal jährl.; [7] 1 (1958)ff. zweimal jährl. „Annalen der Physik".

Annalen der Physik und Chemie (Ann. Physik u. Chemie), Berlin, 1877ff. Leipzig
1 (1824) − 160 (1877); „Neue Folge" 1 (1877) − ·69 (1899); weiter s. „Annalen der Chemie".

Annalen der Physik und physikalischen Chemie (Ann. Physik u. phys. Chemie), Halle
1 (1819) − (1823); weiter s. „Annalen der Physik".

Annales Pharmaceutiques Françaises (Ann. pharm. Franç.), Paris
1 (1809); [3] 1 (1842) − 46 (1864); [4] 1 (1865) − 30 (1879); [5] 1 (1880) − 30 (1894); [6] 1 (1895) − 30 (1909); [7] 1 (1910) − 30 (1924); [8] 1 (1925) − 30 (1939) zweimal jährl.; [9] 1 (1940) − 2 (1942) „Journal de Pharmacie et de Chimie"; 1 (1943)ff. „Annales Pharmaceutiques Françaises" (vereinigt mit „Bulletin des Sciences Pharmaceutiques").

Atti dell'Accademia pontificie de Nuovi Lincei (Atti Accad. pontif. nuovi Lincei), Rom
1 (1851) − 23 (1869); weiter s. „Atti della Reale Accademia Nazionale dei Lincei".

Atti della Reale Accademia Nazionale dei Lincei (Atti reale Accad. naz. Lincei), Rom
[1] 1 (1851) − 23 (1869) „Atti dell'Accademia pontificie de Nuovi Lincei";
24 (1870) − 26 (1873); 1 (1873) − 9 (1874) „Atti dell'Accademia de Nuovi Lincei";
[2] 1 (1875) − 3 (1876); [3] 1 (1874) − 12 (1884); [4] 1 (1885) − 7 (1891); [5] 1 (1892) − 33 (1924) jährl.; [6] 1/2 (1925) − 30 (1939); [7] 1 (1940) − 25 (1943) „Atti della Reale Accademia d'Italia";
[8] 1 (1948)ff. „Atti della Reale Accademia Nazionale dei Lincei".

Atti della Reale Accademia d'Italia (Atti reale Accad. Italia), Rom
[7] 1 (1940) − 5 (1943); weiter s. „Atti della Reale Accademia Nazionale dei Lincei".

Berichte der Bunsen-Gesellschaft für Physikalische Chemie (Ber. Bunsen-Ges. phys. Chemie), Berlin, 1948ff. Weinheim/Bergstr.
1 (1894) − 6 (1899); 6/7 (1900); 7 (1901) − 10 (1904) „Zeitschrift für Elektrochemie";
11 (1905) − 51 (1945); 52 (1948) − 55 (1951) „Zeitschrift für Elektrochemie und Angewandte Physikalische Chemie";
56 (1952) − 66 (1962) „Zeitschrift für Elektrochemie. Berichte der Bunsen-Gesellschaft für Physikalische Chemie";
67 (1963)ff. „Berichte der Bunsen-Gesellschaft für Physikalische Chemie".

Berichte der Deutschen Chemischen Gesellschaft (Ber. dt. chem. Ges.), Berlin

11 (1878) – 77 (1944); weiter s. „Chemische Berichte".

Berichte der Deutschen Chemischen Gesellschaft zu Berlin (Ber. dt. chem. Ges. Berlin), Berlin

1 (1868) – 10 (1877); weiter s. „Chemische Berichte".

Biochemical Journal (Biochem. J.), London

1 (1906) – 4 (1909); 5 (1911) – 41 (1947) jährl.; 42/43 (1948); 43 (1949) – 76 (1960) dreimal jährl.; 77 (1961)ff. unregelmäßig.

Biochemische Zeitschrift (Biochem. Z.), Berlin/Heidelberg/New York

1 (1906); 2/6 (1907); 7/14 (1908) usw. unregelmäßig bis 317 (1944); 318 (1947) – 338 (1967) jährl.; weiter s. „European Journal of Biochemistry".

Bulletin de la Société Chimique de France (Bull. Soc. chim. France), Paris

[1] 1 (1859) – 5 (1863); [2] 1/2 (1864) – 49/50 (1889); [3] 1 (1889) – 36 (1905) zweimal jährl. „Bulletin de la Société Chimique de Paris";

[4] 1 (1907) – 54 (1933) zweimal jährl.; [5] 1 (1934) – 21 (1954) einmal jährl. „Bulletin de la Société Chimique de France", von da ab ohne Bandnummern.

Bulletin de la Société Chimique de Paris (Bull. Soc. chim. Paris), Paris

[1] 1 (1859) – 5 (1863); [2] 1 (1864) – 50 (1859); [3] 1 (1889) – 36 (1905); weiter s. „Bulletin de la Société Chimique de France".

Chemical and Engineering News (Chem. & engng. News), Washington

1 (1922) – 17 (1939) „Industrial and Engineering Chemistry, News Edition";

18 (1940) – 20 (1942) „Industrial and Engineering Chemistry, News Edition, American Chemical Society";

21 (1943)ff. „Chemical and Engineering News".

Chemie, Berlin

55 (1942) – 58 (1945); weiter s. „Angewandte Chemie".

Chemie-Ingenieur-Technik (Chemie-Ing.-Techn.), Berlin, 1947ff. Weinheim/Bergstr.

1 (1928) – 15 (1942) „Chemische Fabrik";

16 (1943) – 18 (1945) „Chemische Technik vereinigt mit Chemische Apparatur";

19 (1947) – **20** (1948) „Angewandte Chemie, Ausg. B";
21 (1949)ff. „Chemie-Ingenieur-Technik".

Chemiker-Zeitung (Chemiker-Ztg.), Köthen, 1950 Stuttgart, 1951 ff. Heidelberg

1 (1877) – **69** (1945); **74** (1950) – **75** (1951) „Chemiker-Zeitung vereinigt mit Deutsche Chemiker-Zeitschrift";
76 (1952)ff. „Chemiker-Zeitung".

Chemische Berichte (Chem. Ber.), Berlin, 1947ff. Weinheim/Bergstr.

1 (1868) – **10** (1877) „Berichte der Deutschen Chemischen Gesellschaft zu Berlin";
11 (1878) – **77** (1944) „Berichte der Deutschen Chemischen Gesellschaft";
80 (1947)ff. „Chemische Berichte".

Chemische Fabrik (Chem. Fabrik), Berlin

1 (1928) – **15** (1942); weiter s. „Chemie-Ingenieur-Technik".

Chemische Technik vereinigt mit Chemische Apparatur (Chem. Technik chem. App.), Berlin

16 (1943) – **18** (1945); weiter s. „Chemie-Ingenieur-Technik".

Chimičeskij Žurnal (Chim. Ž.), Moskau/Leningrad

Ser. A **1** (1931) – **8** (1938); weiter s. „Žurnal obščej chimii";
Ser. B **4** (1931) – **11** (1938); weiter s. „Žurnal prikladnoj chimii";
Ser. V **2** (1931) – **5** (1934); weiter s. „Žurnal fizičeskoj chimii";
Ser. G **1** (1931); weiter s. „Uspechi chimii".

Collection of Czechoslovak Chemical Communications (Coll. Czechoslov. chem. Comm.), Prag

1 (1929) – **10** (1938) „Collection des Traveaux Chimiques de Tchécoslovaquie";
11 (1939) „Collection des Traveaux Chimiques Tchéques";
12 (1947) – **16** (1951); **18** (1953)ff. „Collection of Czechoslovak Chemical Communications".

Collection des Traveaux Chimiques de Tchécoslovaquie (Coll. Trav. chim. Tchécoslov.), Prag

1 (1929) – **10** (1938); weiter s. „Collection of Czechoslovak Chemical Communications".

Colloid and Polymer Science (Colloid & Polymer Sci.), Dresden, 1948ff. Darmstadt

1 (1906) – **12** (1913) „Zeitschrift für Chemie und Industrie der Kolloide";
13 (1914) – **179** (1961) „Kolloid-Zeitschrift";

180 (1962) – **251** (1973) „Kolloid-Zeitschrift & Zeitschrift für Polymere";
252 (1974)ff. „Colloid and Polymer Science".

Comptes Rendus Hebdomadaires des Séances de l'Academie des Sciences (C. R. hebd. Séances Acad. Sci.), Paris
1 (1835)ff. zweimal jährl.

Doklady Akademii Nauk SSSR (Dokl. Akad. Nauk SSSR), Moskau
1 (1933); **2** (1934) – **57** (1947) viermal jährl.; **58** (1948)ff. unregelmäßig (bis sechsmal jährl.).

European Journal of Biochemistry (Europ. J. Biochem.), Berlin/Heidelberg/New York
1 (1906); **2/6** (1907); **4/14** (1908) usw. unregelmäßig bis **317** (1944); **318** (1947) – **338** (1967) jährl. „Biochemische Zeitschrift";
1 (1967)ff. unregelmäßig (drei- bis viermal jährl.) „European Journal of Biochemistry".

The Franklin Journal (Franklin J.), Philadelphia
1 (1826) – **3** (1828); weiter s. „Journal of the Franklin Institute".

Hoppe-Seylers Zeitschrift für Physiologische Chemie (Hoppe-Seylers Z. physiol. Chemie), Berlin
1 (1878); **2/3** (1879); **4** (1880) – **17** (1893) jährl.; **18** (1894) – **282** (1945) unregelmäßig (zwei- bis siebenmal jährl.); **282** (1947) – **348** (1967) unregelmäßig (bis viermal jährl.); **349** (1968)ff. jährl.

Industrial and Engineering Chemistry, Fundamentals (Ind. & engng. Chem., Fund.), Washington
1 (1908) – **39** (1947) „Industrial and Engineering Chemistry, Industrial Edition";
40 (1948) – **53** (1961) „Industrial and Engineering Chemistry,:
54 (1962)ff. „Industrial and Engineering Chemistry, Fundamentals".
Daneben „Industrial and Engineering Chemistry, Process Design and Development", **1** (1962)ff. jährl., und „Product Design and Development", **1** (1962)ff. jährl.;
„Industrial and Engineering Chemistry, Analytical Edition" s. „Analytical Chemistry";
„Industrial and Engineering Chemistry, News Edition" s. „Chemical and Engineering News".

Journal of the American Chemical Society (J. Amer. chem. Soc.), Washington

1 (1879)ff.; seit 1893 vereinigt mit „The Journal of Analytical and Applied Chemistry"; bis 1890 „Journal of Analytical Chemistry".

The Journal of Analytical and Applied Chemistry (J. analyt. & appl. Chem.), Easton/Pa.

5 (1891) – **7** (1893); weiter s. „Journal of the American Chemical Society".

Journal of Analytical Chemistry (J. analyt. Chem.), Easton/Pa.

1 (1887) – **4** (1891); weiter s. „Journal of the American Chemical Society".

Journal of Applied Chemistry (J. appl. Chem.), London

1 (1951) – **20** (1970); weiter s. „Journal of Applied Chemistry and Biotechnology".

Journal of Applied Chemistry and Biotechnology (J. appl. Chem. & Biotechnol.), London

1 (1881) – **41** (1922) „Journal of the Society of Chemical Industry" mit Review, Transactions und Abstracts (getr. Pag.); **42** (1923) – **65** (1946) „Journal of the Society of Chemical Industry, Chemistry and Industry";

66 (1947) – **69** (1950) „Journal of the Society of Chemical Industry";

1 (1951) – **20** (1970) „Journal of Applied Chemistry";

21 (1971) ff. „Journal of Applied Chemistry and Biotechnology".

Journal of Biological Chemistry (J. biol. Chem.), Baltimore

1 (1905) – **3** (1907); **4** (1908) – **233** (1958) unregelmäßig (bis fünfmal jährl.); **234** (1959) ff. jährl.

Journal of the Chemical Society (London) (J. chem. Soc. [London]), London

1 (1849) – **13** (1861) jährl. „Quarterly Journal of the Chemical Society";

14/15 (1862); **16** (1863) – **28** (1875) jährl.; **29/30** (1876) – **127/128** (1925) zweimal jährl.; **(1926)** – **(1965)** ohne Bandnr. „Journal of the Chemical Society (London)";

von da ab in Sektionen:

„Faraday Transactions" I und II, **1** (1966) ff.;

„Perkin Transactions" I und II, **1** (1966) ff.

„Dalton Transactions", **1** (1969) ff.;

„Chemical Communications", **1** (1972) ff.

Journal of the Franklin Institute (J. Franklin Inst.), Lancaster/Pa.

1 (1826) – **3** (1828) „The Franklin Journal";

4 (1829) – 20 (1846) jährl.; 21/22 (1847) ff. unregelmäßig (ein-
bis zweimal jährl.) „Journal of the Franklin Institute".

Journal de Pharmacie et de Chimie (J. Pharm. et Chimie), Paris
[3] 1 (1842) – [8] 36 (1942); weiter s. „Annales Pharmaceutiques Françaises".

Journal de Pharmacie et des Sciences Accessoires (J. Pharm. et
Sci. access.), Paris
(1815) – (1841); weiter s. „Annales Pharmaceutiques Françaises".

Journal für Praktische Chemie (J. prakt. Chemie), Leipzig
1 (1828) – 6 (1833) „Journal für technische und ökonomische
Chemie";
[1] 1 (1834) – 108 (1869) dreimal jährl.; [2] 1 (1870) – 98
(1918) zweimal jährl.; [2] 99 (1919) – 162 (1943) unregelmäßig (bis dreimal jährl.); [3] 1 (1943) – 2 (1944) „Journal
für Makromolekulare Chemie";
[4] 1/273 (1954) – 38/310 (1968) unregelmäßig (bis viermal
jährl.); 311 (1969) ff. nur noch eine Zählung, jährl., „Journal für Praktische Chemie".

Journal of the Society of Chemical Industry (J. Soc. chem. Ind.),
London
1 (1881) – 41 (1922) mit Review, Transactions und Abstracts
(getr. Pag.);
42 (1923) – 65 (1946) „Journal of the Society of Chemical
Industry, Chemistry and Industry", mit Review, Transactions
und Abstracts;
Abstracts 45 (1926) ff. zu „British Abstracts" als Reihe B –
Applied Chemistry;
56 (1937) ff. Trennung in „Journal of the Society of Chemical
Industry" (weiter s. „Journal of Applied Chemistry and Biotechnology") und „Chemistry and Industry" (s. diese).

Liebigs Annalen der Chemie (Liebigs Ann. Chemie), Berlin, 1947 ff.
Weinheim/Bergstr.
1 (1832) – 32 (1840) dreimal jährl. „Annalen der Pharmacie";
33 (1840 – 170 (1873) unregelmäßig (bis sechsmal jährl.)
„Annalen der Chemie und Pharmacie";
171 (1874) – 557 (1945) unregelmäßig (bis sechsmal jährl.);
557 (1947) – 731 (1973) unregelmäßig (bis sechsmal jährl.);
von da ab ohne Bandnr. „Liebigs Annalen der Chemie".

Monatshefte für Chemie und verwandte Teile anderer Wissenschaften (Monatsh. Chemie), Leipzig, 1946 ff. Wien

1 (1880) – **48** (1927) jährl.; **49** (1928) – **69** (1936) zweimal
jährl.; **70** (1937) – **73** (1941) jährl.; **74** (1942/43), **75** (1944) ff.
unregelmäßig (bis zweimal jährl.).

Die Naturwissenschaften (Naturwissenschaften), Berlin/Heidel-
berg/New York
    1 (1912) – **32** (1944); **33** (1946) ff.

Neues Journal der Physik (Neues J. Physik), Halle
    1 (1795) – **3** (1797); weiter s. „Annalen der Physik".

News Edition, American Chemical Society (News Ed., Amer. chem.
Soc.), Washington
    18 (1940) – **20** (1942); weiter s. „Chemical and Engineering
    News".

Nihon kagaku zassi (Journal of the Chemical Society of Japan,
Pure Chemistry Section – J. chem. Soc. Japan, pure Chem.), Tokio
    1 (1880) – **68** (1947) „Nihon kwagaku Kwaishi (Journal of the
    Chemical Society of Japan)";
    69 (1948) ff. „Nihon kagaku zassi".

Nihon kwagaku kwaishi (Journal of the Chemical Society of
Japan – J. chem. Soc. Japan), Tokio
    1 (1880) – **68** (1947); weiter s. vorst.

Memoirs and Proceedings of the Chemical Society (London) (Memoirs & Proc. chem. Soc. [London]), London
    (1843) – (1847); weiter s. „Journal of the Chemical Society
    (London)".

Proceedings of the Chemical Society (London) (Proc. chem. Soc.
[London]), London
    1 (1841) – **3** (1843); weiter s. „Journal of the Chemical Socie-
    ty (London)".

Quarterly Journal of the Chemical Society (Quart. J. chem. Soc.),
London
    1 (1849) – **13** (1861); weiter s. „Journal of the Chemical So-
    ciety (London)".

Recueil des Traveaux Chimiques des Pays-Bas (Recu. Trav. chim.
Pays-Bas), Amsterdam
    1 (1882) – **38** (1919) „Recueil des Traveaux Chimiques des
    Pays-Bas et de la Belgique";
    39 (1920) ff. jährl. „Recueil des Traveaux Chimiques des Pays-
    Bas".

Recueil des Traveaux Chimiques des Pays-Bas et de la Belgique
(Recu. Trav. chim. Pays-Bas et Belg.), Amsterdam
    1 (1882) – **38** (1919); weiter s. vorst.

Uspechi chimii (Usp. Chimii), Moskau/Leningrad
  1 (1931) „Chimičeskij Žurnal, Ser. G";
  2 (1932) ff. „Uspechi chimii".
Zeitschrift für Analytische Chemie (Fresenius') (Z. analyt. Chemie),
Wiesbaden
  1 (1862) – 61 (1922) jährl.; 62/63 (1923) – 127 (1944) unregelmäßig (bis viermal jährl.); 128 (1947) ff. unregelmäßig (bis
  fünfmal jährl.).
Zeitschrift für Angewandte Chemie (Z. angew. Chemie), Berlin
  1 (1887) – 44 (1931); weiter s. „Angewandte Chemie".
Zeitschrift für Anorganische Chemie (Z. anorg. Chemie), Leipzig
  253 (1945) – 235 (1950; weiter s. „Zeitschrift für Anorganische
  und Allgemeine Chemie".
Zeitschrift für Anorganische und Allgemeine Chemie (Z. anorg.
u. allgem. Chemie), Leipzig
  1/2 (1892) – 251 (1943) unregelmäßig (bis fünfmal jährl..); 253
  (1945), 253/254 (1947) – 235 (1950) unregelmäßig „Zeitschrift
  für Anorganische Chemie";
  236 (1950) ff. unregelmäßig (bis sechsmal jährl.) „Zeitschrift
  für Anorganische und Allgemeine Chemie".
Zeitschrift für Chemie und Industrie der Kolloide (Z. Chemie u.
Ind. Kolloide), Dresden
  1 (1906) – 12 (1913) „Zeitschrift für Chemie und Industrie der
  Kolloide";
  13 (1914) – 179 (1961) „Kolloid-Zeitschrift";
  180 (1962) – 251 (1973) „Kolloid-Zeitschrift & Zeitschrift
  für Polymere";
  252 (1974) ff. „Colloid and Polymer Science".
Zeitschrift für Elektrochemie (Z. Elektrochemie), Berlin
  1 (1894) – 10 (1904); weiter s. „Berichte der Bunsen-Gesellschaft für Physikalische Chemie".
Zeitschrift für Elektrochemie und Angewandte Physikalische
Chemie (Z. Elektrochemie u. angew. phys. Chemie), Berlin, 1948 ff.
Weinheim/Bergstr.
  11 (1905) – 51 (1945); 52 (1948) – 55 (1951); weiter s. „Berichte der Bunsen-Gesellschaft für Physikalische Chemie".
Zeitschrift für Elektrochemie. Berichte der Bunsen-Gesellschaft für
Physikalische Chemie (Z. Elektrochemie, Ber. Bunsen-Ges. phys.
Chemie), Weinheim/Bergstr.
  56 (1952) – 78 (1973); weiter s. „Berichte der Bunsen-Gesell-
  schaft für Physikalische Chemie".
Zeitschrift für Physikalische Chemie (Z. phys. Chemie), Berlin

1 (1887); 2 (1888); 3/4 (1889) − 89/90 (1915) zweimal jährl.;
91 (1916); 92 (1918); 93 (1919); 94/96 (1920) − 192/193 (1943)
unregelmäßig mit den Teilen A (Chemische Thermodynamik,
Kinetik, Elektrochemie, Eigenschaftslehre) und B (Chemie der
Elementarprozesse, Aufbau der Materie);
194 (1950) − 254 (1973) unregelmäßig (zwei- bis dreimal
jährl.); 255 (1974) ff. jährl.
Zeitschrift für Physikalische Chemie. Neue Folge (Z. phys. Chemie,
    N. F. [Frankfurt]), Frankfurt/Main (1954) ff.
Žurnal fizičeskoj chimii (Ž. fiz. Chimii), Moskau/Leningrad
    2 (1931) − 5 (1934) jährl. „Chimičeskij Žurnal, Ser. V";
    7 (1936) − 12 (1938) zweimal jährl.; 13 (1939) ff. jährl. „Žur-
    nal fizičeskoj chimii".
Žurnal obščej chimii (Ž. obšč. Chimii), Moskau/Leningrad
    1 (1869) − 49 (1917); 51 (1919) − 62 (1930) „Žurnal Russkogo
    fiziko-chimičeskogo Obščestva";
    1 (1931) − 8 (1938) „Chimičeskij Žurnal, Ser. A";
    9/71 (1939) ff. „Žurnal obščej chimii".
Žurnal prikladnoj chimii (Ž. prikl. Chimii), Moskau/Leningrad
    1 (1928) − 3 (1930);
    4 (1931) − 11 (1938) „Chimičeskij Žurnal, Ser. B";
    12 (1939) ff. jährl. „Žurnal prikladnoj chimii".
Žurnal Russkogo fiziko-chimičeskogo Obščestva (Ž. russ. fiz.-chim.
Obšč.), Moskau/Leningrad
    1 (1869) − 62 (1930); weiter s. „Žurnal obščej chimii".

Tabelle 4

Synoptische Stichtabelle der Bandnummern ausgewählter Zeitschriften [1])

	1800	1850	1900	1914	1919	1943	1947	1950	1974
Angew. Chemie	–	–	13	27	32	56	59	62	86
Ann. Physik	2	[3]79/81	[4]1/3	43/45	55/57	[5]42/43	[6]1/3	10/12	[7]31/32
Atti reale Accad. naz. Lincei	–	–	[5]9	23	28	75	–	83	[8]27
Biochem. J.		–	–	8	13	37	41	46/48	132
Bull. Soc. chim. France		–	[3]23/24	[4]15/16	25/26	[5]10	15	17	o. Nr.
Chemiker-Ztg.		–	24	38	43	67	–	74	98
Chem. Ber.		–	33	47	52	76	80	83	107
C. R. hebd. Séances Acad. Sci.		30/1	130/1	158/9	168/9	216/7	224/5	230/1	278/9
Hoppe-Seylers Z. physiol. Chemie		–	29/30	89/92	104/7	277/9	282	285	351
J. Amer. chem. Soc.		–	22	36	41	66	70	73	96
J. chem. Soc. [London]		2	77/78	105/6	115/6	o. Nr.			o. Nr.
J. prakt. Chemie	–	[4]49/51	[2]61/62	89/90	99	[3]1	–	–	316

Fortsetzung von Tabelle 4

	1800	1850	1900	1914	1919	1943	1947	1950	1974 o. Nr.
Liebigs Ann. Chemie	—	28/30	73/76	310/3	402/6	553/4	557	565/70	o. Nr.
Monatsh. Chemie	—	—	21	35	40	74	77	80	105
Nihon kagaku zassi	—	—	21	35	40	64	68	71	95
Recu. Trav. chim. Pays-Bas	—	—	19	33	38	62	66	69	93
Z. obšč. Chimii	—	—	(32)	(46)	(51)	(75) 13	(79) 17	(82) 20	(106) 44

---

1) Die hochgestellten Ziffern bedeuten die Serienangabe, die üblicherweise in eckige Klammern gesetzt wird (vgl. Tab. 6.3).

7. Literaturverzeichnis

[1] Privatmitt. H. VÖLZ

[2] Vgl. z. B. BOTTLE, R. T.; SHUR, H., Educ. in Chem. **5** (1968) 2, S. 68; BAUER, G.: Mitteilungsbl. Chem. Ges. DDR **13** (1966) 6, S. 137; Informatik **17** (1970) 3, S. 52

[3] WINDE, B., Informatik **16** (1969) 5, S. 2.

[4] WEISKE, Ch., Nachr. chem. Technik **18** (1970) 12, S. 250; Angew. Chemie **82** (1970) 15, S. 569.

[5] HALBERT, M. H.; ACKOFF, R. L.: An Operations Research Study of Dissemination of Scientific Information. Washington 1958; zit. nach MICHAJLOV, A. I.; ČERNYJ, A. I.; GILJAREVSKIJ, R. S.: Informatik – Grundlagen. Berlin 1970. S. 23–24.

[6] BECKER, J.; HAYES, R. M.: Information Storage and Retrieval. New York 1963. S. 235–256; zit. nach ATANASIU, P.: Wiss. Z. TH Ilmenau **11** (1965) Sonderheft, S. 121.

[7] BELLO, F., Fortune (**1960**) 3, S. 163 f.; vgl. auch: Electronics (**1961**) 46, S. 12; zit. nach MICHAJLOV, A. I.; ČERNYJ, A. I.; GILJAREVSKIJ, R. S.: Informatik – Grundlagen. Berlin 1970. S. 26.

[8] DODD, R. E.; ROBINSON, P. L.: Experimental Inorganic Chemistry. Amsterdam 1957. S. 404.

[9] MELLON, M. G.: Chemical Publications, their Nature and Use. 4. Aufl. New York/London 1965. S. 2.

[10] Vgl. Rahmenstudienprogramm für das Grundstudium und Grundstudienplan Chemie. Min. f. Hoch- u. Fachschulwesen. Berlin 1970; bes. S. 2 und S. 112–121.

[11] MICHAJLOV, A. I.; ČERNYJ, A. I.; GILJAREVSKIJ, R. S.: Informatik – Grundlagen. Berlin 1970. S. 152.

[12] MICHAJLOV, A. I.; ČERNYJ, A. I.; GILJAREVSKIJ, R. S.: Informatik – Grundlagen. Berlin 1970. S. 64–131.

[13] Vgl. BREMER, H.; SEIDLITZ, H. J., Mitteilungsbl. Chem. Ges. DDR 19 (1972) 3, S. 49; KEMPE, G., ibid. 19 (1972) 4, S. 103.

[14] Vgl. u. a. Chimia 24 (1970), S. 237; ref. in: Nachr. chem. Technik 18 (1970) 11, S. 218.

[15] Vgl. Nachr. chem. Technik 19 (1971) 20, S. 367.

[16] Vgl. u. a. BERANEK, A., Börsenbl. dt. Buchhandel [Leipzig] 8 (1962), S. 111; KREBS, W., Hochschulwesen 13 (1965) 2, S. 120.

[17] BAKKER, G. R.; BENFEY, O. T.; STRATTON, W. J., J. chem. Educ. 40 (1963) 1, S. 18.

[18] Vgl. Rahmenstudienprogramm für das Grundstudium und Grundstudienplan Chemie. Ministerium f. Hoch- und Fachschulwesen. Berlin 1970. S. 3.

[19] Vgl. u. a.: BANKS, J. E., J. chem. Educ. 40 (1963) 1, S. 21; SHARP, D. W. A., in: HOARE, D. E.: Programmed Introduction to General and Physical Chemistry. London/New York 1967. Vorwort.

[20] MÖHLE, H., Vortrag auf der Chemiedozententagung der Chemischen Gesellschaft der DDR am 12. 4. 1973 in Halle (mit Podiumsgespräch).

[21] ARDENNE, M. v., u. a., Hochschulwesen 11 (1963) 1, S. 17.

[22] CAS Report (Columbus/Ohio) (1973) 2, S. 11.

[23] MICHAJLOV, A. I.; ČERNYJ, A. I.; GILJAREVSKIJ, R. S.; Informatik – Grundlagen. Berlin 1970. S. 68.

[24] SOULE, B. A.: Library Guide for the Chemist. New York 1937. S. 86.

[25] CRANE, E. J.; PATTERSON, A. M.; MARR, E. B.: A Guide to the Literature of Chemistry. 2. Aufl. New York/London 1957. S. 207ff.

[26] Vgl. WINNACKER-WEINGÄRTNER: Chemische Technologie. München 1950. Vorwort zur 1. Auflage; RICHARZ, W., Chimia 27 (1973) 3, S. 184.

[27] ACHEMA-Jahrbuch 1926/27. Frankfurt/Main 1927. S. 134.

[28] DECHEMA-Monographien. Bd. 29. Weinheim/Bergstr. 1956. S. 261–280.

[29] SHREVE, R. N., Ind. Engng. Chem. 29 (1937), S. 9ff.

[30] Unit Processes in Organic Syntheses. Hrsg.: P. H. GROGGINS. 4. Aufl. New York/London 1952. S. X.

[31] Vgl. BROWN, C. H.: Unit Operations. New York o. J. S. 1.

[32] RICHARZ, W., Chimia 27 (1973) 3, S. 184.

[33] Vgl. GROGGINS, P. H.: Unit Processes in Organic Synthesis. New York/London 1934. Vorwort.

[34] Vocabulaire du Métrologie Légale. Hrs.: OIML. Paris 1969; zit. nach: BENDER, D.; PIPPIG, E.: Einheiten, Maßsysteme, SI. Berlin 1973. S. 1.

[35] Vgl. Anordnung vom 26. 11. 1968 (GBl. DDR Sonderdruck Nr. 605) und Berichtigung in GBl. DDR II (1969), S. 291 (GBl. DDR II = Gesetzblatt der Deutschen Demokratischen Republik Teil II).

[36] Gesetz vom 2. 7. 1969 (BGBl. I (1969) 55, S. 709; BGBl. I = Bundesgesetzblatt der Bundesrepublik Deutschland Teil I) und Ausführungsverordnung vom 26. 6. 1970 (BGBl. I (1970) 62, S. 981); vgl. auch DIN 1301 (November 1971) und STRECKER, A., DIN-Mitt. 49 (1970) 9, S. 337.

[37] Vgl. in: SNELL, F. D.; HILTON, C. L.: Industrial Chemical Analysis. New York/London 1966. Bd. 3. S. 555–565.

[38] DIN-Mitt. 46 (1967), S. 554; vgl. auch BRÄUTIGAM, G.; HOFMANN, H., Chem. Ind. 19 (1967), S. 605.

[39] Arbeitsschutzanordnung 3/1 vom 20. 7. 1966 (GBl. DDR II (1966), S. 563).

[40] vom 12. 4. 1961 (GBl. DDR I (1961), S. 27); Neufassung in Vorbereitung

[41] vom 22. 9. 1962 (GBl. DDR II (1962), S. 703); 2. Fassung vom 5. 12. 1963 (GBl. DDR II (1963), S. 15)

[42] vom 14. 5. 1970 (GBl. DDR I (1970), S. 70)

[43] vom 17. 4. 1963 (GBl. DDR I (1963), S. 77)

[44] vom 10. 10. 1972 (GBl. DDR II (1972), S. 85)

[45] vom 17. 1. 1973 (GBl. DDR I (1973), S. 157)

[46] vom 27. 7. 1957 (BGBl. I (1957), S. 1110)

[47] Vgl. WÜSTHOFF, A., Chemiker-Ztg. 74 (1950), S. 543.

[48] RICHTER, F.; ILBERG, K.: Kurze Anleitung zur Orientierung in BEILSTEINS Handbuch der Organischen Chemie. Berlin 1936. 22 S.

[49] CRANE, E. J.; PATTERSON, A. M.; MARR, E. B.: A Guide to the Literature of Chemistry. 2. Aufl. New York/London 1957. S. 124.

[50] Vgl. ATANASIU, P.: Dokumentation/Information [Ilmenau] (1968) 10, S. 61–72.

[51] Vgl. C. A. – today. Hrsg.: J. CRANE. Easton/Penns. 1959. 130 S.

[52] Vgl. Chem. Abstr. 65 (1971), Sachreg. (Sonderpaginierung).

[53] Vgl. PFLÜCKE, M., Chem. Techn. 6 (1954), S. 125; Ber. dt. chem. Ges. A 62 (1929), S. 132; VÖLZ, H., Mitteilungsbl. Chem. Ges. DDR 12 (1965) 12, S. 290; ibid. 13 (1966) 12, S. 273.

[54] Periodica Chimica. Verzeichnis der im Chemischen Zentralblatt referierten Zeitschriften mit den entsprechenden genormten Titelabkürzungen. Hrsg.: M. PLÜCKE, A. HAWELEK. 2. Aufl. Berlin/Weinheim (Bergstr.) 1952. 411 S. (Nachdruck 1961); Periodica Chimica. Nachtrag. 1962. 245 S.

[55] Vgl. hierzu PFLÜCKE, M.: Das System. Berlin/Weinheim (Bergstr.) 1959. 95 S.; bzw. Das System. Hrsg.: H. VÖLZ, Ch. WEISKE. Berlin/Weinheim (Bergstr.) 1966. 34 S. (Neufassung).

[56] The Use of Chemical Literature. Hrsg.: R. T. BOTTLE. 2. Aufl. London 1969. S. 61f.

[57] Vgl. u. a. PREISLER, W., Informatik 17 (1970) 4, S. 29.

[58] Vgl. WYATT, H. V., in: The Use of Biological Literature. Hrsg.: R. T. BOTTLE, H. V. WYATT. London 1966. S. 246ff.

[59] Patent-Änderungsgesetz § 2; 1. DB (= Durchführungsbestimmung) zur Neuererverordnung vom 22. 12. 1971 (GBl. DDR I (1972) 17, S. 11).

[60] Vgl. KOBS, H., GRUR 69 (1967) 10, S. 512.

[61] DDR: Patentgesetz vom 6. 9. 1950, § 2, Abs. 7; vgl.: Patentrecht und Kennzeichnungsrecht. Hrsg.: AfEP der DDR. Berlin 1973. S. 2
BRD: Gesetz vom 25. 7. 1957 (BGBl. I (1957), S. 756).

[62] Bestimmungen über die Erfordernisse der Patentanmeldung vom 1. 8. 1963 (Neufassung in Vorbereitung); vgl. Bekanntm. AfEP DDR (1963) 8, insbes. Anlage 2; für die BRD vgl. auch BGBl. I (1968), S. 1004.

[63] § 5, Abs. 1, § 6, Abs. 2, des Patentänderungsgesetzes vom 31. 7. 1963 (GBl. DDR I (1963), S. 121).

[64] § 24, Abs. 5, des Patentgesetzes; vgl. ZEILER, H.-D., GRUR 70 (1968) 5, S. 227; SCHRAMM, C.; HENNER, G., GRUR 70 (1968) 12, S. 667.

[65] Anordnung über Geheimpatente vom 31. 7. 1963 (GBl. DDR II (1963), S. 541); vgl. auch § 30a des Patentgesetzes (BRD).

[66] Vgl. EuV-Inf. (Beilage zu: der neuerer, Ausg. C) Nr. 21–28.

[67] BGBl. II (1970), S. 773; (1973), S. 60; Bl. f. PMZ (1973), S. 127; GRUR Int. (1974) 2, S. 79; vgl. auch MEYER-DULHEYER, K.-H., GRUR Int. (1973) 8, S. 533; MAST, H., GRUR Int. (1974) 2, S. 52, 73; BOSSUNG, O., GRUR Int. (1974) 2, S. 56; SINGER, R., GRUR Int. (1974) 2, S. 61; SINGER, O.; STEIN, A.; BERNECKER, D., GRUR Int. (1974) 2, S. 64; eine Auswahlbibliographie zum Europäischen Patentrecht befindet sich in GRUR Int. (1974) 2, S. 103ff.

[68] Mitteilungsbl. AfEP DDR I (1973), Sonderheft (v. 25. 6. 1973).

[69] Vgl. GÖTZE, R., u. a., neuerer (1970) 11, B, S. 247; Informatik 17 (1970) 4, S. 25; WITTMANN, A., GRUR Int. (1973) 9, S. 590.

[70] Vgl. GÖTZE, R., u. a.: Methodik für die Recherche in Fonds der Erfindungsbeschreibungen. neuerer (1970) 11, B, S. 241–271.

[71] Vgl. z. B. DDR: Bestimmungen über die Erfordernisse der Patentanmeldung, Anlage 2; Bekanntm. AfEP DDR (1963) 8.
BRD: Merkblatt für Patentanmelder, Ausg. 1968; Bl. f. PMZ (1968), S. 285.

[72] Verordnung über die Förderung der Tätigkeit der Neuerer und Rationalisatoren in der Neuererbewegung vom 28. 12. 1971 (GBl. DDR II (1972), S. 1); Anordnung über die Nutzensermittlung vom 20. 7. 1972 (GBl. DDR II (1972), S. 580).

[73] Gesetz über Arbeitnehmererfindungen vom 25. 7. 1957 (BGBl. I (1957), S. 756); zur Problematik vgl. SCHULTZ-SÜCHTING, R., GRUR 75 (1973) 6, S. 293.

[74] Vgl. neuerer (1973) 10, S. 336.

[75] ISO-Empfehlung ISO/R 9 (1955)

[76] TGL 0–1460

[77] DIN 1460

[78] SMOLIK, W., Dokumentation [Leipzig] 12 (1965) 5, S. 139.

[79] LÖHR, H., Informatik 18 (1971) 5, S. 48; zu ähnlichen Fragen vgl. auch URUSHIBARA, Y.: NAKAMURA, M., J. chem. Educ. 36 (1959) 10, S. 482.

[80] Vgl. PATTERSON, A. M., Chem. Engng. News 32 (1954) 1, S. 1.

[81] Der große Duden. 16. Aufl. Leipzig 1967. 733 S. (9. Nachdruck 1974).

[82] JANSEN, H.; MACKENSEN, R.: Rechtschreibung der technischen und chemischen Fremdwörter. 2. Aufl. Düsseldorf/Weinheim (Bergstr.) 1959. 267 S.

[83] DUDEN. Rechtschreibung der deutschen Sprache. Hrsg.: P. Grebe. Mannheim 1967. 800 S.

[84] BAUER, G.; NOWAK, A., ZIID-Z. 12 (1965) 5, S. 143.

[85] LUHN, H. P.: Keyword in Context Index for Technical Literature. Yorktown Heights/N. Y. 1959.

[86] RICHTER, F., Naturwissenschaften 42 (1955), S. 539.

[87] Survey of Chemical Notation Systems. National Academy of Sciences, National Research Council, Publication Nr.

1156. Washington 1964. 467 S.; vgl. auch BERRY, M. M.; PERRY, I. W., Chem. Engng. News 30 (1952), S. 407.

[88] Survey of European Non-Conventional Chemical Notation Systems. National Academy of Sciences, National Research Council, Publication Nr. 1278. Washington 1965. 87 S.; vgl. auch: PATTERSON, J. M.: Words about Words. Washington 1957, S. 7; Chem. Engng. News 29 (1951), S. 4116.

[89] Vgl. Smith, E. G.: The Wiswesser Line Formula Chemical Notation. New York 1968.

[90] SILK, J. A.: A New System of Organic Notation. London 1953.

[91] GRUBER, W.: Die Genfer Nomenklatur in Chiffren und Vorschläge für ihre Erweiterung auf Ringverbindungen. Weinheim/Bergstr. 1950. 72 S.; Angew. Chemie 61 (1949), S. 429; vgl. auch RICHTER, F., Z. Naturforsch. 6 b (1951), S. 400.

[92] DYSON, G. M.: A New Notation and Enumeration System for Organic Compounds. New York 1947; J. chem. Educ. 26 (1949), S. 294; Chem. Ind. (1952), S. 626.

[93] Vgl. NOWAK, A., Chemie Schule 16 (1969) 7, S. 255.

[94] LOMONOSSOV, V. I.: OSTWALDS Klassiker der exakten Wissenschaften. Nr. 178. Leipzig 1910.

[95] Berlin 1963. 384 S. (Neufassung des Gesetzes in Vorbereitung).

[96] vom 11. 10. 1052 (BGBl. I (1952), S. 681); vgl. auch Gesetz über die Mitbestimmung der Arbeitnehmer in den Aufsichtsräten des Bergbaus und der Eisen und Stahl erzeugenden Industrie vom 21. 5. 1951 (BGBl. I (1951), S. 347).

[97] vom 5. 8. 1955 (BGBl. I (1955), S. 477).

[98] KUNZE, H.: Grundzüge der Bibliothekslehre. 3. Aufl. Leipzig 1966. S. 181.

[99] KUNZE, H.: Wissenschaftliches Arbeiten. 2. Aufl. Berlin 1959. S. 12.

[100] Classification. Library of Congress. Washington, Govt. Printing Office 1901 ff.

[101] FLEISCHHACK, C.; RÜCKERT, A.; REICHARDT, G.: Grundriß der Bibliographie. Leipzig 1957. 263 S.

[102] SPARKS, M. E.: Chemical Literature and its Use. Manuskriptdruck; vermutlich Illinois 1921.

[103] Vgl. u. a. BAUER, G.; NOWAK, A., ZIID-Z. 12 (1965) 5, S. 143; HECHT, G., Informatik 21 (1974) 1, S. 51.

[104] GREINITZ, D.: Das Strukturreferat. Brüssel (Euratom) 1963; vgl. auch KUBACH, I., Naturwissenschaften 55 (1968) 8, S. 374.

[105] Vgl. z. B. BAPTIE, A.-L., Nachr. Dok. 18 (1967) 1, S. 20; Bild u. Ton [Leipzig] 25 (1972) 6, S. 165; FEICHTINGER, G.; WIRTH, E., Informatik 20 (1973) 5, S. 30; 20 (1973) 6, S. 33; FRANK, O.: Die Mikrofilmtechnik. Stuttgart 1961. 367 S. (Handbuch der Reprographie, Bd. 2); KUNDORF, W., Informatik 19 (1972) 2, S. 26; WIRTH, E., Informatik 19 (1972) 2, S. 38; VERRY, H. R.: Microcopying Methods. London/New York 1963.

[106] Vgl. KNEITSCHEL, F., Wiss. Z. TH Ilmenau 11 (1965) Sonderheft 2, S. 20; HÖRIG, J., in: Kolloquium Probleme der Mikrofilm- und Vervielfältigungstechnik im Informationswesen der DDR. Hrsg.: ZIID. Berlin 1968. S. 135.

[107] Vgl. u. a. FÖLLMER, J.; BARTUSCH, K.: Kopier- und Vervielfältigungsverfahren in der Information und Dokumentation. 2. Aufl. Leipzig 1968. 101 S.; FRANK, O.: Die Kopier- und Vervielfältigungstechnik. Stuttgart 1963. 288 S. (Handbuch der Reprographie, Bd. 3); Kolloquium Probleme der Mikrofilm- und Vervielfältigungstechnik im Informationswesen der DDR. Hrsg.: ZIID. Berlin 1968. 270 S.; ZIEGER, G.: Organisation der Vervielfältigungsarbeiten. 3. Aufl. Leipzig 1973. 81 S.

[108] BONDAR', V. V.; ABRAGIMOVA, M. B.; REISNER, G., Dokumentation/Information [Ilmenau] (1974) 23, S. 65.

[109] Vgl. u. a. KRETSCHMAR, E.; HORNUNG, W.; EGERT, W., Wiss. Z. Humboldt-Univ. (Ges.- u. sprachw. Rhe.) 15 (1969) 3, S. 425.

[110] Anordnung über die Meldepflicht für Übersetzungen wissenschaftlicher und technischer Literatur in die deutsche Sprache vom 25. 11. 1957 (GBl. DDR I (1957), S. 679) und Anordnung Nr. 2 vom 11. 8. 1958 (GBl. DDR I (1958), S. 642).

[111] BURMAN, C. R., in: The Use of Chemical Literature. Hrsg.: R. T. BOTTLE. 2. Aufl. London 1969. S. 83–84.

[112] TERENT'EV, A. P.; JANOVSKAJA, L. A.: Chimičeskaja literatura i pol'zovanie eju. 2. Aufl. Moskau 1967. S. 41; SVIRIDOV, F. A., in: Communication in Science. Hrsg.: A. DE REUCK, J. KNIGHT. London 1967. S. 187.

[113] MICHAJLOV, A. I.: ČERNYJ, A. I.; GILJAREVSKIJ, R. S.: Informatik – Grundlagen. Berlin 1970. S. 406; vgl. auch DIN 2330.

[114] vgl. HERRMANN, P., u. a.: Informatik **19** (1972) 1, S. 30.
[115] Vgl. u. a. CLASON, W. E., Nachr. Dok. **8** (1957) 1, S. 27;
       TAUBE, M., u. a., Amer. Doc. **3** (1952) 4, S. 213.
[116] Bibliotečno-bibliografičeskaja klassifikacija. Tablicy dlja
       naučnych bibliotek. Hrsg.: Lenin-Bibliothek Moskau. Mos-
       kau 1960–1967.
[117] Vgl. hierzu u. a.: SOERGEL, D.: Klassifikationssysteme
       und Thesauri. Frankfurt/Main 1969. 224 S.; BLANKEN-
       STEIN, G., ZIID-Z. **14** (1967) 4, S. 110; **14** (1967) 5, S. 138;
       PREISLER, W., Informatik **17** (1970) 6, S. 4; **19** (1972) 1,
       S. 22.
[118] MICHAJLOV, A. I.; ČERNYJ, A. I.; GILJAREVSKIJ, R. S.:
       Informatik – Grundlagen. Berlin 1970. S. 234.
[119] TAUBE, M., Amer. Doc. **12** (1961) 2, S. 98.
[120] TAUBE, M., u. a.: Studies in Coordinate Indexing. Bd. 1–5.
       Washington 1953–1959.
[121] VICKERY, B. C.: Facettenklassifikation. München-Pullach/
       Berlin 1969. 72 S.
       VICKERY, B. C.: On Retrieval System Theory. London
       1965. 191 S.; vgl. auch BAUER, G., ZIID-Z. **14** (1967) 3,
       S. 72; MÜLLEROTH, M., Nachr. Dok. **8** (1957) 4, S. 183;
       SCHULTE-TIGGES, F., Arbeitsbl. betriebl. Inf.-Wesen (**1964**)
       97. 4 S.
[122] FUGMANN, R.; BRAUN, W.; VAUPEL, W.: Angew. Chemie
       73 (1961) 23, S. 745; FUGMANN, R., Nachr. Dok. **14** (1963),
       S. 179; FUGMANN, R., in: Classification Research. Kopen-
       hagen 1965. S. 341 ff.
[123] HAUFFE, G.: Patentdokumentation mit Begriffsketten und
       Stellkartei. Berlin 1962. 113 S.
[124] MEYER, E., Dok. – Fachbibl. – Werksbücherei **10** (1962/
       63), S. 1.
[125] Dokumentation [Leipzig] **8** (1961) 2, S. 41.
[126] KIRSCHNER, J., J. chem. Educ. **34** (1957), S. 403.
[127] WOITSCHACH, M., in: Taschenbuch der Nachrichtenverar-
       beitung. Hrsg.: K. STEINBUCH. Berlin/Heidelberg/New York
       1962. S. 1 292, 1 297.
[128] KIRSCHSTEIN, G., Nachr. Dok. **11** (1960) 1, S. 23.
[129] Vgl. KALLAI, L., Dokumentation [Leipzig] **9** (1962) 5, S.
       144.
[130] WEIGELIN, E.; OSSENDORF, J., Nachr. Dok. **9** (1958) 1,
       S. 25.
[131] WIECHMANN, G., Münchner med. Wschr. **99** (1957), S. 1552.
[132] CLAUS, F., Dokumentation [Leipzig] **9** (1962) 3, S. 85.

[133] OFFERMANN, E.; BURKHARDT, A., Dokumentation [Leipzig] **11** (1964) 2, S. 34.

[134] BERGMANN, G.; KRESZE, G., Angew. Chemie **67** (1955) 22, S. 685; KRESZE, G., Nachr. Dok. **12** (1961) 2, S. 86.

[135] ORR, Ch. H., J. chem. Educ. **36** (1953), S. 141.

[136] VAND, V.; PEPINSKY, R., Amer. Doc. **15** (1964) 1, S. 69.

[137] KLÖTZÉR, F., Dokumentation [Leipzig] **9** (1962) 3, S. 77; vgl. dazu CLAUS, F., Dokumentation [Leipzig] **10** (1963) 1, S. 19.

[138] DUX, W., Informatik **17** (1970) 4, S. 46.

[139] ATANASIU, P.: Dokumentation/Information [Ilmenau] **(1968)** 10, S. 61.

[140] vgl. WEISKE, Ch., Angew. Chemie **82** (1970) 15, S. 569.

[141] vgl. u. a. BOKIJ, G. B., u. a., Informatik **19** (1972) 1, S. 4; BONDAR', V. V.; IBRAGIMOVA, M. B.; REISNER, G.; Dokumentation/Information [Ilmenau] **(1974)** 23, S. 63.

[142] Mitteilungsbl. Chem. Ges. DDR **19** (1972) 5, S. 131.

[143] Nachr. chem. Technik **17** (1969) 14, S. 243.

[144] Nachr. chem. Technik **21** (1973) 2, S. 32.

[145] Nachr. chem. Technik **19** (1971) 21, S. 386; **20** (1972) 18, S. 369.

[146] NÜBLING, W.; STEIDLE, W., Angew. Chemie **82** (1970) 15, S. 618.

[147] MICHAJLOV, A. I.; ČERNYJ, A. I.; GILJAREVSKIJ, R. S.: Informatik – Grundlagen. Berlin 1970. S. 238.

[148] FUGMANN, R.; BRAUN, W.; VAUPEL, W., Angew. Chemie **73** (1961) 23, S. 745.

[149] BOTTLE, R. T., in: The Use of Chemical Literature. 2. Auflage. London 1969. S. 78.

[150] FUGMANN, R., Angew. Chemie **82** (1970) 15, S. 580.

[151] MICHAJLOV, A. I.; ČERNYJ, A. I.; GILJAREVSKIJ, R. S.: Informatik – Grundlagen, Berlin 1970. S. 488.

[152] MEYER, E., Angew. Chemie **77** (1965) 7, S. 340; **82** (1970) 15, S. 605.

[153] KONIVER, D. A.; WISWESSER, W. J.; USDIN, E., Science **176** (1972), S. 1 437.

[154] SCHIER, O.; NÜBLING, W.; STEIDLE, W.; VALLS, J., Angew. Chemie **82** (1970) 15, S. 622

[155] BOKIJ, G. B., u. a., Informatik **19** (1972) 1, S. 4; OCH, H., Informatik **20** (1973) 6, S. 2.

[156] Nachr. chem. Technik **19** (1971) 15, S. 276; LOBECK, M. A., Angew. Chemie **82** (1970) 15, S. 598.

[157] WOITSCHACH, M.; KÖRNER, H. G., in: Taschenbuch der Nachrichtenverarbeitung. Hrsg.: K. STEINBUCH. Berlin/ Heidelberg/New York 1962. S. 1 273–1 313.

[158] MICHAJLOV, A. I.; ČERNYJ, A. I.; GILJAREVSKIJ, R. S..: Informatik – Grundlagen, Berlin 1970. S. 208–210; LUHN, H. P., IBM J. Res. & Developm. (1958) 2, S. 159.

[159] MICHAJLOV, A. I.; ČERNYJ, A. I.; GILJAREVSKIJ, R. S.: Informatik – Grundlagen. Berlin 1970. S. 359–369.

[160] Vgl. hierzu auch SPITZER, E. F.; McKENNA, W. S., in: Information and Documentation Practice in Industry. Hrsg.: T. E. R. SINGER. New York/London 1958. S. 48.

[161] Organikum. 14. Aufl. Berlin 1975. S. 103–104.

[162] SHORB, L., Libr. 40 (1949), S. 12.

[163] PEAKES, G. L., J. chem. Educ. 26 (1949), S. 139.

[164] BECKER, H.: Öffentlich reden. Leipzig 1955. 118 S.

[165] SCHMIDTS, L.: Lerne lesen, lerne schreiben, lerne reden. Frankfurt a. M./Wien 1955. 191 S.

[166] KOCH, W.: Die Doktorarbeit. München 1951. S. 7.

[167] TGL 20 972, Bibliographische Angaben. Ministerium für Wissenschaft und Technik. Berlin, 12 S. A 4.

[168] FIESER, L. F. und M.: Style Guide for Chemists. New York 1960.

[169] Privatmitt. Prof. G. RIENÄCKER

Abkürzungsverzeichnis

In dieses Verzeichnis wurden nur Institutionen aufgenommen.

AfEP	Amt für Erfindungs- und Patentwesen der DDR (Berlin)
AfS	Amt für Standardisierung (Berlin; jetzt: ASMW)
ASMW	Amt für Standardisierung, Meßwesen und Warenprüfung (Berlin)
CAS	Chemical Abstracts Service (Washington)
DECHEMA	Deutsche Gesellschaft für Chemisches Apparatewesen (Frankfurt/Main)
DNA	Deutscher Normenausschuß (Berlin/Frankfurt a. M./Köln)
FID	Fédération Internationale de Documentation (Den Haag)
GDCh	Gesellschaft Deutscher Chemiker (Frankfurt/Main)
IDC	Internationale Dokumentationsgesellschaft Chemie m. b. H. (Frankfurt/Main)
ISI	Institute for Scientific Information (Philadelphia)
ISO	International Organization for Standardization [1] (Genf)
IUPAC	International Union of Pure and Applied Chemistry (Paris)
IZWITI	Internationales Zentrum für wissenschaftliche und technische Information (Moskau)

---

[1] Die Kurzbezeichnung ISO, die vom Namen abweicht, ist historisch entstanden (in Anlehnung an die Vorläuferorganisation ISA = International Federation of the National Standardizing Associations, die 1939 stillgelegt wurde).

LKG	Leipziger Kommissions- und Großbuchhandel
UNESCO	United Nations Educational, Scientific and Cultural Organization (New York)
VDI	Verein Deutscher Ingenieure (Düsseldorf)
VINITI	Vsesojuznyj institut dlja naučnoj i techničeskoj informacii (Allunionsinstitut für wissenschaftliche und technische Information, Moskau)
WHO	World Health Organization (Genf)
ZIC	Zentralstelle für Information und Dokumentation der chemischen Industrie (Berlin)
ZIID	Zentralinstitut für Information und Dokumentation der DDR (Berlin)
ZNIIPI	Zentralnyj naučno issledovatel'skij institut patentnoj informacii (Zentrales wissenschaftliches Forschungsinstitut für Patentinformation, Moskau)

Kreuzregister

Das nachfolgende Kreuzregister enthält die im Text zitierten Buchveröffentlichungen und Reihen, alphabetisch geordnet nach den Titeln in der gegebenen Wortfolge sowie den jeweils ersten Verfassern bzw. Herausgebern. Wird der Name des Herausgebers der ersten Auflage(n) heute üblicherweise als Bestandteil des Titels empfunden, so ist dieser und zusätzlich der Herausgeber der derzeit letzten Auflage angegeben.

Es sind sowohl individuelle als auch korporative Herausgeber, mit Ausnahme von Verlagen, aufgenommen worden. Zeitschriften und Informationsdienste sind nicht erfaßt, da sie in eigenen Abschnitten (3.5.3. bzw. 3.4.9. und 5.7.) zusammengefaßt sind und dort ohne Schwierigkeiten aufgefunden werden können.

Sachregister

W. Brügel
Einführung in die Ultrarotspektroskopie
4. Aufl. XVI, 426 S., 200 Abb., 37 Tab. DM 80,–

H. Göldner
Leitfaden der Technischen Mechanik
5. Aufl. Etwa 500 S., 523 Abb. In Vorbereitung.

R. Haase (Hrsg.)
Grundzüge der Physikalischen Chemie
Pro Band 120–160 Seiten. Bisher vorliegende Bände:
1. Thermodynamik. DM 18,–
3. Transportvorgänge. DM 12,–
4. Reaktionskinetik. DM 22,–
5. Elektrochemie I. DM 12,–
6. Elektrochemie II. Ca. DM 20,–
10. Theorie der chemischen Bindung. DM 20,–

R. Haller (Hrsg.)
Pharmazie in Einzeldarstellungen
Pro Band 100–120 Seiten. 1977 erscheint:
1. Anorganische Pharmazeutische Chemie. Ca. DM 18,–
Weitere Bände werden vorbereitet.

M. W. Hanna
Quantenmechanik in der Chemie
Etwa XVI, 300 S., 55 Abb., zahlr. Tab. Ca. DM 40,–

W. Heimann
Grundzüge der Lebensmittelchemie
3. Aufl. Ca XXVIII, 600 S., 23 Abb., 43 Tab. Ca. DM 45,60

G. Herzberg
Einführung in die Molekülspektroskopie
XI, 188 S., 106 Abb., 19 Tab. DM 36,–

W. Jost / J. Troe
Kurzes Lehrbuch der physikalischen Chemie

M. Trümper (Hrsg.)
Grundkurs Physik
Zehn Bände zu je 120–140 Seiten. In Vorb.

F. A. Willers/K. G. Krapf
Elementar-Mathematik
14. Aufl. Etwa VIII, 320 S., zahlr. Abb. In Vorb.

K. Winterfeld
Organisch-chemische Arzneimittelanalyse
XII, 308 S., 26 Tab. DM 24,–